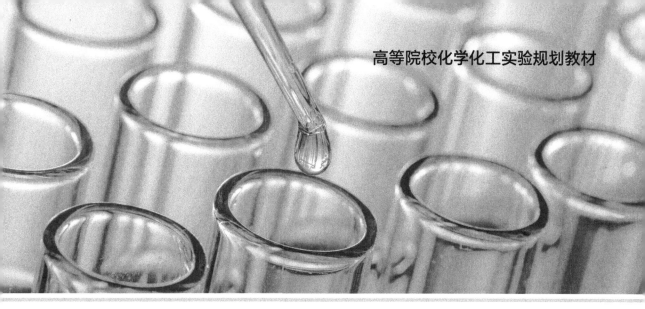

高等院校化学化工实验规划教材

无机化学实验

INORGANIC CHEMISTRY EXPERIMENT

本 册 主 编　燕　翔（陇南师范高等专科学校）
　　　　　　董晓宁（天水师范学院）

本册副主编　缑　浩（兰州城市学院）
　　　　　　廖天录（天水师范学院）

U0384539

兰州大学出版社
LANZHOU UNIVERSITY PRESS

图书在版编目（ＣＩＰ）数据

无机化学实验 / 燕翔，董晓宁主编. -- 兰州 ： 兰
州大学出版社，2022.7(2024.7重印)
高等院校化学化工实验规划教材 / 马建泰总主编
ISBN 978-7-311-06291-0

Ⅰ. ①无… Ⅱ. ①燕… ②董… Ⅲ. ①无机化学－化
学实验－高等学校－教材 Ⅳ. ①O61-33

中国版本图书馆 CIP 数据核字(2022)第 094542 号

责任编辑　张爱民
封面设计　汪如祥

丛 书 名　高等院校化学化工实验规划教材
本册书名　无机化学实验
作　　者　燕 翔　董晓宁　主编
出版发行　兰州大学出版社　（地址:兰州市天水南路222号　730000）
电　　话　0931-8912613(总编办公室)　0931-8617156(营销中心)
网　　址　http://press.lzu.edu.cn
电子信箱　press@lzu.edu.cn
印　　刷　西安日报社印务中心
开　　本　787 mm×1092 mm　1/16
印　　张　18.5
字　　数　404千
版　　次　2022年7月第1版
印　　次　2024年7月第3次印刷
书　　号　ISBN 978-7-311-06291-0
定　　价　39.00元

前　言

　　无机化学实验是高校化学专业的必修基础课程，它是一门独立的课程，它与无机化学理论课有密切的联系，也是后续其他理论课程和实验课程的重要基础。对于学生巩固和深化无机化学理论知识、培养从事实验研究的能力、培养分析和解决问题的能力、形成科学思维和创新精神都具有重要作用。为此，我们组织来自西北民族大学、天水师范学院、兰州城市学院、陇东学院、陇南师范高等专科学校等院校从事无机化学实验教学、具有丰富实验教学经验的一线教师编写了这本无机化学实验教材。

　　本书在编写过程中遵循如下原则：注重基础、体现实用、突出创新、强化无机合成及综合实验，注重对学生基本实验技能、创新思维能力及综合能力的培养。内容编排由易到难，注重与高中化学新课程标准及后续课程的合理衔接，实验项目涵盖了基本实验、综合性实验、应用性实验、设计性实验、趣味性实验，力求达到适用性、创新性、趣味性相结合，以满足不同专业的教学需求。针对近年来实验室安全事故频发，造成的巨大财产损失和人员伤亡现象，本书从多个维度，对学生进行较为全面的安全教育和实验实训，有利于培养和提高学生的实验室安全意识，使学生具备基本的安全知识，为后续实验课的正常教学，保障实验室安全奠定基础。本书也吸收了编者的实验教学改革成果，如"镁相对原子质量的测定""由易拉罐制备明矾及其纯度测定""焰色反应""原电池原理""点火成蛇"等实验。本书大部分实验设置了"预习要点""注意事项"，帮助学生了解实验的重点和关键点，更好地开展预习和进行实验；"思考题"有利于启迪学生思维，拓宽视野。

　　本书由三部分组成：第一部分为无机化学实验基础，分别介绍无机化学实验的基础知识、实验室安全与环保知识、化学实验数据记录与处理、基本仪器和基本操作；第二部分为无机化学实验实训，分别为基本操作实验（共6个实验项目）、测量实验（包括物质结构、化学热力学、化学平衡常数、化学动力学4个模块，共11个项目）、验证性实验（包括化学原理、元素化学2个模块，共15个项目）、无机化合物制备实验（共10个项目）、综合与设计实验（包括化学与人类健康、化学与材料、化学与环境保护3个模块，共7个项目）、趣味实验（共10个项目）；第三部分为附录，包括常用酸碱溶液的浓度、几种常见理化常数、实验室常用溶液的配制方法、离子鉴定反应，方便学习中查阅相关数据。另外，本教材还配套有相应数字资源，师生可通过手机扫描二维码即可观看，进行相应知识点的学习。

本书具体编写分工如下：燕翔、董晓宁负责统稿、修改。张克钧（第4章4.8.4、实验16、24、30、42、43），宋海燕（附录1～9），哈斯其美格（实验6、8、27、28、32、33、36、41），董晓宁（第4章4.9～4.10，实验3、4、13、15、17、22、25、28、39、40、47），缑浩（第2章，实验2、7、12、18、20、21、29、34、37、48），廖天录（第2章2.1、2.3中2、3，第3章，实验14、38、46，），燕翔（第1章，第4章4.1～4.8，实验5、9、19、23、44、49，插图绘制），王都留（趣味化学实验及视频：亚硝酸钠与食盐的简易鉴别、水中花园、蓝瓶子、神仙壶、喷雾作画、燃烧成字、点火成蛇、火山喷发、化学振荡反应、氢氧燃料电池），缑浩（实验仿真视频：电离平衡常数的测定、硫代硫酸钠的制备、配合物的生成和性质、气密度法测二氧化碳相对分子量）。

本书在编写过程中，得到了天水师范学院化学工程与技术学院、兰州大学出版社、陇南师范高等专科学校教务处和农林技术学院、兰州城市学院化学工程学院、西北民族大学化工学院、陇东学院化学化工学院领导和参编老师的大力支持；编写过程中参考了其他有关教材、手册和期刊；在此一并表示衷心的感谢。

本书承蒙西北师范大学博士生导师宋玉民教授悉心审核，提出了许多宝贵意见，并分享了研究成果，使我们有幸编入《室温固相反应在离子定性检测》（实验32）、《水溶液中单线态氧的生成》（实验22），同时分享了实验室氯水的制备、保存的成功经验（见实验22）。在此深表谢意。

由于时间仓促，编者水平有限，书中难免存在错误和不足，敬请读者批评指正。

编　者

2022年6月

目 录

第1章　无机化学实验课程简介

1.1　无机化学实验的目的

化学是一门以实验为基础的科学，化学上的发现、发明乃至化学理论、原理的产生、检验都与化学实验有密不可分的关系。无机化学实验是高校化学专业的必修基础课程，它是一门独立的课程，但又与无机化学理论课有密切的联系，也是后续其他理论课程和实验课程的重要基础。戴安邦院士指出：化学实验教学是实施全面化学教育的一种最有效的教学形式。无机化学实验的主要目的是：

（1）使学生通过观察实验现象，了解和认识化学反应的事实，掌握元素单质及其化合物的组成、结构、性质等知识，掌握重要化合物的一般制备、提纯和鉴定检测方法，加深对理论课中基础知识和基本理论的理解和掌握。

（2）使学生掌握化学实验的基本操作和实验技术，学会细致地观察、记录、分析实验现象，正确处理数据和表达实验结果，查阅文献资源，撰写实验报告，培养学生的独立工作能力和独立思考能力。

（3）使学生了解实验室工作有关知识，如实验室的各项规则，实验工作的基本程序；实验室的布局，试剂、物资的管理；实验可能发生的一般事故及其处理方法；实验室废液的一般处理以及实验室管理的一般知识等。

（4）可以培养实事求是的科学态度，准确、细致、整洁、有序等良好的科学习惯以及科学的思维方法，培养敬业和一丝不苟的工作精神，养成良好的实验室工作习惯。为进一步学习后续课程和实验、未来参加工作和开展科学研究打下良好基础。

1.2　无机化学实验的学习方法

为了学好实验课内容，学生应做到：

1.2.1　课前预习

实验之前应认真阅读实验教材，明确实验目的；了解实验内容、原理和方法；清楚实验操作方法及注意事项，估计实验中可能发生的现象和预期结果；明了实验数据处理方法和有关计算公式；思考实验中应该注意的事项、实验成功关键，尤其注意安全事项，如仪器、试剂的使用安全和实验者的人身安全。总之，预习必须避免流于"抄书"，要弄清"做什么""怎么做""为什么这么做""做得怎么样"，预习中多问"为什么"。预习除了认真学习实验教材，还应学习理论课的相关内容、实验视频等网络资源，在此基础上写好实验预习笔记。

实验预习笔记应用固定的笔记本，内容包括实验项目标题、实验目的、基本原理、仪器的构造及使用方法、实验内容（步骤）、注意（安全）事项等栏目。还应该包括相关计算、装置图、记录表格或留空白以记录实验现象和数据、疑难问题等等。内容全面但要简洁明了，可以用框图、表格、符号、公式、反应方程式等形式清楚地书写。

实验预习的检查是实验前必不可缺的环节。教师应通过提问、学生试讲、检查笔记等多种方式检查学生对实验的预习效果。若预习不够充分时，教师应责令其暂停实验，重新预习，达到要求后再做实验。

1.2.2 实验过程

（1）实验时严格按照规范操作进行，仔细观察现象，认真思考，学会运用所学理论知识解释实验现象，力争自己解决实验中遇到的问题，有困难时应与老师讨论，共同解决。

（2）认真记录实验现象及数据。一切测量的原始数据均应真实地记录在实验报告本上，不得随意乱记、修改。

（3）不可随意更改实验或进行未经老师允许的实验，有新想法、新思路应经教师同意后方可实行。

（4）严格遵守实验室规则，注意安全操作。要随时保持实验台面及整个实验室的清洁整齐。实验完毕，应及时清洗、归置仪器。

（5）养成严谨的科学态度和实事求是的科学作风，切不可弄虚作假，随意修改、编造实验数据或实验结果。如遇实验失败或产生的误差较大时，应找出原因，经教师同意后重做实验。

1.2.3 实验报告

"学而不思则罔，思而不学则殆"，实验报告是对整个实验原理与内容、过程与方法、结果与结论进行总结、分析和反思的重要措施，是培养学生思维能力、创新能力、化学文献查阅能力、书写表达能力及严谨的科学态度、实事求是的科学精神的重要环节，是实验课的课后延伸，有利于拓展学生的视野、提升专业素养。实验报告应在实验课的成绩考核中体现相对较大权重。学生必须在完成实验后及时、独立、认真地完成实验报告。

实验报告要记载清楚、结论明确、文字简练、格式规范、书写整齐，报告不合格者，教师可退回学生重写。

无机化学实验可以分为五种类型：基本操作实验、测量实验、制备实验、验证性实验和综合与设计实验。学生可以根据每个实验的不同要求，自己设计报告格式，但各种类型的实验报告应包括如下内容：

①实验名称：通常指实验题目。

②实验目的：简述通过实验所要达到的目的、要求。

③实验原理：简要叙述实验的基本原理（如包括测量原理、制备原理等）和方法、仪器使用方法、有关反应方程式、图表等。

④实验用品：如实写明仪器的型号、规格、数量，试剂的名称、规格、浓度，和所用材料的名称。

⑤实验内容（步骤）：要求简明扼要叙述实验操作步骤和有关现象，尽量用框图、反应式、表格或符号表示，切忌照抄书本内容。画出实验装置图。

⑥实验结果：一般可包括实验数据的记录与处理；产品外观与纯度；或对实验现象的分析、解释或得出的实验结论；或对元素及化合物性质的变化规律的归纳总结等。

⑦问题与讨论：这部分应该是实验报告的重点内容，最有利于培养学生的思维能力、创新能力、严谨的科学素养。内容包括分析讨论实验中的疑难问题、误差原因、实验失败原因，也可对不同实验方法、实验内容、实验装置、原理进行对比，分析其优缺点，或提出创新、改进。

实验报告格式示例：

例一　基本操作实验报告格式示例

日期：___年___月___日　室温：____　气压：____

姓名		学号		同组者	
专业班级		组别		指导教师	
实验名称	溶液的配制			成绩	

一、实验目的

　　（略）

二、实验原理（简述）

　　一般情况下，溶液的配制步骤是：计算→称量（量取）→溶解（稀释）→定容。

　　1.一般溶液的配制方法

　　……

　　2.标准溶液的配制方法

　　……

　　3.量具的使用方法及注意事项

　　……

三、实验用品

　　1.仪器

　　电子天平（型号：**，精度 0.01 g，0.0001 g），……

　　2.试剂

　　NaOH(s)，……

　　3.材料

　　称量纸，标签纸

四、实验步骤（文字简述或框图）

　　1.配制 200 mL 0.1 mol·L^{-1} NaOH 溶液

　　……

　　2.……

五、注意事项

　　（略）

六、问题与讨论

　　（略）

例二　理化常数测量实验报告格式示例

日期：___年___月___日　室温：___　气压：___

姓名		学号		同组者	
专业班级			组别		指导教师	
实验名称	醋酸解离平衡的测定			成绩	

一、实验目的

　　（略）

二、实验原理（简述）

　　1.测量原理

　　2.酸度计

三、实验用品

　　1.仪器

　　酸度计（型号：**），……

　　2.试剂

　　NaOH标准溶液（0.1000 mol·L^{-1}），……

　　3.材料

　　吸水纸

四、实验步骤（文字简述或框图）

　　1.HAc浓度的标定

　　（略）

　　2.配制梯度浓度的HAc溶液

　　（略）

五、注意事项

　　（略）

六、数据记录及处理

　　1.数据记录

实验编号 \ 项目	$c/(\text{mol·L}^{-1})$	pH	$H^+/(\text{mol·L}^{-1})$	α	K_a		
					测定值	平均值	相对偏差
1							
2							
3							
4（原溶液）							

2.计算

$$\overline{K}_a^{\theta}(\text{HAc}) = \frac{\sum\limits_{i=1}^{n} K_{ai}^{\ominus}(\text{HAc})}{n}$$

$$相对偏差 = \frac{K_{ai}^{\ominus}(\text{HAc}) - \overline{K}_a^{\ominus}(\text{HAc})}{\overline{K}_a^{\ominus}(\text{HAc})} \times 100\%$$

七、问题与讨论

　　重点分析产生误差的原因（略）。

例三　物质制备与提纯实验报告格式示例

日期：___年___月___日　室温：____　气压：____

姓名		学号		同组者	
专业班级		组别		指导教师	
实验名称		氯化钠的提纯		成绩	

一、实验目的
　（略）

二、实验原理(简述)
　1.提纯原理
　……
　2.中间控制检验方法
　……

三、实验用品
　（略）

四、实验步骤
　只需按照实验过程扼要列出操作的项目即可,用简练语言描述操作步骤及相应现象,以流程图或表格形式表达出来。

五、实验过程主要现象和反应式
　（略）

六、注意事项
　（略）

七、实验结果及数据处理
　实验结果包括产品的外观(形态、颜色)、产量、母液体积、理论产量、产率等,可以简明文字或表格形式表示。

　1.实验结果
　(1)粗盐：___g;精盐：___g;精盐外观：____;母液体积：____mL;
　理论产量：_____ g;产率：____。
　(2)产品纯度检验

表×× 粗盐和精盐纯度检验对比

检验项目	SO_4^{2-}	Ca^{2+}	Mg^{2+}
粗 NaCl			
纯 NaCl			

2.数据处理
　包括理论产量计算、产率(或回收率)计算等。

八、问题与讨论
　可对产品的产量(产率)、纯度进行分析;或对实验中异常、失败之处进行讨论;也可对比讨论不同制备方法、原理的优缺点,或提出创新、改进。

例四　化学原理与物质性质实验格式报告

日期：___年___月___日　室温：____　气压：____

姓名		学号		同组者	
专业班级		组别		指导教师	
实验名称	氧化还原反应与电化学			成绩	

一、实验目的

　　（略）

二、实验原理

　　1.氧化还原反应原理（简述）

　　（略）

　　2.电解原理

　　（略）

三、实验用品

　　（略）

四、实验内容（文字简述或框图）

　　只需按照实验过程扼要列出操作的项目即可,用简练语言描述操作步骤及相应现象,以流程图或表格形式表达出来。

表××　电极电势与氧化还原反应

操作	实验现象	解释（或反应方程式）
FeCl$_3$+KI,加CCl$_4$,振荡		
FeCl$_3$+ KBr,加CCl$_4$,振荡		
结论		$\varphi(I_2/I^-) < \varphi(Fe^{3+}/Fe^{2+}) < \varphi(Br_2/Br^-)$

五、注意事项

　　（略）

六、问题与讨论

　　重点对实验中异常、失败之处讨论;也可对实验结论进行定性或定量分析讨论。

1.3　实验仪器外观和装置简图的绘制

　　绘制化学实验仪器和实验装置图是化学实验的基本学习内容，是化学化工专业学生应该具备的基本专业技能之一。

　　仪器装置图的绘制练习可以分为：实验仪器图、整套实验仪器装置图的绘制。

　　1. 实验仪器的画法

　　化学实验仪器大都是呈轴对称的，可以用几何平面图表示它们的形状。常用的仪器可以采取如下的分步画法：

（1）观察分析：绘画时应对照化学实验仪器仔细观察其外形的几何构成、各部分的大小比例及连接特点。大多数玻璃仪器的造型是由简单的几何形体所组成，例如，烧杯是由空心圆柱体组成；试管由空心圆柱体和空心半球体所组成；锥形瓶是由空心圆柱体和圆锥台，圆锥台与圆柱的高度比为 3∶1，圆锥台底与圆柱的半径比为 3∶1，圆柱与圆锥台底部的细部特点是"直线–圆弧–直线"，圆锥台底的特点是"直线–圆弧–直线"，锥形瓶的瓶口是卷口；圆底烧瓶是由空心圆柱体和空心球体所组成，圆柱体和球体的直径比为 3∶1，而圆柱体的高度和球体直径比为 2∶3（或 1∶1），圆柱与球体的连接特点是"直线–圆弧–圆弧"，圆底烧瓶的瓶口是卷口。

（2）测点定位：用虚线方框勾出各部分几何体的相对位置、大小，选择其中最典型的几何体部分，在方框中找出决定其轮廓外形的各个主要点的位置。

（3）起稿深描：用轻而细的连线连接各相应测点，勾出图形的大体轮廓，然后勾深，描绘所画对象的图形。注意勾出外形构造细部特征（如锥形瓶的卷口、烧杯的流嘴）和各部分的连接特点，最后擦去不需要的线条及虚线框。

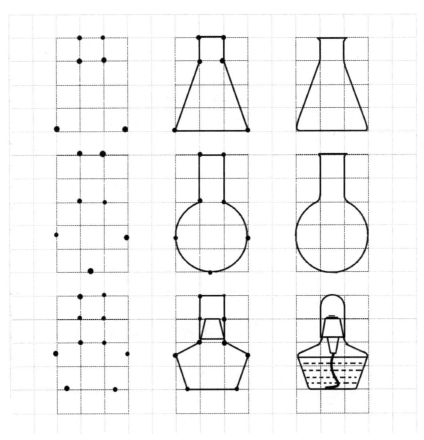

图 1-1　实验仪器外观简图的绘制

2. 实验装置图的画法

化学实验中往往需要将不同仪器组装起来，仪器之间通过导管、橡胶塞或橡胶管连接，还需要酒精灯、铁架台、铁圈等辅助仪器。化学实验装置图是实验装置的组合图形，它既要表达仪器的外形、位置、连接方式，又要表达仪器的作用等。

绘制整套仪器装置图时，应先考虑整体布局，确定画面中心、各种仪器的相对位置及大小，做到主要线段和次要线段粗细有别、虚实有别。

常见的仪器装置图从组成结构上有两种情况：一种是主体仪器是"左右结构"，绘制原则：先确定一个水平线和画面中心，从左至右先画主体图，然后画配件图，最后画辅助设施；另一种是"上中下结构"，绘制原则：先确定画面中心及水平线，从上至下先画主体图，然后画配件图，最后画辅助设施。如实验室制备氧气的实验装置为"左右结构"，主体仪器为大试管、导管、集气瓶，配件有酒精灯、水槽、铁架台，而橡胶塞、木块、铁夹等为辅助仪器和设施，该装置的绘制方法和步骤如图1-2所示。最后深描时除细致画出仪器的细部特征外，还要注意添加仪器内的物质，如反应物、生成物、水、酒精等物。

确定主体仪器的位置及相对大小

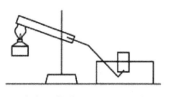
确定配件位置及相对大小

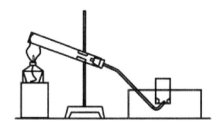
勾画出大体轮廓及各部件的支撑连接物

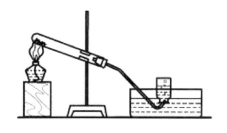
深描

图1-2 实验装置图的画法

3.绘制仪器和装置图时的注意事项

①在同一幅图中，必须采用同一种透视法。透视法一般有平面透视和立体透视之分；若采用立体透视图，图中各部分透视方向必须一致。

②布局应照顾各个部位，以便清晰地表示出来。

③图中各部分的相对位置和彼此比例要与实际相符。

④要力求线条简洁，粗细均匀；图形逼真，仪器大小要协调适当、符合比例。

第2章　实验室安全与环保知识

2.1　化学实验室常见安全事故

实验室安全知识

1. 着火

着火是化学实验室，特别是化合物合成实验室里容易发生的事故。着火的原因大致如下：

①化学药品中有许多可燃、自燃或助燃的物质而引起着火；

②加热操作不当引起着火；

③电器短路引起着火等。

2. 爆炸

由于实验操作不规范，粗心大意或违反操作规程都能酿成爆炸事故。化学实验室发生爆炸事故的原因大致如下：

①随便混合化学药品。例如：氧化剂和还原剂的混合物在受热、摩擦或撞击时会发生爆炸。

②在密闭体系中进行蒸馏、回流等加热操作；在加压或减压实验中使用不耐压的玻璃仪器；反应过于激烈而失去控制。

③在制备易燃、易爆气体时（如氢气、乙炔等烃类气体），不在通风橱内进行或在其附近点火；使用易燃易爆气体、煤气和有机蒸气等时，逸入大量空气，引起爆燃。

④一些本身容易爆炸的化合物（如硝酸盐类、硝酸酯类、三碘化氮、芳香族多硝基化合物、乙炔及其重金属盐、重氮盐、叠氮化物、有机过氧化物等）受热或被敲击时会爆炸。强氧化剂与一些有机化合物接触，如乙醇和浓硝酸混合时会发生猛烈的爆炸反应。

⑤搬运钢瓶时不使用钢瓶车，而让气体钢瓶在地上滚动，或撞击钢瓶表头，随意调换表头，或气体钢瓶减压阀失灵等。氧气钢瓶和氢气钢瓶放在一起。

⑥煤气灯用完后或中途煤气供应中断时，未立即关闭煤气龙头。或煤气泄漏，未停止实验，及时检修。

⑦金属钾、钠、白磷遇火都易发生爆炸。

3. 触电

当微弱电流通过身体时，就会触电，甚至只要25 mA交流电、80 mA直流电，或60 V

以上的电压，就可能置人于死地。特别当人与湿物接触时（如站在湿地上或手湿等等），危险性就更大。线路超负荷或电线短路，电流激增，此时触电非常危险。而且短路电流热量大，能烧毁电器仪表或直接导致火灾的发生。在化学实验室，尤其是在物理化学实验室和大型仪器室里，经常使用电学仪表、仪器，应用交流电源进行实验。使用电器不当，就会发生触电或着火事故。为避免触电事故的发生，在使用电器时应注意的事项有：

①对实验室使用的电器应定期检查绝缘情况；电线接头不外露；外壳有地线。

②电器插座应使用三孔插座，总用电量不能超出总负荷。电线容量正确，贵重仪器应有保险丝。

③电器上各插头有标志，电动机皮带有护罩。

④移动电器前，必先关上所有开关。不要用湿手接触使用的电器、电线和开关。

⑤在桌面上供电的插座电压应在 12 V 以下。

4. 中毒

某些侵入人体的少量物质所引起的局部刺激或使整个身体机体功能发生障碍的任何疾病都称为中毒，这些物质称为毒物。根据毒物所侵入的途径，中毒可分为摄入中毒、呼吸中毒和接触中毒。有些化学药品，在一定条件下会损害人体的健康。这些化学药品大致分为两类：一类是有毒化学药品，一类是具有刺激性腐蚀性药物。有毒化学药品是指那些吸入微量即能致死的化学药品（剧毒药品），例如：汞及其盐、氰化物（氢氰酸、氰化钾等）、硫化氢、砷化物、一氧化碳、马钱子碱等等，及其他对人体有毒害作用，使人体组织器官受伤的化学药品。他们的毒性主要表现在：

①扰乱人体内部生理机制、损坏器官的系统性中毒：如苯深入骨髓而损害造血器官、卤代烷使神经及肝肾受损害、汞盐损害大脑中枢神经、钡盐损害骨骼等。

②使动物窒息：如氰化物与血液结合、一氧化碳与红细胞结合、硫化氢使呼吸器官麻痹而中毒等。

③引起某些人过敏反应的过敏性药物：如接触性皮炎等。

④麻醉作用：如乙醚、氯仿等。

⑤使人体致癌的致癌性药物：如铅、汞、铍、镉、石棉、苯并芘等稠环化合物、联苯胺、β-萘胺等染料中间体、第二级亚硝胺等长期接触能导致癌症。

刺激性腐蚀性药物不仅对眼睛、黏膜、气管有刺激作用，还会腐蚀损害皮肤、组织，轻微会引起喉痛、黏膜红肿（有的催泪）；重者会引起气管炎、肺气肿，甚至死亡。

通常，有害药品经呼吸器官、消化器官或皮肤吸入体内，而引起中毒。因此，我们切忌鼻嗅、口尝及用手直接触摸化学药品。

5. 化学灼伤

化学灼伤在化学实验过程中也是会经常出现的安全事故。例如：由于眼内溅入碱金属、溴、磷、浓酸或浓碱等化学药品，或其他具有刺激性的物质都会对眼睛造成灼伤；

皮肤灼伤有酸灼伤、碱灼伤、溴灼伤等；在烧熔和加工玻璃物品时容易被烫伤。为避免化学灼伤事故的发生，在实验中应注意的事项有：

①保护好眼睛！应防止眼睛受刺激性气体熏染，防止任何化学药品特别是强酸、强碱、玻璃屑等异物进入眼内，在化学实验室里应该一直配戴护目镜（平光玻璃或有机玻璃眼镜）。

②尽量避免吸入任何药品和溶剂蒸汽。必须在通风橱中处理具有刺激性的、恶臭的和有毒的化学药品（如 Cl_2、Br_2、H_2S、SO_2、SO_3、NO_2、CO、HF、浓硝酸、发烟硫酸、浓盐酸、乙酰氯等）。通风橱开启后，不要把头伸入橱内，并保持实验室通风良好。

③禁止用手直接接触任何化学药品。取用时必须配戴橡皮手套或用药匙、量器等取用药品，实验后马上清洗仪器用具，立即用肥皂洗手。

④严禁在酸性介质中使用氰化物。

⑤不要用乙醇等有机溶剂擦洗溅在皮肤上的药品，这种做法反而增加皮肤对药品的吸收速率。

⑥禁止冒险品尝药品试剂，不得用鼻子直接嗅气体，而是用手向鼻孔扇入少量气体。

⑦禁止口吸吸管移取浓酸、浓碱、有毒液体，应该用洗耳球吸取。

2.2 学生实验室规则

实验规则是人们从长期的实验室工作中归纳总结出来的，它是保持正常的实验环境和工作秩序，防止意外事故，做好实验的一个重要保证，必须人人做到，严格遵守。为了防止意外事故，保持正常的实验秩序和培养良好的学习风尚，特制定下列实验规则：

1. 实验前一定要做好预习和实验准备工作，检查实验所需的药品是否有效、仪器是否齐全。做规定以外的实验，应先经教师允许。

2. 实验时要集中精力，认真操作，仔细观察，积极思考，如实详细地做好实验记录。

3. 实验中必须保持肃静，不准大声喧哗，不得到处乱走。不得无故缺席，因故缺席而未做的实验应该补做。严禁在实验室吸烟和饮食，或把食具带进实验室。

4. 爱护国家财物，规范使用仪器和实验室设备，节约水、电和消耗性药品。每人应取用自己的仪器，不得动用他人的仪器；公用仪器和临时共用的仪器用毕应洗净，并立即放回原处。如有损坏，必须及时登记补领，具体情况按化学实验室学生仪器赔偿制度赔偿。不能将仪器、药品带出实验室。

5. 实验台上的仪器应整齐地放在一定的位置上，并随时保持台面的清洁。废纸、火柴梗和碎玻璃应倒入垃圾箱内，酸、碱性废液应倒入废液缸内，切勿倒入水槽，以防堵塞或锈蚀下水管道。

6. 按规定的用量取用药品，注意节约，不得浪费。称取药品后，应及时盖好原瓶盖，放在指定地方的药品不得擅自拿走。

7. 使用精密仪器时，必须严格按照操作规程进行操作，细心谨慎，避免粗枝大叶而损坏仪器。如发现仪器有故障，应立即停止使用，报告教师，及时排除故障。

8. 使用后，应将所用仪器洗净并整齐地放回实验柜内。实验台和试剂架必须擦净，实验柜内仪器应存放有序，清洁整齐。

9. 每次实验后由学生轮流值日，负责打扫和整理实验室，最后检查水、电，关好门、窗，以保持实验室的整洁和安全。

10. 新生实验前必须认真学习实验室安全知识及有关规章制度，熟悉实验室火灾、爆炸、中毒和触电事故的预防和急救措施。如果发生意外事故，应保持镇静，不要惊慌失措，要统一听从指挥。遇有烧伤、烫伤、割伤时应立即报告教师，及时急救和治疗。

2.3　实验室安全操作和事故处理

进行化学实验时，要严格遵守有关水、电、煤气和各种仪器、药品的使用规定。化学药品中，很多是易燃、易爆、有腐蚀和有毒的。因此，重视安全操作，熟悉一般的安全知识是非常必要的。

注意安全不仅是个人的事情。发生了事故不仅损害个人的健康，还要危及周围的人们，并使国家的财产受到损失，影响工作的正常进行。因此，首先需要从思想上重视实验室安全工作，决不可麻痹大意。其次，在实验前应了解仪器的性能和药品的性质以及本实验中的安全事项。在实验过程中，应集中注意力，并严格遵守实验安全守则，以防意外事故的发生。第三，要学会一般的救护措施，一旦发生意外事故，可进行及时处理。最后，应掌握化学危险品的分类、性质和管理，化学品致毒途径等知识，以保持实验室和环境不受污染，保障实验者的人身安全。

1. 实验室安全守则

（1）为安全起见，实验时必须穿实验服。不许穿背心、短裤（裙），裤子也必须护住脚踝。不允许穿凉鞋、拖鞋或高跟鞋，最好穿能遮盖脚趾、脚跟和脚背的低跟鞋。不允许披肩散发者进入实验室。

（2）不要用潮湿的手、物接触电源。水、煤气、电一经使用完毕，应立即关闭水龙头、煤气开关，拉掉电闸。点燃的火柴用后应立即熄灭，不得乱扔。

（3）绝对不允许随意混合各种化学药品，以免发生意外事故。

（4）金属钾、钠和白磷（黄磷）等暴露在空气中易燃烧，所以金属钾、钠应保存在煤油中，白磷则可保存在水中，取用时要用镊子。一些有机溶剂（如乙醚、乙醇、丙酮、苯等）极易引燃，使用时必须远离明火、热源，用毕应立即盖紧瓶塞。

（5）含空气的氢气遇火易爆炸，操作时必须严禁接近明火。在点燃氢气前，必须先检查并确保纯度。银氨溶液不能留存，久置后会变成易爆炸的氮化银。某些强氧化剂

（如氯酸钾、硝酸钾、高锰酸钾等）或其混合物不能研磨，否则将引起爆炸。

（6）实验室应配备护目镜。倾注药剂或加热液体时，容易溅出，不要俯视容器。尤其是浓酸、浓碱具有强的腐蚀性，切勿使其溅在皮肤或衣服上，眼睛更应该注意防护，稀释浓酸、浓碱时（特别是浓硫酸），应将它们慢慢倒入水中，而不能相反进行，以避免迸溅。给试管加热时，切记不要使试管口朝向自己或别人。

（7）不要俯向容器去嗅放出的气味。正确的方法是面部应远离容器，用手把逸出的气流慢慢地扇向自己的鼻孔。能产生有刺激性或有毒气体（如硫化氢、氟化氢、氯气、一氧化碳、二氧化氮、二氧化硫、溴蒸气等）的实验必须在通风橱内进行。

（8）有毒药品（如重铬酸钾、钡盐、铅盐、砷的化合物、汞的化合物，特别是氰化物）不得进入口内或接触伤口。剩余的废液也不能随便倒入下水道，应倒入废液缸或教师指定的容器里。

（9）金属汞易挥发，并通过呼吸道而进入人体内，逐渐积累会引起慢性中毒。所以做金属汞的实验应特别小心，不得把金属汞洒落在实验台上或地上。一旦洒落，必须尽可能收集起来，并用硫黄粉盖在洒落的地方，使金属汞转变成不挥发的硫化汞（如果水银温度计不慎打破，亦用同样的方法处理）。

（10）实验室所有的药品不得带出室外，用剩的药品应放在指定的位置。

注意： 为了防止易挥发试剂造成的毒害，这类试剂一般不放在实验台的试剂架上，必须放在通风橱中。如浓盐酸、浓硝酸、浓氨水、甲酸、冰醋酸、氯水、次氯酸钠、溴水、碘水、硫代乙酰胺、二硫化碳、金属汞、三氯化磷、多硫化钠、多硫化铵等，在取用时不得拿出通风橱。

2.实验室意外事故的一般处理

（1）割伤

先取出伤口内的异物，用水洗净伤口，挤出一点血，然后在伤口处抹上碘酒或其他杀菌药水或撒上消炎粉后用纱布包扎。也可在洗净的伤口上直接贴上"创可贴"，可立即止血，且易愈合。若出现严重割伤大量出血时，应先止血，让伤者平卧，抬高出血部位，压住附近动脉或用绷带绑住伤口，若绷带被血浸透，不要换掉，再盖上一块，然后立即送医院治疗。

（2）烫伤

一定不要用冷水洗涤烫伤处。伤处皮肤未破时，可涂擦饱和 $NaHCO_3$ 溶液或将 $NaHCO_3$ 粉末调成糊状敷于伤处，也可抹烫伤膏。如果伤处皮肤已破，可涂紫药水或 1% $KMnO_4$ 溶液。

（3）皮肤灼伤

①酸灼伤：先用大量水冲洗，然后用饱和碳酸氢钠溶液或稀氨水洗，最后再用水冲洗。

②碱灼伤：先用大量水冲洗，再用1%硼酸或2%乙酸溶液浸洗，最后再用水冲洗。

③溴灼伤：被溴灼伤后的伤口一般不易愈合，必须严加防范。凡用溴时都必须预先配制好适量的20%硫代硫酸钠溶液备用。一旦有溴沾到皮肤上，立即用硫代硫酸钠溶液冲洗，再用大量水冲洗干净，包上消毒纱布后就医。

（4）吸入刺激性、有毒气体

吸入Cl_2、HCl、溴蒸气时，可吸入少量乙醇和乙醚的混合蒸气使之解毒。吸入H_2S或CO气体而感到不适时，立即到室外呼吸新鲜空气。

（5）毒物入口

若毒物尚未咽下，应立即吐出来，并用水冲洗口腔；如已吞下，把10~15 mL稀硫酸铜溶液加入温水中服用，然后用手指伸入咽喉部，设法促呕吐，吐出毒物后送医院诊治。

（6）着火

万一不慎着火，切莫惊慌失措，应冷静、沉着处理。只要掌握必要的消防知识，一般可以迅速灭火。应首先采取措施防止火势蔓延，立即熄灭附近所有火源（如煤气灯），切断电源，移开易燃易爆物品。并视火势大小，采取不同的扑灭方法。

①对在容器中（如烧杯、烧瓶等）发生的局部小火，可用石棉网、表面皿或湿布等盖灭。

②对金属钾、钠等着火，一般用干燥的细沙覆盖。严禁用水和CCl_4灭火器，否则会导致猛烈的爆炸，也不能用CO_2灭火器。

③有机溶剂在桌面或地面上蔓延燃烧时，不得用水冲，可撒上细沙或用灭火毯扑灭。

④在反应进行的过程中，若因渗漏、冲料、油浴着火等引起反应体系着火时，情况比较危险，扑救时必须谨防冷水溅在着火处的玻璃仪器上，必须谨防灭火器材击破玻璃仪器，造成严重的泄漏而扩大火势。有效的扑灭方法是用几层灭火毯包住着火部位，隔绝空气使其熄灭，必要时在灭火毯上撒些细沙。若仍不奏效，必须使用灭火器，从火场的周围逐渐向中心处扑灭。

⑤若衣服着火，切勿慌张奔跑，以免风助火势。一般小火可用湿抹布、灭火毯等包裹使火熄灭。若火势较大，可就近用水龙头浇灭。化纤织物最好立即脱掉。必要时可就地卧倒打滚，一方面防止火焰烧向头部，一方面在地上压住着火处，使其熄灭。若火势较大难以控制，应及时拨打119报警。

（7）触电

首先切断电源，必要时进行人工呼吸并送医院诊治。

（8）爆炸

爆炸的毁坏力极大，危害十分严重，瞬间殃及人身安全，必须引起思想上足够的重视。如果发生爆炸事故，首先立即切断电源，关闭煤气和水龙头，同时将受伤人员撤离现场，送往医院急救，并迅速清理现场以防引发其他着火中毒等事故。如已引发了其他事故，则按相应办法处理。

（9）中毒

①酸。硫酸接触皮肤会造成局部红肿痛，严重者还会起水泡、呈烫伤的症状；硝酸和盐酸腐蚀性小于硫酸。处理方法：立即用大量流动清水冲洗，再用2%碳酸氢钠水溶液冲洗，然后再用清水继续冲洗。吞服上述酸会强烈腐蚀口腔、食道、胃黏膜。初服可洗胃，时间长忌洗胃以防穿孔，应立即服用7.5%氢氧化镁溶液60 mL、鸡蛋清调水或牛奶200 mL。

氢氟酸接触皮肤会造成局部烧灼感，开始疼痛较小不易察觉；若渗入指甲，会感觉剧痛。应立即用大量水冲洗，将伤处浸入0.10%～0.13%氯化苄烷铵水（冰镇）、饱和硫酸镁溶液（冰镇）或70%乙醇溶液（冰镇）。若入眼烧伤，应用大量清洁冷水淋洗，每次15 min，间隔15 min。

②强碱。氢氧化钠或氢氧化钾接触皮肤会具有强烈腐蚀性，造成化学烧伤，应迅速用水、柠檬汁、稀乙酸或2%硼酸水溶液清洗。若吞服会造成口腔、食道、胃黏膜糜烂，应及时催吐，并服用稀乙酸或柠檬汁500 mL，或0.5%盐酸100～500 mL，再服蛋淀粉糊、清水、牛奶、植物油等，禁洗胃。

③铬酸、重铬酸钾等铬化合物。铬酸、重铬酸钾等对黏膜有剧烈的刺激，产生炎症和溃疡；铬的化合物可以致癌。一般用5%硫代硫酸钠溶液清洗受污染皮肤。

（10）眼睛灼伤或掉进异物

一旦眼内溅入任何化学药品，立即用大量水彻底冲洗，洗眼时要保持眼皮张开，可由他人帮助翻开眼睑，连续冲洗15 min。溅入浓酸、浓碱、碱金属、溴、磷或其他刺激性物质的眼睛灼伤者，急救后必须迅速送往医院检查治疗。玻璃屑进入眼睛内是比较危险的，这时要尽量保持平静，绝不可用手揉擦，也不要试图让别人取出碎屑，尽量不要转动眼球，可任其流泪，有时碎屑会随泪水流出，用纱布轻轻包住眼睛后，将伤者急送医院处理。若系木屑、尘粒等异物，可由他人翻开眼睑，用消毒棉签轻轻取出异物，或任其流泪，待异物排出后，再滴入几滴鱼肝油。

3.实验室急救药箱的配备

为了对实验室意外事故进行紧急处理，实验室应配备急救药箱。常备药品清单如下：

（1）医用酒精；（2）3%碘酒；（3）烫伤膏；（4）饱和碳酸氢钠溶液；（5）饱和硼酸溶液；（6）5%氨水；（7）2%乙酸溶液；（8）5%硫酸铜溶液；（9）高锰酸钾晶体（需要时再制成溶液）；（10）三氯化铁溶液（止血剂）；（11）甘油；（12）消炎粉；（13）泻药：硫酸镁等；（14）催吐剂：镁浆，或氧化镁甘油浆液（将200 g氧化镁与240 g甘油混合）；（15）万能解毒剂（医用活性炭：氧化镁：丹宁酸=2∶1∶1，混合后保存于干燥处）；（16）创可贴及消毒纱布。

4.化学危险品的分类、性质和管理

危险药品是指受光、热、空气、水或撞击等外界因素的影响，可能引起燃烧、爆炸的药品，或具有强腐蚀性、剧毒性的药品。常用危险药品按危害性可分为以下几类来管理。

表2-1 常用危险药品分类

类别		试剂举例	性质	注意事项
1.爆炸品		硝酸铵、苦味酸、三硝基甲苯	遇高热摩擦、撞击等，引起剧烈反应，放出大量气体和热量，发生猛烈爆炸。	存放于阴凉、低处。轻拿、轻放。
2.易燃品	易燃液体	丙酮、乙醚、甲醇、乙醇、苯等有机溶剂	沸点低、易挥发，遇火则燃烧，甚至引起爆炸。	存放阴凉处，远离热源。使用时注意通风，不得有明火。
	易燃固体	赤磷、硫、萘、硝化纤维	燃点低，受热、摩擦、撞击或遇氧化剂，可引起剧烈连续燃烧爆炸。	同上。
	易燃气体	氢气、乙炔、甲烷	因撞击、受热引起燃烧。与空气按一定比例混合，则会爆炸。	使用时注意通风。如为钢瓶气，不得在实验室存放。
	遇水易燃	钠、钾	遇水剧烈反应，产生可燃气体并放出热量，此反应热会引起爆炸。	保存于煤油中，切勿与水接触。
	自燃物品	黄磷(白磷)	在适当温度下被空气氧化、放热，达到燃点而引起自燃。	保存于水中。
3.氧化剂		硝酸钾、氯酸钾、过氧化氢、过氧化钠、高锰酸钾	具有强氧化性，遇酸、受热，与有机物、易燃品、还原剂等混合时因反应引起燃烧或爆炸。	不得与易燃品、易爆品、还原剂等一起存放。
4.剧毒品		氰化钾、三氧化二砷、升汞、氯化钡、六六六	剧毒，少量侵入人体(误食或接触伤口)引起中毒，甚至死亡。	专人、专柜保管，现用现领，用后的剩余物，不论是固体或液体都应交回保管人，并应建立使用登记制度。
5.腐蚀性药品		强酸、氟化氢、强碱、溴、酚	具有强腐蚀性，触及物品造成腐蚀、破坏，触及人体皮肤引起化学烧伤。	不要与氧化剂、易燃品、爆炸品放在一起。
6.放射物品		铀、钍的金属化合物及其制品	具有放射性，对人体造成伤害。	远离易燃易爆危险品存放，外包装容器应使用铅罐、铁罐等。

5.化学药品致毒途径

大多数化学药品都有程度不同的毒性，原则上应防止任何化学药品以任何方式进入人体。有毒化学药品进入人体，可能的三种途径有：呼吸道吸入、消化道侵入和皮肤黏膜吸收等。有毒气体或尘埃可经呼吸道由肺部进入人体。沾染毒物的手指，在进食时可能将毒物带进消化道。有外伤的皮肤，易使毒物进入人体。因此，防毒的要点是实验室应经常通风，不使室内积聚有毒气体或尘埃；禁止在实验室进食、吸烟，离开实验室时应仔细洗手；尽量防止皮肤和药物直接接触，受损的皮肤要及时医疗包扎。

实验室常用的气体药品，如氯气、液溴（挥发产生气体）、硫化氢、氮的氧化物、硫的氧化物和一氧化碳等，可由呼吸道或皮肤黏膜侵入人体而发生中毒现象。因此，使用这类药品应在通风橱内进行，防止它们扩散在室内空气中。当室内空气中的氯气含量超过 $0.002\ \text{mg}\cdot\text{L}^{-1}$ 时，就会对人体发生危害。

氢氟酸侵入人体，将会损伤牙齿、骨骼、造血神经系统，它一般通过呼吸道或皮肤使人体中毒，使用时要严格按操作规定进行，若误与皮肤接触，须迅速以稀氨水或大量清水冲洗。

有机药品中的醇、醚以及某些酯类，对人体都有程度不同的麻醉作用。大多数有机溶剂会刺激皮肤，引起湿疹，有的还有致癌作用。

汞的毒性也很大，而且是累积性毒物。汞进入人体后不易排出，因此不能忽视汞的毒性。

2.4　实验性环境污染和实验室污染预防

1. 实验性环境污染

人们在科研、生产和生活过程中，不可避免地要产生一些废弃物，这些废弃物随意排入大气、水体或土壤中，便可对自然环境产生一定的污染。通常人们将导致环境污染或造成生态环境破坏的物质称环境污染物。环境污染物当前最主要的来源有：工业污染（工业生产所产生的废水、废气和废渣等）；农业污染物（农业生产中使用的化肥、农药、植物生长调节剂等的残留物）；生活废弃物（粪便、垃圾、生活废水等）；放射性污染物（核工业、医用、农用放射源等）。实验性污染物常常混于生活废弃物之中排出，并没有引起人们的重视。然而，随着人们环境保护意识的提高，防治实验性污染也不得不提到议事日程上来。

实验性污染可分为化学污染和物理污染两大类，而化学污染又可分为无机污染和有机污染；物理污染则可分为放射性污染和噪声污染等。由于实验室排放的化学污染物总量不是很大，一般没有专门的处理设施，而被直接排到生活废弃物中，因此往往出现局部浓度过大、危害较严重的后果。

实验性环境污染主要表现在以下几个方面：

（1）有害气体的逸出。挥发性试剂在保存环境中逐渐挥发和实验过程中产生的有害气体，会造成实验室环境的空气污染。通过排风扇和通风橱再向实验室外排放，一定程度上会造成大气环境的污染。

（2）实验产生的废液和洗涤仪器的洗涤液向下水道排放，会造成对水体的污染。

（3）实验产生的废渣和实验时不慎撒泼到实验室桌面和地面的试剂，会污染实验室环境。由于这些物质往往与生活垃圾一起排放和掩埋，会造成对土壤的污染。

实验性环境污染的直接受害者是实验工作人员，他们长期在这样的环境下工作，将对身体造成极大的危害。随着实验室的废气、废液、废渣的排放，也将对大环境产生一定程度的污染。所以，我们应当增强环保意识，采取切实可行的方法消除和减轻实验性环境污染。

2.消除和减轻实验性环境污染的措施

（1）改革化学实验教学体系，实现化学实验的绿色化，从源头上消除污染。

（2）严格试剂的取用规范。应避免过长时间地打开试剂瓶；防止试剂撒泼和滴落到实验桌或地板上；防止过量取用试剂。

（3）改善试剂特别是有毒有害试剂的保存环境。例如试剂必须密封贮存，控制试剂存储室的温度等，以防止有毒有害试剂向环境泄漏。

（4）进行有用试剂的回收利用和废弃物排放前的无害化处理。

3.无机实验室废液的处理

实验中经常会产生某些有毒的气体、液体和固体，都需要及时排弃。特别是某些剧毒物质，如果直接排出就可能污染周围空气和水源，损害人体健康。因此对废液和废气、废渣要经过一定的处理后，才能排弃。

产生少量有毒气体的实验应在通风橱内进行。通过排风设备将少量毒气排到室外（使排出气在室外大量空气中稀释），以免污染室内空气。产生毒气量大的实验则必须备有吸收或处理装置。如二氧化氮、二氧化硫、氯气、硫化氢、氟化氢等可用导管通入碱液中使其大部分被吸收后排出，一氧化碳可点燃生成二氧化碳。少量有毒的废渣常埋于地下（应有固定地点）。下面主要介绍常见废液处理的一些方法：

（1）无机实验中的废液常常是大量的废酸液。废酸缸中的废酸可先用耐酸塑料网纱或玻璃纤维过滤，滤液加碱中和，调pH至6～8后就可排出，少量滤渣可埋于地下。

（2）无机实验中含铬废液量大的是废铬酸洗液。这可以用高锰酸钾氧化法使其再生，继续使用。少量的废液可加入废碱液或石灰使其生成 $Cr(OH)_3$ 沉淀，将此废渣埋于地下。

氧化再生方法：先在383～403 K下不断搅拌加热浓缩，除去水分后，冷却至室温，缓缓加入高锰酸钾粉末。每1000 mL加入10 g左右，直至溶液呈深褐色或浅紫色。边加边搅拌直至全部加完，然后直接用火加热至有 SO_3 出现，停止加热。稍冷通过玻璃砂芯漏斗过滤，除去沉淀；冷却后析出红色 CrO_3 沉淀，再加适量硫酸使其溶解即可使用。

（3）氰化物是剧毒物质，含氰废液必须认真处理。少量的含氰废液可先加入NaOH调至pH>10，再加几克高锰酸钾使 CN^- 氧化分解。大量的含氰废液可用碱性氯化法处理，先用碱调至pH>10，再加入次氯酸钠，使 CN^- 氧化成氰酸盐，并进一步分解为 CO_2 和 N_2。

（4）含汞盐废液应先调pH至8～10后，加入适当过量的 Na_2S，使生成HgS沉淀，并加入 $FeSO_4$，生成FeS沉淀，从而吸附HgS共沉淀下来。静置后分离，再离心，过滤；清液含汞量可降到 $0.02\ mg \cdot L^{-1}$ 以下排放。少量残渣可埋于地下，大量残渣可用焙烧法回收汞，注意一定要在通风橱内进行。

（5）含重金属离子的废液，最有效和最经济的方法是加碱或加硫化钠把重金属离子变成难溶性的氢氧化物或硫化物沉淀下来，从而过滤分离，少量残渣可埋于地下。

（6）对无机、有机混合物，应萃取分离出有机物，采用蒸馏法回收，重复使用。无机物可根据具体情况处理。

总之，无论采用物理法、化学法还是微生物法，处理后的污泥最好再做附加处理。特别是对无机毒物含量较高的污泥，可先采用固化的办法使其成为稳定的固体，不再渗漏和扩散，然后再进行土地填埋。这一系列做法是目前较为常用的化学污染物的处理办法。

第3章 化学实验中的数据表达与处理

3.1 化学实验测量误差

1.误差与偏差及其表示方法

（1）误差的表示

误差（E）是指测定值（x）与真实值（x_T）之间的差。误差越小，表示测定结果与真实值越接近，准确度越高；反之，误差越大，准确度越低。误差可用绝对误差（absolute error，符号 E）与相对误差（relative error，符号 E_r）两种方法表示。

绝对误差 E 表示测定结果 （x）与真实值（x_T）之差。即：

$$E = x - x_T \tag{3-1}$$

相对误差是指绝对误差 E_a 在真实值中所占的百分率。即：

$$E_r = \frac{E_a}{x_T} \times 100\% \tag{3-2}$$

绝对误差和相对误差都有正值和负值。当误差为正值时，表示测定结果偏高；误差为负值时，表示测定结果偏低。相对误差能反映误差在真实结果中所占的比例，这对于比较在各种情况下测定结果的准确度更为方便，因此最常用。但应注意，有时为了说明一些仪器测量的准确度，用绝对误差更清楚。例如分析天平的称量误差是±0.0001 g，常量滴定管的读数误差是±0.02 mL等等，这些都是用绝对误差来说明的。

（2）偏差的表示

偏差是指测定值（x）与几次测定结果平均值（$\bar{x}$）的差值。与误差相似，偏差也有绝对偏差和相对偏差。设一组测量值为 x_1，x_2，x_3，$\cdots$，x_n，其算术平均值为 $\bar{x}$，对单次测量值 x_i，其偏差可表示为

$$绝对偏差 d_i = x_i - \bar{x} \tag{3-3}$$

$$相对偏差 = (d_i / \bar{x}) \times 100\% \tag{3-4}$$

由于在几次平行测定中各次测定的偏差有负有正，有些还可能是零，因此为了说明分析结果的精密度，通常以单次测量偏差绝对值的平均值，即平均偏差（deviation average）$\bar{d}$ 表示其精密度。

$$\bar{d} = \frac{|d_1| + |d_2| + \cdots + |d_n|}{n} = \frac{|x_1 - \bar{x}| + |x_2 - \bar{x}| + \cdots + |x_n - \bar{x}|}{n} \qquad (3-5)$$

测量结果的相对平均偏差为：

$$相对平均偏差 = \frac{\bar{d}}{\bar{x}} \times 100\% \qquad (3-6)$$

（3）准确度与精密度

准确度表示测定结果与真实值接近的程度。它们之间差别越小，则测定结果越准确，即准确度高。

精密度就是几次平行测定结果相互接近的程度。为了获得可靠的测定结果，在实际测定中，人们总是在相同条件下对试样平行测定几份，然后取平均值，如果几个数据比较接近，说明测定的精密度高。

准确度和精密度两者间的关系：

精密度高的不一定准确度就高，但准确度高一定要求精密度高，即一组数据精密度很差，自然失去了衡量准确度的前提。

（1）精密度是保证准确度的先决条件。精密度差，所测结果不可靠，就失去了衡量准确度的前提。对于教学实验来说，首先要重视测量数据的精密度。

（2）高的精密度不一定能保持高的准确度，但可以找出精密而不准确的原因，而后加以校正，就可以使测定结果既精密又准确。

2. 误差的分类及其产生原因

误差按性质不同可分为两类：系统误差和随机误差（偶然误差）。

（1）系统误差

成因：这类误差是由某种固定的原因造成的，如测定方法、仪器本身的精度、试剂的纯度以及个人在正常操作下的主观原因等造成的。

特点：在多次平行测定中重复出现，具有单向性，使测定结果总偏高或总偏低，即正负、大小都有一定的规律性。若能找出原因，并设法加以校正，系统误差就可以消除。因此，系统误差大小是可测的，故又称为可测误差。

系统误差产生的主要原因是：

①方法误差。指分析方法本身不完善而引起的误差。这种误差与方法本身固有的特性有关，与测试者的操作技术无关。

②仪器误差。主要是仪器本身精度不够或未经校准所引起的误差。例如天平灵敏度不符合要求、砝码质量未经校正和容量器皿刻度不准等，在使用过程中就会使测定结果产生误差。

③试剂误差。由于试剂不纯或蒸馏水中含有微量杂质所引起的误差。

④操作误差。是由于操作人员的主观原因造成的，又叫主观误差。例如，对终点颜色变化的判断，有人敏锐，有人迟钝；滴定管读数偏高或偏低等。

（2）随机误差（偶然误差）

成因：随机误差也称偶然误差。这类误差是由一些偶然和意外的原因所引起的误差。例如测量时环境温度、压力、湿度的变化，仪器性能的微小变化，分析人员操作的细小变化等都可能带来误差。

特点：这类误差对测定结果的影响程度不定。有时正、有时负，误差的数值也不固定，有时大、有时小，难以预测，也难以控制，即是非单向性的，因此不能用校正的方法来减少或避免此项误差，故又称为未定误差。

3.提高测量分析结果准确度的方法

在测量过程中，误差是不可避免的，要想得到准确的分析结果，必须设法减免在实验过程中带来的各种误差。

（1）减小实验过程中的误差

①选择合适的方法。各种实验测试方法的准确度和灵敏度是不相同的，例如重量分析和滴定分析，灵敏度虽不高，但对常量组分的测定，能获得比较准确的结果，一般相对误差不超过千分之几，但它们对于微量或痕量组分的测定，一般测不出来。仪器分析灵敏度较高，适宜于测定微量或痕量组分，但其相对误差较大，对常量组分测定，绝对误差较大，一般不易测准。总之，必须根据测试对象、样品情况及对测定结果的要求，选择恰当的实验测试方法。

②减小测量误差。为了保证测定结果的准确度，必须尽量减小各步的测量误差，例如，在溶液配制的操作中，步骤之一是称重，这时就设法减小称量误差，一般万分之一的分析天平的称量误差为±0.0001 g，用差减法称量两次，最大误差为±0.0002 g，为了使称量的相对误差小于1‰，样品重量应在0.2 g以上。

③增加平行测定次数减小随机误差。在消除系统误差的前提下，平行测定次数越多，平均值越接近真实值，因此，增加平行测定次数，可以减少随机误差。但测定次数过多，工作量加大，随机误差并不相应减小，因此一般测试平行测定3~4次即可。

应该指出，由于操作者的过失，如器皿不洁净、溅失试液、读数或记录差错等而造成的错误结果，是不能通过上述方法减免的，因此必须严格遵守操作规程，认真仔细地进行实验，如发现错误测定结果，应予以剔除，不能用来计算平均值。

（2）消除测量中的系统误差

①校准仪器。在日常工作分析中，因仪器出厂时已进行过校正，只要仪器保管妥善，一般可不必进行校准。在准确度要求较高的分析中，对所用的仪器如滴定管、移液管、容量瓶、天平砝码等，必须进行校准，求出校正值，并在计算结果时采用，以消除由仪器带来的误差。

②对照试验。把含量已知的标准试样或纯物质当作供试品，以所用方法进行定量分析，由分析结果与其已知含量的差值，便可得出分析的误差，用此误差值对测定结果加以校正。这是用来检验系统误差的有效方法。进行对照实验时，常用已知准确含量的标

准试样（或标准溶液）按同样方法进行分析测定以资对照，也可以用不同的分析方法，或者由不同单位的化验人员分析同一试样来互相对照。在生产中，常常在分析试样的同时，用同样的方法做标样分析，以检查操作是否正确和仪器是否正常，若分析标样的结果符合"公差"规定，说明操作与仪器均符合要求，试样的分析结果是可靠的。

③回收试验。在没有标准试样又不宜用纯物质进行对照试验时，可以往样品中加已知含量的被测物质，用同法进行分析，由分析结果中被测组分的测量值与加入量之差，对测量的方法加以验证。

④空白试验。在不加试样的情况下，按照与试样相同的分析步骤和条件而进行的测定叫作空白实验。得到的结果称为"空白值"。从试样的分析结果中扣除空白值，就可以得到更接近于真实含量的分析结果。由试剂、蒸馏水、实验器皿和环境带入的杂质所引起的系统误差，可以通过空白试验来校正。空白值较大时，必须采取提纯试剂或改用适当器皿等措施来降低。

（3）方法校正

某些分析方法的系统误差可用其他方法（如仪器分析法）直接校正。例如，在重量分析中，使被测组分沉淀绝对完全是不可能的，必须采用其他方法对溶解损失进行校正。如在沉淀硅酸后，可再用比色法测定残留在滤液中少量硅，在准确度要求高时，应将滤液中该组分的比色测定结果加到重量分析结果中去。

3.2　有效数字及其运算规则

1. 有效数字及其表示方法

（1）有效数字

"有效数字"是指在分析工作中实际能够测量得到的数字，在保留的有效数字中，只有最后一位数字是可疑的（有 ±1 的误差），其余数字都是准确的。为了得到准确的分析结果，不仅要准确测量，而且还要正确地记录和计算，即记录的数字不仅表示数量的大小，而且要正确地反映测量的精确程度。例如用通常的分析天平称得某物体的质量为 0.3280g，这一数值中，0.328 是准确的，最后的一位数字是可疑的；可能有上下一个单位的误差，即其真实质量在（0.3280 g±0.0001）g 范围内的某一数值。此时称量的绝对误差为 0.0001 g；相对误差为：

$$\frac{\pm 0.0001\,\text{g}}{0.3280} \times 100\% = \pm 0.03\%$$

若将上述称量结果记录为 0.328 g，则该物体的实际质量将为（0.328±0.001）g 范围内的某一数值，即绝对误差为 0.001 g，而相对误差则为 0.3%。可见记录时在小数点后末尾多写一位或少写一位"0"数字，从数学角度看关系不大，但是记录所反映的测量精确程度无形中被夸大 10 倍或缩小至 1/10。所以在数据中代表一定量的每一个数字都是重要的。其最末一位是估计的、可疑的，是"0"也得记上。

数字"0"在数据中具有双重意义。若作为普通数字使用，它就是有效数字；若它只起定位作用就不是有效数字。例如：

1.0002 g	五位有效数字
0.5000 g，27.03%，6.023×10^2	四位有效数字
0.0320 g，1.06×10^{-5}	三位有效数字
0.0074 g，0.30%	两位有效数字
0.6 g，0.007%	一位有效数字

在 1.0002 g 中间的三个"0"，0.5000 g 中后边的三个"0"，都是有效数字；在 0.0074 g 中的"0"只起定位作用，不是有效数字；在 0.0320 g 中，前面的"0"起定位作用，最后一位"0"是有效数字。同样，这些数字的最后一位都是不定数字。

因此，在记录测量数据和计算结果时，应根据所使用的测量仪器的准确度，使所保留的有效数字中，只有最后一位是估计的"不定数字"。

无机化学实验中常用的一些数值，有效数字位数如下：

试样的质量	0.4370 g（分析天平称量）	四位有效数字
	15.3 g（台秤称量）	三位有效数字
滴定剂体积	18.34 mL（滴定管读取）	四位有效数字
试剂体积	1.2 mL（量筒量取）	两位有效数字
标准溶液浓度	$0.1000 \ mol \cdot L^{-1}$	四位有效数字
被测组分含量	23.47%	四位有效数字
解离常数	$K_a = 1.8 \times 10^{-5}$	二位有效数字
pH值	4.30，11.02	两位有效数字

（2）数字修约规则

通常的分析测定过程，往往包括几个测量环节，然后根据测量所得数据进行计算，最后求得分析结果。但是各个测量环节的测量精度不一定完全一致，因而几个测量数据的有效数字位数可能也不相同，在计算中要对多余的数字进行修约。数字修约时，应按中华人民共和国标准GB—3101—93进行。可归纳如下口诀："四舍六入五成双；五后非零就进一，五后皆零视奇偶，五前为偶应舍去，五前为奇则进一"。具体数字修约如下：

①当被修约的那个数字小于等于4时，则舍去。例如，欲将15.2432修约成三位只保留一位小数，被修约的数字为4，则15.2432→15.2。

②当被修约的那个数字大于等于6时，则进一。例如，把26.4843修约为3位有效数字，26.4843→26.5。

③当被修约的那个数字等于5，而5之后的数字不全为"0"时，则进一。例如，把1.0501修约为2位，1.0501→1.1。

④当被修约的那个数字等于5，而5之后的数字全为"0"时，5之前的数字为奇数，则进一；5之前的数字为偶数，则不进一，总之使末位数成偶数。例如：

0.3500→0.4　　　　12.25→12.2　　　　12.35→12.4　　　　1.0500→1.0

⑤所拟舍弃的数字，若为两位以上数字时，不得连续进行多次修约。即一个数据不论舍去多少位，只能修约一次。例如，需将215.4546修约成三位，应一次修约为215。若215.4546→215.455→215.46→215.5→216，则是不正确的。

2. 有效数字的运算规则

（1）加减法

当几个数据相加或相减时，它们的和或差只能保留一位可疑数字，应以小数点后位数最少（即绝对误差最大的）的数据为依据。例如53.2、7.45和0.66382三数相加，若各数据都按有效数字规定所记录，最后一位均为可疑数字，则53.2中的"2"已是可疑数字，因此三数相加后第一位小数已属可疑，它决定了总和的绝对误差，因此上述数据之和，不应写作61.31382，而应修约为61.3。

（2）乘除法

几个数据相乘除时，积或商的有效数字位数的保留，应以其中相对误差最大的那个数据，即有效数字位数最少的那个数据为依据。

例如

$$\frac{0.0243 \times 7.105 \times 70.06}{164.2} = ?$$

因最后一位都是可疑数字，各数据的相对误差分别为：

$$\frac{\pm 0.0001}{0.0243} \times 100\% = \pm 0.4\%$$

$$\frac{\pm 0.001}{7.105} \times 100\% = \pm 0.01\%$$

$$\frac{\pm 0.01}{70.06} \times 100\% = \pm 0.01\%$$

$$\frac{\pm 0.1}{164.2} \times 100\% = \pm 0.06\%$$

可见0.0243的相对误差最大（也是位数最少的数据），所以上列计算式的结果，只允许保留三位有效数字：

$$\frac{0.0243 \times 7.10 \times 70.1}{164} = 0.0737$$

在计算和取舍有效数字时，还要注意以下几点：

①若某一数据中第一位有效数字≥8，则有效数字的位数可多算一位。如8.15可视为四位有效数字。

②在化学计算中，经常会遇到一些倍数、分数，如2、5、10及1/2、1/5、1/10等，这里的数字可视为足够准确，不考虑其有效数字位数，计算结果的有效数字位数，应由其他测量数据来决定。

③在计算过程中，为了提高计算结果的可靠性，可以暂时多保留一位有效数字位数，得到最后结果时，再根据数字修约的规则，弃去多余的数字。

使用计算器计算定量分析结果，特别要注意最后结果中有效数字的位数，应根据前述数字修约规则决定取舍，不可全部照抄计算器上显示的八位数字或十位数字。

3.3　实验数据的记录与处理

1. 实验数据的记录

实验过程中的各种测量数据及有关现象，应及时、准确而清楚地记录下来。实验数据应按要求记在实验记录本或实验报告本上。绝不允许将数据记在单页纸上、小纸片上，或随意记在其他地方。

首先应该记录的实验数据是实验日期、当时的室温、大气压和湿度等实验条件。记录实验数据时，应注意其有效数字的位数。如用分析天平称量时，要求记录至0.0001 g；滴定管及移液管的读数，应记至0.01 mL。实验中的每一个数据，都是测量结果，重复测量时，即使数据完全相同，也应记录下来。记录的原始数据一般不允许涂抹或修改，如果发现数据算错、测错或读错而需要改动时，可将数据用一横线划去，在其上方写上正确的数字，并请老师确认。实验过程中涉及的各种特殊仪器的型号、生产厂家和标准溶液浓度等，也应及时准确记录下来。多人合作实验，记录实验数据时还应该记录所有实验者姓名。

记录实验数据时，要有严谨的科学态度，要实事求是，切忌夹杂主观因素，绝不能随意拼凑和伪造数据。

2. 实验数据的处理

化学实验中测量得到的许多数据需要处理后才能得到测量的最终结果。数据处理就是对实验数据进行整理、计算、分析、作图、拟合等，从中获得实验结果、寻找物理量变化规律或经验公式的过程。它是实验方法的一个重要组成部分，是学生的一项基本实验技能，也是无机化学实验课的基本训练内容。在无机化学实验中常用的数据处理方法有列表法、作图法、图解法等。

（1）列表法

在记录和处理数据时，常常将所得数据列成表。数据列表后，可以简单明确、形式紧凑地表示出有关物理量之间的对应关系；便于随时检查结果是否合理，及时发现问题，减少和避免错误；有助于找出有关量之间规律性的联系，进而求出经验公式等。

列表的要求是：

①要写出所列表的名称，列表要简单明了，便于看出有关量之间的关系，便于处理数据。

②列表要标明符号所代表量的意义（特别是自定的符号），并写明单位。单位及量

值的数量级写在该符号的标题栏中，不要重复记在各个数值上。

③列表的形式不限，根据具体情况，决定列出哪些项目。有些个别的或与其他项目联系不大的数据可以不列入表内。列入表中的除原始数据外，计算过程中的一些中间结果和最后结果也可以列入表中。

④表中所列数据要正确反映测量结果的有效数字。

（2）作图法

作图法是将两列数据之间的关系用图线表示出来。用作图法处理实验数据是数据处理的常用方法之一，它能直观地显示相关量之间的对应关系，揭示测量数值之间的联系。

为了使图线能够清楚地反映出化学现象的变化规律，并能比较准确地确定有关量的量值或求出有关常数，在作图时必须遵守以下规则。

①作图必须用坐标纸。当决定了作图的参量以后，根据情况选用直角坐标纸、极坐标纸或其他坐标纸。

②坐标纸的大小及坐标轴的比例，要根据测得值的有效数字和结果的需要来定。原则上讲，数据中的可靠数字在图中应为可靠的。我们常以坐标纸中小格对应可靠数字最后一位的一个单位，有时对应比例也可适当放大些，但对应比例的选择要有利于标明实验点和读数。最小坐标值不必都从零开始，以便做出的图线大体上能充满全图，使布局美观、合理。

③标明坐标轴。对于直角坐标系，要以自变量为横轴，以因变量为纵轴。用粗实线在坐标纸上描出坐标轴，标明其所代表的物理量（或符号）及单位，在轴上每隔一定间距标明该物理量的数值。

④根据测量数据，实验点要用"+""×""⊙""Δ"等符号标出。

⑤把实验点连接成图线。由于每个实验数据都有一定的误差，所以图线不一定要通过每个实验点。应该按照实验点的总趋势，把实验点连成光滑的曲线（仪表的校正曲线不在此列），使大多数的实验点落在图线上，其他的点在图线两侧均匀分布，这相当于在数据处理中取平均值。对于个别偏离图线很远的点，要重新审核，进行分析后决定是否应剔除。

在确信两相关量之间的关系是线性的，或所有的实验点都在某一直线附近时，将实验点连成一直线。

⑥作完图后，在图的明显位置上标明图名、作者和作图日期，有时还要附上简单的说明，如实验条件等，使读者能一目了然，最后要将图粘贴在实验报告上。

（3）图解法

在实验图线作出以后，可以由图线求出经验公式或相关物理量。图解法就是根据实验数据作好的图线，用解析法找出相应的函数形式。特别是当图线是直线时，采用此方法更为方便。

如果实验图线是一条直线，则经验公式应为直线方程

$$y = kx + b \tag{3-7}$$

在图线上选取两点 $P_1(x_1, y_1)$ 和 $P_2(x_2, y_2)$，注意不得用原始数据点，而应从图线上直接读取，其坐标值最好是整数值。所取的两点在实验范围内应尽量彼此分开一些，以减小误差。由解析几何知，上述直线方程中，k 为直线的斜率，b 为直线的截距。k 可以根据两点的坐标求出。则斜率为

$$k = \frac{y_2 - y_1}{x_2 - x_1} \tag{3-8}$$

其截距 b 为 $x = 0$ 时的 y 值；若原实验中所绘制的图形并未给出 $x=0$ 段直线，可将直线用虚线延长交 y 轴，则可量出截距。如果起点不为零，也可以由式

$$b = \frac{x_2 y_1 - x_1 y_2}{x_2 - x_1} \tag{3-9}$$

求出截距，求出斜率和截距的数值代入方程中就可以得到经验公式。

【思考题】

1. 下列情况分别引起什么误差？如果是系统误差，应如何消除？

（1）砝码被腐蚀；

（2）天平的两臂不等长；

（3）滴定管未校准；

（4）容量瓶和移液管不配套；

（5）在称样时试样吸收了少量水分；

（6）试剂里含有微量的被测组分；

（7）天平的零点突然有变动；

（8）读取滴定管读数时，最后一位估计不准；

（9）重量法测定 SiO_2 时，试液中硅酸沉淀不完全；

（10）以含量约为 98% 的 Na_2CO_3 为基准试剂来标定盐酸溶液。

2. 解释下列各名词：

绝对误差，相对误差，绝对偏差，相对偏差，平均偏差，标准偏差，准确度，精密度，有效数字。

3. 下列数据各包括几位有效数字？

（1）1.052

（2）0.0234

（3）0.00300

（4）10.030

（5）8.7×10^{-6}

（6）pH 2.0

（7）114.0

（8）40.02%

（9）0.50%

（10）0.007%

4. 按有效数字运算规则，计算下列结果：

（1）7.9936÷0.9967−5.02

（2）2.187×0.584+9.6×10^{-5}−0.0326×0.00814

（3）0.03250×5.703×60.1÷126.4

（4）（1.276×4.17）+（1.7×10^{-4}）−（0.0021764×0.0121）

（5）$\sqrt{\dfrac{1.5 \times 10^{-8} \times 6.1 \times 10^{-8}}{3.3 \times 10^{-5}}}$

5. 滴定管读数误差为±0.01 mL，滴定体积为：

（1）2.00 mL；

（2）20.00 mL；

（3）40.00 mL。

试计算相对误差各为多少。

6. 天平称量的相对误差为 ±0.1%，称量：

（1）0.5 g；

（2）1 g；

（3）2 g。

试计算绝对误差各为多少。

第4章 无机化学实验基本仪器和基本操作

4.1 无机化学实验常用仪器介绍

正确地认识和选择实验仪器，是保证学生顺利开展实验的前提，也是学生实验技能的基本要求。无机化学实验中常用仪器主要以玻璃仪器为主，按照用途将玻璃仪器可分为容器类、量器类和其他类，见表4-1。

表4-1 常见玻璃仪器简介

仪器名称	规格	用途	注意事项
烧杯	以容积（单位：mL）表示，一般有 50、100、150、250、300、500、1000、2000 mL 等规格。	广泛用于配制、蒸发浓缩、稀释溶液或化学反应的容器等。	1.加热时应置于石棉网上，以使其受热均匀；2.所盛反应液体体积一般不得超过容积的2/3。
试管 / 离心试管	普通试管以管外径×长度（单位：mm）表示，一般有 15×150，18×180，20×200 等规格。离心试管以容积（单位：mL）表示，一般有 5、10、15 mL 等规格。	盛取液体或固体试剂，用作少量试剂的溶解或反应的仪器，也可装配简易气体发生器、收集少量气体。离心试管用于沉淀分离。	1.反应液体一般不得超过容积的1/2，加热的液体不能超过容积的1/3；2.普通试管可直接加热，先均匀加热，加热液体时试管口不得对着人，加热后的试管避免骤冷，以防炸裂；3.离心试管不得直火加热；离心分离时转速不宜过高，防止试管被压碎；液体不能加满（针对高速离心机且使用角转子）以防外溢。高速离心机一般不选用玻璃管。
锥形瓶	以容积（单位：mL）表示，一般有 50、100、250、500 mL 等规格。玻璃质，分硬质、软质、有具塞、无塞、广口、细口等。	多用作滴定反应或液体易大量挥发的反应容器，也可装配气体发生器。	1.加热时置于石棉网上或水浴中，以使其受热均匀；2.所盛反应液体不能超过容积的2/3。

续表

仪器名称	规格	用途	注意事项
烧瓶 蒸馏烧瓶	以容积(单位:mL)表示,一般有50,100,250,500 mL等规格。玻璃质,分硬质和软质,有平底、圆底、长颈、短颈、蒸馏烧瓶等几种。	用作反应物量多,需要长时间加热的反应容器,也可装配气体发生器;蒸馏烧瓶用于液体蒸馏。	1.加热时要垫石棉网,也可以用其他热浴加热。加热时,液体量不超过容积的2/3,不少于容积的1/3;2.蒸馏时最好事先在瓶底加入少量沸石,以防暴沸。
滴瓶	以容积(单位:mL)表示,一般有15、30、60、125 mL等规格。玻璃质,有棕色和无色两种。	用于存放少量的液体试剂。	1.滴瓶上的滴管与滴瓶配套使用;2.滴液时,滴管不能伸入容器内,以免污染滴管;3.滴管不可倒放、横放,以免试剂腐蚀滴管。
细口瓶	以容积(单位:mL)表示,一般有100、125、250、500、1000 mL等规格。玻璃质,有磨口、光口、无色、棕色。	用于存放液体试剂的容器。	1.不能用于加热;2.取用试剂时,瓶塞要倒放在桌上,用后将塞塞紧,必要时密封;3.不能盛放强碱性试剂。如果盛放碱性试剂,要改用橡皮塞。4.倾倒试剂时标签朝手心,以防残液流下腐蚀标签。
广口瓶	玻璃质,有磨口、光口、无色、棕色。以容积(单位:mL)表示,一般有100、125、250、500、1000 mL等规格。	用于存放固体试剂或收集气体的容器。	1.不能用于加热;2.不能盛装碱性试剂;3.做气体燃烧实验时瓶底应放少量水或细沙子。
称量瓶	玻璃质,分高型、矮型两种。以容积(单位:mL)表示,高型有10、20、25、40 mL等规格,矮型有5、10、15、30 mL等规格。	用于准确称量一定量固体的容器。	1.不能用火直接加热;2.瓶盖不能互换,称量时不可用手直接拿取,应带指套或垫以洁净纸条;3.盖子是磨口配套的,不得丢失、混用,不用时在磨口处垫一纸条盖好。

续表

仪器名称	规格	用途	注意事项
量筒	以所能度量的最大容量(mL)表示，常用的有 10、25、50、100、250、500、1000 mL等规格。	用于定量量取一定体积的液体。	1.不能作反应容器；2.不能加热或量取热溶液；3.不能稀释浓酸、浓碱；4.尽量选用能一次量取的最小规格的量筒。
容量瓶	以容积(单位:mL)表示，一般有 50、100、200、250、500、1000 mL等规格。	用作配制准确浓度的溶液。	1.要检验密闭性；2.不能刷洗；3.不能在容量瓶里进行溶质的溶解，也不能长时间或长期储存溶液；4.容量瓶不能进行加热；5.容量瓶用毕应及时洗涤干净，并在塞子与瓶口之间夹一条纸条，防止瓶塞与瓶口粘连。
移液管 吸量管	以容积(单位:mL)表示，有 1、2、5、10、25、50 mL 等规格。吸量管可分为不完全流出式、完全流出式、吹出式三种类型。	用于精确量取一定体积的液体。	1.不可刷洗；2.无"吹"字样者移液时末端残留液体不得吹出。3.不能加热干燥。
滴定管	以容积(单位:mL)表示，有 25、50 mL 等规格。有酸式、碱式和酸碱一体式三种类型。	用于滴定操作或精确量取一定体积的溶液。	1.使用时先检查是否漏液；2.移取液体时必须洗涤、润洗。3.读数前要赶尽管内、尖嘴内的气泡；4.读数时必须先调整液面在 0 刻度或 0 刻度以下。

续表

仪器名称	规格	用途	注意事项
漏斗	以口径（单位：mm）表示，有 30、40、60、100、120 等规格。玻璃质，分长颈、短颈、球形、锥形。另有铜制热漏斗。	主要用于固体与液体的分离或倾注液体，长颈漏斗常用于装配气体发生器。	1.过滤时漏斗中要装入滤纸，滤纸边要低于漏斗边缘，并用蒸馏水浸湿滤纸，使之与漏斗内壁贴靠，不留气泡；2.漏斗颈尖端应靠于接纳容器内壁上，以防止液体溅出。
分液漏斗	以容积（单位：mL）表示，有 50、100、250、500 mL 等规格。玻璃质，有球形、梨形、筒形、锥形几种。	球型分液漏斗多用于制气装置中滴加液体的仪器，梨型分液漏斗常用于互不相溶液体的分离。	1.不可加热；2.使用前要检查是否漏液；3.需要干燥分液漏斗时要拔出旋塞芯，检查旋塞是否洁净；4.分液时上层液体从上口倒出。
布氏漏斗 抽滤瓶	布氏漏斗为瓷质，以直径（单位：mm）表示；抽滤瓶为玻璃质，以容积（单位：mL）表示，有 50、100、250、500、1000 mL 等规格。二者与循环水真空泵配套使用。	用于减压过滤分离固体与液体。	1.滤纸大小应刚好盖住漏斗底部，滤纸过大则在内壁处形成皱褶；2.安装时布氏漏斗颈的斜口应对着抽滤瓶的抽滤嘴；3.先用蒸馏水润湿滤纸，打开真空泵抽气使滤纸紧贴在漏斗瓷板上，然后倾析法转移液体。过滤结束时先分离抽滤瓶，再关真空泵；4.当固体是很细的粉末状或者量很少时不宜进行减压过滤。
干燥管	以大小表示。玻璃质，有球形干燥管、U 形干燥管、具支 U 形干燥管。	用于干燥气体。	1.干燥剂不与气体反应；2.干燥剂颗粒要大小适中，松紧适度；3.安装时大头进气、小头出气。
洗气瓶	按容积（单位：mL）表示，有 125、250、500、1000 mL 等规格。玻璃质。	用于洗去气体中杂质，也可用作安全瓶。	1.洗涤液体高度应在 1/3～1/2；2.混合气从长端进、短端出。
表面皿	按直径（单位：mm）表示，有 45、65、75、90 等规格。玻璃质。	用于烧杯、蒸发皿、结晶皿、漏斗等仪器的盖子，防止灰尘落入；化学分析上用两片表面皿合成气室。	1.不能直接加热

续表

仪器名称	规格	用途	注意事项
蒸发皿	以容积(单位:mL)表示。瓷质,也有石英、金属等,有75、200、400 mL 等规格。	用于蒸发浓缩溶液或干燥固体物质。	1.加热后不能骤冷,防止破裂;2.液体量多时可直接加热,量少或黏稠液体要垫石棉网或放在泥三角上加热;3.加热蒸发时要用玻璃棒搅拌,防止液体飞溅;4.盛装液体时液体量不能超过其容积的2/3。
坩埚	以容积(单位:mL)表示。有瓷质、石英、铁、镍、铂等材质,有10、15、25、50 mL等规格。	用于高温灼烧固体物质。随受热固体性质不同可选择不同材质的坩埚。	1.可放在泥三角上直接加热,但应避免强氧化火焰直接喷射到坩埚上;2.加热后不能骤冷,用坩埚钳取下放置于石棉网上。
研钵	以口径(单位:mm)表示。有瓷质、玻璃质、玛瑙质等,常见有60、90 mm规格。	用于研磨固体物质或进行粉末状固体的混合。按被研磨固体的性质和产品的粗细程度选用不同质料的研钵。	1.研磨操作时研杵应保持垂直;2.不能敲击研钵中的固体,避免飞溅;3.易爆物质只能轻轻压碎,不能研磨;4.研磨对皮肤有腐蚀性的物质时,应在研钵上盖上厚纸片或塑料片,固体的量不得超过其容积的1/3。
点滴板	瓷质或玻璃质,瓷质有白色和黑色两种。有6孔、9孔、12孔等规格。	用于定性分析中做显色或沉淀点滴实验。	1.显色反应用白瓷板(或玻璃板),白色或黄色沉淀用黑瓷(深色厚玻璃)板;2.不能加热。
干燥器	以外径(单位:mm)表示。容器为玻璃质,隔板为瓷质。	用于盛放需干燥的固体或液体。	1.干燥剂不可放得太多;2.不可放入过热的物体;3.放入较热物体时应打开一两次盖子,以防止器内造成负压。
启普发生器	以容积(单位:mL)表示。玻璃质。	用于固体颗粒和液体反应制取气体。	1.固体颗粒应该较大;2.使用前检查气密性。

续表

仪器名称	规格	用途	注意事项
漏斗架	木制或铝制品	用于常压过滤时放置漏斗。	漏斗板高度要调节合适。
三脚架	铁制品	用于放置蒸发皿等加热装置。	加热不能直接加热的仪器时应垫上石棉网。
泥三角	用铁丝扭成,套有瓷管,有大小之分。	用以放置、加热坩埚或小蒸发皿。	1.使用前检查铁丝是否断裂;2.放置坩埚时应斜放在泥三角上。
坩埚钳	不锈钢制品,有大小、长短不同规格。	用以夹持坩埚加热,或从马弗炉中取放坩埚。	1.使用干净的坩埚钳;2.坩埚钳用后钳尖应向上放在桌面或石棉网上;3.归置时应将坩埚钳擦干净,干燥放置。
燃烧匙	铁丝和铜质小勺铆合而成	用于燃烧实验中盛放可燃性固体物质。	1.可以直接放在酒精灯上进行加热;2.若燃烧物能与燃烧匙反应,则燃烧匙底部应放入少量沙子或石棉绒;3.用后应该洗涤干净并干燥。

4.2 玻璃仪器的洗涤和干燥

4.2.1 玻璃仪器的洗涤

化学实验中会用到各种玻璃仪器,而仪器是否洁净往往会对实验结果产生重要影响。另外,实验完毕后玻璃仪器中某些残液如果不进行及时洗涤,对仪器可能产生腐蚀作用,或者久置后结块变硬而不易洗涤。所以实验前后都有必要将仪器洗涤干净。仪器的洗涤也是大学一年级学生必须掌握的基本实验技能。

一般说来，污物包括可溶性物质、不溶性物质、有机物、油污及灰尘等，洗涤时应该根据实验要求、污物性质及污染程度选择合适的洗涤方法。

1. 一般仪器的洗涤方法

普通玻璃仪器如烧杯、试管、烧瓶、锥形瓶等，可先向容器内注入约1/3容积的自来水，采取振荡的方法，结合毛刷刷洗，清洗容器内外壁的灰尘、可溶性污物和不溶性污物。对于有些有机物和油污，用刷蘸取少量洗衣粉或洗涤剂进行刷洗。刷洗时应该小心用力，洗涤仪器底部时应将毛刷伸到底部后转动毛刷刷洗。

> 注意：第一，水洗前倒掉容器内的物质；第二，毛刷顶端的铁丝不能接触底部玻璃，以防将容器底部捅破或划痕；第三，不能几个仪器尤其是试管一起洗涤（为什么?）；第四，洗涤剂或洗衣粉刷洗后的仪器还要用自来水、蒸馏水涮洗。

2. 精密量器的洗涤方法

精密度量仪器是准确移取液体或配制溶液的仪器，洗涤时不宜用毛刷刷洗，以防毛刷的铁丝将量器内壁划痕。精密量器常用洗液进行洗涤。铬酸洗液呈暗红色，具有强酸性、强氧化性和强腐蚀性，对还原性的污物、油污具有很强的去污能力。

（1）滴定管的洗涤：滴定管应尽量避免用滴定管刷进行刷洗，以免对管内壁造成划痕而影响精度。无明显油污的滴定管可直接用自来水冲洗。若有油污，则用洗液洗涤，酸式滴定管洗涤前关闭旋塞，注入约10～15 mL洗液，之后打开旋塞，放出少量洗液洗涤管尖，然后边转动管体边向管口倾斜，使洗液润湿全管内壁，最后从管口将洗液放回原瓶。碱式滴定管的洗涤方法与酸式滴定管不同，碱式滴定管可以将管尖与玻璃珠取下，放入洗液中浸洗，管体倒插入洗液中，用吸耳球将洗液吸上洗涤。如滴定管有顽固污渍，可用洗液注满滴定管后浸泡一段时间（注意：滴定管下方应放置烧杯，以防滴定管漏出洗液）。也可用超声波洗涤仪进行洗涤，但酸式滴定管用超声波洗涤后要检查旋塞是否漏液。

洗涤后，先用自来水将管壁附着的洗液冲净，再用蒸馏水洗涤2～3次，每次用水量10～15 mL。洗净的滴定管的内壁应完全被水均匀润湿而不挂水珠。

（2）容量瓶的洗涤：先用自来水冲洗，沥干水后加入适量（15～20 mL）洗液，盖上瓶塞。转动容量瓶，使洗液湿润容量瓶内壁，将洗液倒回原瓶，最后依次用自来水和蒸馏水涮洗2～3次。

（3）移液管和吸量管的洗涤：先用自来水冲洗，用洗耳球吹出管中残留的水，然后将移液管（或吸量管）插入铬酸洗液中，按移液的操作吸入约1/4容积的洗液，用右手食指堵住移液管（或吸量管）上口，将移液管（或吸量管）横置过来，左手托住没沾洗液的管子下端，右手食指松开，小心水平转动移液管（或吸量管），使洗液润洗内壁，然后将洗液放回原瓶。如果移液管（或吸量管）太脏，可在移液管（或吸量管）上口接一段乳胶管，再以洗耳球吸取洗液至管口处，用止水夹夹紧乳胶管，用洗液浸泡移液管

（或吸量管）一段时间，打开止水夹将洗液放回瓶中，去掉乳胶管，最后依次用自来水和蒸馏水淌洗2～3次。

铬酸洗液可按照如下方法配制：在加热条件下将25 g重铬酸钾固体溶于50 mL蒸馏水中，在搅动下向溶液中缓慢加入450 mL浓硫酸（注意切勿将重铬酸钾溶液加到浓硫酸中），冷却后贮存在试剂瓶中备用。瓶子应盖好盖，以防吸潮。重铬酸盐洗液可反复使用，直至溶液变为绿色时失去去污能力。失效的洗液不得随意排放，可以再生处理。使用洗液时要注意安全，不要溅到皮肤、衣物上。

王水为浓硝酸和浓盐酸的混合溶液（体积比1∶3），因王水不稳定，故常现用现配。

3. 特殊污物的洗涤

对于水洗、刷洗无法洗涤干净的污物，需要根据污物的性质选用适当的试剂，通过化学方法加以清洗。常见特殊污物的洗涤方法见表4-2。

表4-2　常见特殊污物的洗涤方法

污 物	处理方法及原理
碱土金属的碳酸盐、MnO_2、$Fe(OH)_3$	用盐酸处理。对于MnO_2污垢，盐酸浓度要大于6 mol·L^{-1}，也可以用少量草酸加水，并加几滴浓硫酸来处理： $MnO_2+H_2C_2O_4+H_2SO_4=MnSO_4+2CO_2\uparrow+2H_2O$
器壁上沉积的银或铜	用硝酸处理
器壁上黏附的硫黄	用煮沸的石灰水处理： $3Ca(OH)_2+12S\xrightarrow{煮沸}2CaS_5+CaS_2O_3+3H_2O$
难溶性的银盐	用$Na_2S_2O_3$溶液处理，Ag_2S污垢则需用热、浓硝酸处理。
残留的Na_2SO_4或$NaHSO_4$固体	加水煮沸使其溶解，趁热倒掉。
高锰酸钾污渍	用草酸溶液处理。
碘污渍	用KI溶液浸泡，也可用热的稀NaOH或$Na_2S_2O_3$溶液处理： $I_2+I^-=I_3^-$ $3I_2+6NaOH=5NaI+NaIO_3+3H_2O$ $I_2+2Na_2S_2O_3=2NaI+Na_2S_4O_6$
不溶于水，不溶于酸、碱的有机物和胶质等	用有机溶剂洗或者用热的浓碱液洗。常用的有机溶剂有乙醇、丙酮、苯、四氯化碳、石油醚等。
一般油污	用含有$KMnO_4$的NaOH溶液处理。
瓷研钵内的污垢	取少量食盐放在研钵内研洗，倒去食盐，再用水冲洗。
蒸发皿和坩埚上的污垢	用浓硝酸、王水或铬酸洗液处理。
被有机试剂染色的比色皿	用6 mol·L^{-1}盐酸酒精溶液或铬酸洗液处理。

4. 超声波清洗

除了上述清洗方法之外，还有超声波清洗方法。超声波清洗仪的原理主要是通过换能器，将功率超声频源的声能转换成机械振动，通过清洗槽壁将超声波辐射到槽子中的清洗液。在超声波的辐射作用下，使槽内液体中的微气泡能够保持振动。超声波在液体中传播时，气泡迅速增大，然后突然闭合，气泡闭合的瞬间产生冲击波，使气泡周围产生巨大的冲击力。这种超声波空化所产生的巨大压力能够直接反复冲击污物，同时气泡"钻入"污层的裂缝振动。一方面破坏污物与清洗件表面的吸附，另一方面能引起污物层的疲劳破坏而使其剥离，使它们散落到清洗液中。洗涤时，把玻璃仪器放在盛有合适洗涤剂溶液的超声波清洗仪中，接通电源，利用超声波的能量和振动，可将仪器清洗干净，最后依次用自来水和蒸馏水淌洗2～3次。

5. 玻璃仪器的洁净标准

洗净后的玻璃仪器应洁净透明，内壁不应挂水珠，倒置时内壁应形成一层均匀的水膜，而不应水成股流下。

> **注意：** 凡洗涤洁净的仪器不得用抹布或纸擦拭，以免抹布或纸张上的纤维残留在器壁而污染仪器。

4.2.2　仪器的干燥

有的实验需要在无水条件下进行，洗净后的玻璃仪器需要干燥后才能使用。常用的干燥方法有以下几种：

（1）晾干：对于不急用的仪器在洗净后，先尽量倒净其中的水滴，然后倒立放置在合适的仪器架上，让其在空气中自然干燥，倒置避免内壁吸附灰尘。

（2）烤干：对于急用的常用玻璃仪器，如烧杯、试管、蒸发皿等，可置于石棉网上用小火烤干。烤干前应先擦干仪器外壁的水珠。烤干试管时应使试管口向下倾斜，防止水珠倒流而炸裂试管。烤试管时应先均匀预热，再从试管底部开始，慢慢移向管口，无水珠后可将管口朝上，赶尽管中水蒸气。

（3）吹干：利用电吹风机或玻璃仪器气流干燥器，用热或冷的空气流将玻璃仪器内的水吹干。用吹风机吹干时，可用热风吹干玻璃仪器的内壁，再用冷风使其冷却。

（4）烘干：将洗干净的玻璃仪器或瓷质仪器口朝下放置在电热恒温干燥箱的置物架上烘干。一般设置烘干温度为105～110 ℃。

（5）快干：带有刻度的度量仪器不能用加热的方法进行干燥，否则会影响仪器的精密度。若急用，可先用易挥发的溶剂如乙醇、乙醚、丙酮等，倾斜转动仪器，使器壁的水与有机溶剂互溶，将润洗液倒净，少量残留的混合液会很快挥发。如用吹风机吹冷风，则会干得更快。

4.3　加热与冷却技术

4.3.1　加热仪器与加热方法

化学实验室中的加热仪器包括燃料加热器、电加热器、热浴加热仪器和微波加热器。在无机化学实验中，经常用的是燃料加热器、电加热器。

1. 燃料加热器及其使用方法

燃料加热器包括酒精灯、酒精喷灯、煤气灯，使用的燃料为酒精、煤气或天然气（液化气）。由于燃料加热器使用明火加热，故不能用于易燃、易爆或较高蒸气压的有机氛围的实验环境。

（1）酒精灯

酒精灯是传统的加热器具。酒精灯的加热温度通常为400~500 ℃，适用于加热温度不太高的实验。

酒精灯由灯罩、灯芯和灯壶三部分组成，如图4-1所示。使用时应该注意：

①使用前先要加酒精和检查灯芯。在灯熄灭的情况下取出灯芯瓷管，通过漏斗将酒精注入灯壶（注意加入的酒精量不得超过灯壶容积的2/3）。点燃前应检查灯芯是否平整或被烧焦，可用剪刀进行修整。

1.灯罩　2.灯芯　3.灯壶
图 4-1　酒精灯的构造

②用火柴点燃，绝不能用另一个燃着的酒精灯去对点，以免洒落酒精引起火灾；火柴梗甩灭火星后放在固定位置，不能随地乱扔。

③熄灭时要用灯罩盖灭。稍后可将灯罩再打开一次，然后再盖上，以免冷却后灯罩内产生负压使再次提起困难。绝不能用嘴吹灭酒精灯。

（2）酒精喷灯

酒精喷灯为实验室加强热用仪器，酒精喷灯的火焰温度通常可达到700~900 ℃，常用于玻璃仪器的加工和强热实验。

酒精喷灯分为座式（图4-2）和挂式（图4-3）。下面以座式酒精喷灯为例介绍其构造、使用方法和注意事项。

座式酒精喷灯由喷火管、预热管、喷嘴、空气调节器、预热盘、灯壶和加料口构成，喷管内有喷嘴，预热管内有灯芯。

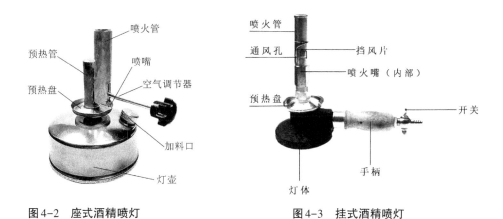

图4-2　座式酒精喷灯　　　　　图4-3　挂式酒精喷灯

使用方法：

①加料

使用前先添加酒精。旋开壶体上加注酒精的盖子，通过漏斗将不超过壶总容量2/3的酒精加入灯壶，不得注满，也不能过少。酒精过满易造成灯壶内压力过大而发生危险，过少则会使灯芯线被烧焦。加注完酒精后拧紧盖子，不得漏气。如果是新灯或长时间未使用的喷灯，点燃前需将灯体倒转2～3次，使灯芯浸透酒精。

②检查

由于灯管内喷气嘴较细，易被灰尘等堵塞，因此，预热前必须先检查喷气嘴是否畅通。用滤纸片盖住喷火管上口，将已注入酒精的喷灯倒置，观察滤纸上是否被酒精湿润，如没有酒精，则需要用探针疏通喷气嘴，直至倒置时喷嘴口有酒精流出方可。

③预热

将空气调节器螺杆调至最低，往预热盘注入预热盘容积约1/2～1/3的酒精并点燃。随着灯管灯壶受热，灯壶内的酒精被加热气化，待预热盘内酒精即将燃烧完毕时，可以看到灯管中喷出火焰。

④点燃

预热充分时灯管中有火焰喷出，这时需要上下调节空气调节器螺杆，以改变空气进量，至火焰呈稳定的喷射状燃烧，并听到"呼呼呼"响声时旋紧螺杆。如灯管喷出的酒精蒸气未自行燃烧，则需要及时用火柴点燃。

⑤使用

使用时用外焰（氧化焰）温度进行加热。使用过程中要注意安全，切勿用手直接接触灯壶、灯管，以免被烫伤。使用开始需要记录开始时间和30 min后停止使用的时间。

⑥熄灭

熄灭喷灯时，用石棉网盖在喷火管口熄灭火焰，同时松开空气调节器螺杆，并用湿抹布裹住灯壶，以降低灯壶温度，减少酒精蒸发。

⑦归置

若喷灯长时间不再使用，应当把灯壶内的酒精倒出，旋紧铜帽。

使用酒精喷灯时注意以下几点：

①预热前必须检查喷嘴是否畅通（关键）。

②必须准备好石棉网和湿抹布备用，实验者佩戴护目镜。

③必须充分预热灯管，否则酒精在管内不能完全气化，会从灯管口喷出酒精液滴，形成"火雨"，甚至引起火灾。这时应用石棉网盖住管口，并用湿抹布或石棉布扑灭火焰，待灯壶冷却后重新往预热盘注入酒精，再次点燃预热。

④如预热时灯管与灯壶的连接处有酒精火焰，说明灯壶已损坏、漏气，不得使用。如盖子处有火焰，则说明盖子未旋紧或不配套，须熄灭灯后检查旋紧盖子。

⑤酒精喷灯连续使用不得超过30 min，30 min后无论工作结束与否，都必须熄灭喷灯。待冷却20~30 min后，方可再次点燃、使用。

⑥使用过程中如果发现灯壶的底部向外突起，则不得继续使用，应立即熄灭、降温。使用过程中实验者也不得离开喷灯。

⑦不能在喷灯燃着或灯壶温度较高时向罐内加注酒精，以免引燃罐内的酒精蒸气。当罐内酒精耗剩至20 mL左右时，应停止使用。如需继续工作，要把喷灯熄灭、冷却后再增添酒精。

⑧使用前做好相关准备工作，如玻璃管的加工实验中提前截好玻璃管，以提高工作效率，同时降低安全风险。

2. 电加热器仪器及使用方法

常用电加热仪器有电炉、电加热套、管式炉、马弗炉、加热磁力搅拌器和烘箱，一般用电热丝作发热体，采用热电偶实现自动测温和控温。

（1）电加热套

电加热套（见图4-4）具有升温快、温度高、操作简便、经久耐用的特点，是目前实验室中常用精确控温的理想加热仪器。电加热由无碱玻璃纤维、金属加热丝编制的半球形加热内套和控制电路组成，一般使用220 V交流电。多用于玻璃容器精确控温加热。普通电加热套可加热至400 ℃，高温电加热套可加热至1000 ℃，电加热套多采用数显表或电位器调节温度。

（2）烘箱

烘箱（见图4-5）用于将仪器或试剂样品烘干，一般由箱体、电热系统和自动控温系统三部分组成。使用380V交流电，加热器安装于底部（也可安置在顶部或两侧）。温度控制仪表采用数显智能表。一般使用电热鼓风型，其上部有排气孔，箱内有多层金属丝板架，可以提高箱内空间使用率又不阻碍空气流通，箱体一侧有电热丝，通电后发热再用鼓风将热空气送入箱中加热空间，一般温度可达200~300 ℃。如只需干燥玻璃仪器的水分，温度设定为105~115 ℃即可。

图4-4　电热套

图4-5　烘箱

使用烘箱时应该注意如下事项：

①放置箱内的物品切勿过挤，必须留出气氛对流的空间，使湿润气氛能在箱顶上减速逸出。

②切勿放入易燃物品。

③在没有说明"防爆烘箱"的情况下切忌烘烤易爆、易燃及挥发性的物品，以防爆炸。

④取出仪器时若未冷却，可用隔热手套或干抹布，不可用湿抹布，以免仪器炸裂。

⑤有鼓风的烘箱，在加热和恒温的过程中必须将鼓风机开启，否则影响工作室温度的均匀性和损坏加热元件。

⑥使用时，温度不要超过烘箱的最高使用温度。工作完毕后应及时切断电源，确保安全。

（3）马弗炉

马弗炉是一种通用的加热设备，依据外观形状可分为箱式炉（见图4-6）、管式炉、坩埚炉。马弗炉用于加强热，使用380 V交流电，功率大。马弗炉一般采用数显表精确调节温度，温度可以达到1000 ℃，最高可以达到1700 ℃。炉膛内衬以耐火砖，加热及冷却时间长。

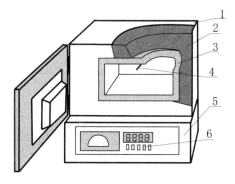

1.炉体外壳　2.保温材料　3.炉膛材料　4.热电偶　5.控制器　6.温控仪表

图4-6　箱式马弗炉结构示意图

使用马弗炉时应该注意的事项：

①第一次使用或长期停用后再次使用马弗炉时，必须进行烘炉干燥：在20～200 ℃打开炉门烘2～3 h，200～600 ℃关门烘2～3 h。

②马弗炉内不允许加热液体和其他易挥发的腐蚀性物质。

③实验过程中，使用人不得离开，随时注意温度的变化，如发现异常情况，应立即断电，并由专业维修人员检修。

④加热完后退出加热并关掉电源，不可立刻打开炉门，一般温度降到200 ℃以下时才可以打开炉门以加速冷却。

⑤注意要戴隔热手套用坩埚钳将被加热物取出。在炉膛内放取样品时，应待样品稍冷却后再小心夹取样品，防止烫伤。

3. 热浴仪器

实验室常用的热浴仪器有水浴锅、油浴锅、电沙浴等，需要根据被加热物质及加热温度的不同进行选择。

①水浴锅。水浴加热的导热介质是水，加热温度不超过100 ℃可选用水浴。水浴加热的优点是升温平稳，可以避免直接加热造成的升温过度剧烈和不可控性。水浴锅通常用铝或不锈钢制作，有单联和4联、6联等类型。配有多个直径不同的重叠圆圈，用以放置不同规格的器皿，也可以减少加热过程中水的蒸发。多采用电位器调节温度。水浴锅使用时，必须"先加水后通电"，严禁干烧。锅内水量不可低于1/2，不可使加热管露出水面，以免烧坏加热器。若长期不使用时，应将锅内的水排尽并擦拭干净。及时清除水槽内及加热器上的水垢。

②电沙浴。温度在220 ℃以上的加热可以选择沙浴，沙浴的导热介质是黄沙，沙浴温度可高达350℃。沙浴加热传热慢，升温慢，且温度不易控制。使用前先设定加热温度，接通电源开始加热。温控仪显示实际测量温度（沙浴一般低于300 ℃），观察读数，调节旋钮开关，至读数达到设定温度值。锅中沙层要厚，不能使电热管暴露在沙子表面，以免烧坏电热管。电沙浴工作时实验者不能触摸锅边沿，以免烫伤。长期不使用应放置在干燥处。

4. 微波炉

微波炉已成为化学实验室一种新型的加热设备。微波有高效、均匀的加热作用，还可能促进或改变一些化学反应。近年来，微波在无机固相反应、有机合成反应中的应用及机理研究已引起广泛的关注。

（1）微波炉的工作原理

微波是一种高频率的电磁波。微波炉工作时，其关键部件磁控管辐射出2450 MHz的微波，在炉内形成微波能量场，并以每秒245亿次的速率不断地改变正负极性。当受热物体中的极性分子（如水、蛋白质等）吸收微波能后，也以极高的频率旋转极化，使分子之间不断地相互摩擦碰撞，使电磁能转化为热能，从而产生热量。用微波加热时，微波能穿透到物体表面内一定的深度。因此，如果物体的体积不是很大，就会整体被加热。微波碰到金属会被反射回来，而对一般的玻璃、陶瓷、耐热塑料、竹木器则具有穿透作用。由于微波的这些特性，微波炉在实验室中可用来干燥玻璃仪器，加热或烘干试样。

使用微波炉加热有快速、节能、被加热物体受热均匀等优点，但不易保持恒温及准确控制所需的温度。一般可通过试验确定微波炉的功率和加热时间，以达到所需的加热程度。

（2）使用时的注意事项

金属器皿、细口瓶或密封的器皿不能放入炉内加热。当炉内无待加热物体时，不能开机加热。若待加热物体很少，则不能长时间开机，以免空载运行（空烧）而损坏机器。

5.加热方法

（1）固体的加热

①加热试管中固体。试管中的固体可以直火加热。加热试管时应将试管口倾斜向下，以避免可能存在的水汽凝聚流回灼热试管，引起试管炸裂。先均匀预热试管，再集中在固体试剂前部加热并逐渐向试管底部方向移动。加热试管中的固体时应该佩戴护目镜。

②灼烧坩埚中固体。如需对固体强热，以使其脱水、分解或除去挥发性杂质时，可将其放在坩埚中进行灼烧。将坩埚倾斜放在泥三角上（图4-7），首先用小火烘烤坩埚使其均匀受热，然后大火灼烧。若灼烧时固体中分解出水或固体高温熔化分解出气体，需盖上坩埚盖，防止产物溅出。加热坩埚中的固体时也应该佩戴护目镜。必须使用干净的坩埚钳，以免污物掉入坩埚内。用坩埚钳夹取坩埚之前，先要在火焰旁预热钳的尖端，否则灼热的坩埚遇到冷的坩埚钳容易引起爆裂。为避免坩埚钳的尖端沾污，放置坩埚钳时应使其尖端向上（如果温度高，应放在石棉网上）。

图4-7　加热坩埚

（2）液体的加热

一般对盛装在试管中的、较高温度下不易分解的液体，可直接在火焰上加热（图4-8）。如果是易分解的物质或沸点较低的液体，则应放在水浴中加热。直接加热试管中液体时要注意以下几点：①试管中所盛液体不得超过试管容积的1/3；②应该使用试管夹夹在距试管口1/4~1/3处，不能用手持试管加热，以免烫伤；③试管应管口向上稍微倾斜，且试管口不能对着他人或自己；可以在通风橱等独立空间进行加热；④应先用小火使试管各部分受热均匀，然后加热液体的中上部，再慢慢往下移动，并不时地左右移动试管，不要集中加热某一部位，否则容易引起液体暴沸而冲出试管。

图4-8　试管直接加热液体

一般盛装在烧杯、烧瓶、锥形瓶等仪器中的液体，可放在石棉网上，用酒精灯、煤气灯、电炉或电热套（不需石棉网）等加热。

4.3.2　制冷技术

有些化学反应或者分离、提纯操作要求在低温条件下进行，需要采用合适的制冷方法。常用的方法有：

（1）自然冷却：将热的物体在空气中放置一定时间，经自然冷却至室温。容易吸潮的物体则应放入干燥器内冷却。

（2）吹风冷却和流水冷却：当实验需要快速冷却时，先将盛有溶液的器皿自然冷却使其适当降温，以防骤冷导致炸裂，然后将器皿放在冷水流中冲淋或用吹风机吹风冷却。

（3）冰水冷却：将需冷却的物体自然冷却使其适当降温，然后再放在冰水中冷却，可使其温度降至0 ℃左右。

（4）冷冻剂冷却：要使溶液的温度低于0 ℃，可使用冷冻剂冷却。冰盐溶液（100 g碎冰与30 g NaCl混合），温度可降至-20 ℃；取10份六水合氯化钙（$CaCl_2 \cdot 6H_2O$）晶体与7~8份碎冰均匀混合，温度可达-40 ℃~-20 ℃；制冷剂干冰（固体CO_2）与适当的有机溶剂混合，可得到更低的温度，如与乙醇的混合物可达-72℃，与乙醚、丙酮或氯仿的混合物可达到-77 ℃。一些常见冷却剂的组成及冷却温度见表4-3。

表4-3　一些常见冷却剂的组成及冷却温度

冷却剂	冷却温度/℃	冷却剂	冷却温度/℃
冰+水	0	3份碎冰+1份 NaCl	−20
10份 $CaCl_2 \cdot 6H_2O$+7～8份碎冰	−40～−20	干冰+乙醇	−72
干冰+乙醚	−100	干冰+丙酮	−78
液氨	−33	液氮	−196
液氨+乙醚	−116		

必须注意：当温度低于−38 ℃时，不能使用水银温度计，而应改用内装有机液体的低温温度计。

制备冰+盐冷冻剂时应用碎冰，用适当工具搅匀（切勿用手搅拌，也不得接触皮肤，以防被冻伤）。

需要低温下长时间保存的物料，可存放于冰箱或冷藏柜中，应密封，贴好标签。

4.4　玻璃管加工和塞子钻孔

组装实验装置时往往要用导管将不同仪器连接起来，需要学会弯制各种不同角度的玻璃导管和塞子钻孔。

4.4.1　玻璃管的简单加工

1.玻璃管的截断和熔光

将玻璃管平放在木块上，右手握住三棱钢锉，使钢锉棱边与玻璃管保持垂直，用力向前或向后锉一下（不可往复拉锉），将玻璃管锉出一道深而短的凹痕。如果锉痕不明显，可在原处再锉1～2下。然后将两个拇指顶在锉痕背面，其余四指握住玻璃管，折断时两大拇指朝前顶压，同时双手向两边拉，即可折断玻璃管（见图4-9）。截断的玻璃管断面非常锋利，使用时容易划伤皮肤，同时与塞子或橡胶管连接时也不顺畅，因此，玻璃管两端的断面必须进行熔光处理。熔光时可将玻璃管口以约45°角度斜置于喷灯氧化焰的边沿处，不断地转动，烧至微红，使管口玻璃毛刺熔化光滑即可。注意熔光时间不可太长，否则管口收缩甚至封口。

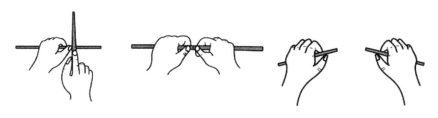

图4-9　玻璃管的截断

2.玻璃管的弯制

（1）烧管：加热前，先用干抹布将玻璃管擦净，小火预热弯管处，双手水平持玻璃管两端，置于氧化焰上加热，并朝一个方向均匀转动（图4-10），以防止烧软的玻璃管扭曲变形；当玻璃管变软时可稍向中间推压，以防烧软的玻璃管下坠。

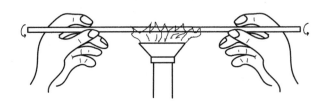

图4-10　烧管

（2）弯管：待玻璃管发黄变软后从火焰中取出玻管，手腕向上用力，用"V"字形手法缓慢地将其弯成所需的角度。弯好后，待其冷却变硬才可撒手，将其放在石棉网上继续冷却。

图4-11　"V"字形手法弯管　　　　图4-12　多次弯管

一般情况下，120°以上的角度可以一次弯成。较小的角度则需要分几次弯成（图4-12）：先弯成120°左右，然后再继续加热弯成较小的角度（如90°）。玻璃管第二次受热的位置较第一次受热的位置略为偏左或偏右一些。要弯制更小的角度（如60°或45°）时，则需要进行第三次加热和弯曲的操作。

玻璃管弯成后，应检查弯成的角度是否准确，整个玻璃管是否在同一平面上。标准的弯管是弯曲部位内外均匀平滑（图4-13）。

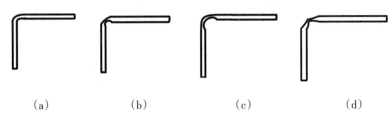

　　（a）　　　　　　（b）　　　　　　（c）　　　　　　（d）

（a）操作正确，均匀平滑　（b）加热不够，里外扁平　（c）受热过窄，外圆里皱　（d）烧时外拉，中间细小

图4-13　玻璃管的弯曲

3. 拉制滴管

制作滴管时加热玻璃管的时间要更长一些，等玻璃管烧到足够软时（感觉松开一只手玻璃管会立即下垂），离开火焰稍停1～2 s，顺着水平方向边拉边旋转至一定细度，双手持玻璃管两端，使玻璃管和拉细部分垂直冷却一会儿，然后放在石棉网上。待冷却后，在拉细部分截断，即得到两根一端有尖嘴的玻璃管（两端烧熔后即得直尖嘴管）。最后把这种玻璃管的尖嘴熔光滑，把粗的一端烧熔，立即在石棉网上垂直轻轻地压一下，冷却后再装上橡胶乳头（用水湿润），即制成滴管。

注意:

（1）在酒精喷灯上加工过的玻璃管应放在准备好的石棉网上，不可直接放在桌子上，以防烫坏台面，或使玻璃管骤冷而炸裂；也不可用手去触摸热的玻璃管，以免烫伤。

（2）拉管时常见错误操作是在火焰上边加热边拉，这样会将玻璃管直接拉断。

（3）拉管应一次拉成，不能在第一次的基础上烧熔再拉第二次。

（4）操作中佩戴护目镜，以防玻璃迸溅，发生意外。

4.4.2　塞子的钻孔

1. 塞子的选择

化学实验室常用的塞子有玻璃塞、橡皮塞、塑料塞和软木塞。玻璃塞上有磨口，能与带有磨口的瓶子很好地密合。但这种瓶子不适于装碱性物质。软木塞能够用压塞机压缩，它不易与有机物质作用，但易被酸碱侵蚀。橡皮塞可以把瓶子塞得很严，并可以耐强碱性物质的侵蚀，但它易被强酸和某些有机物质（如汽油、苯、氯仿、丙酮、二硫化碳等）所侵蚀。首先，应根据反应物质的性质来选择使用何种材质的塞子；其次，根据容器口径大小选择塞子的合适规格，塞子的大小应与仪器的口径相匹配，以塞子塞入容器口内的部分为塞子本身高度的1/3～2/3为宜。若塞子塞入部分过浅，塞子与仪器连接可能不稳固，严密性差；如塞子塞入部分过深，则可能使塞子拆卸困难。

2. 钻孔器的选择

当需要在塞子内插入玻璃管或温度计时，必须在塞子上钻孔。钻孔的工具是打孔器（图4-14）。它是一组粗细不同的金属管，一端有柄，一端很锋利，可用来钻孔。另外还有一个带柄的铁条，用来捅出进入打孔器中的橡皮或软木。要在橡皮塞上钻孔，应选择比玻管外径略大一些的钻孔器，因为橡皮塞有弹性，孔径会缩小一些。若在软木塞上钻孔，应选择等于或比玻管外径略小一些的钻孔器。如果钻孔器孔径大，钻出的孔道插入玻管后会松动而导致装置漏气。

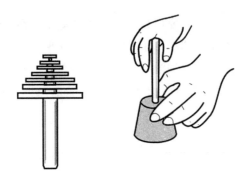

图4-14 打孔器及钻孔法

3.钻孔

（1）将塞子小端朝上平放在小方木板上，确定好孔的位置，左手持塞子，右手紧握打孔器的柄。一边按顺时针方向旋转打孔器，一边用力向下压，以便把打孔器钻入预定的位置。等钻到塞子厚度的一半时，按反时针方向旋出打孔器。再用同样的方法从塞子的大的一端钻孔，直到两端的圆孔贯穿为止，然后用铁条捅出打孔器内的橡皮（或软木）。钻孔时，还必须注意使打孔器与塞子的平面垂直，以免把孔钻斜。

如果在橡皮塞上钻孔，应把打孔器的前端用水或甘油湿润，以减少金属管与塞子之间的摩擦力，钻完后，要用水把塞子洗净，并把打孔器擦拭干净。

（2）钻完孔后，先要试验玻璃管和塞子孔是否合适。如果塞孔稍小，可用圆锉把孔锉大一些，再进行试验，直到大小合适为止。如果玻璃管可以毫不费力地插入塞孔，则表示塞孔太大，塞子和玻璃管之间不够严密，则不能使用，需重打。

（3）用水把玻璃管的前端和塞孔润湿后，左手持塞子，右手握玻璃管的前半部，把玻璃管慢慢旋入塞孔内至合适的位置。如果用力过猛或者手离橡皮塞很远，都可能把玻璃管折断，以致伤手。为避免扎伤，除正确操作外，常在手上垫以毛巾。

4.5 试剂的取用

4.5.1 化学试剂的规格

我国的化学试剂规格基本上按纯度（杂质含量的多少）划分，总的说来，优级纯试剂杂质含量最低，实验试剂杂质含量较高。试剂规格通常用不同的英文符号和不同颜色的标签加以区分。实际工作应根据需要，选用适当等级的试剂，既满足工作要求，又符合节约原则。

常用试剂纯度级别的划分参阅表4-4。

表4-4 常用试剂规格表

级别	一级品	二级品	三级品	四级品
名称	保证试剂(优级纯)	分析试剂(分析纯)	化学纯试剂	实验试剂
英文名称	guaranteed reagent	analytical reagent	chemical pure	laboratory reagent
英文缩写	G.R.	A.R.	C.P.	L.R.
瓶签颜色	绿色	红色	蓝色(深蓝色)	棕色或黄色
含量	99.8%	99.7%	≥99.5%	
应用范围	适合于重要精密的分析和科学研究工作	适合于重要分析及一般研究工作	适用于工矿、学校一般分析工作	适用于要求不高的一般化学实验

除上述四个等级外，还根据特殊需要而定出相应的纯度规格，如供光谱分析用的光谱纯，供核试验及其分析用的核纯等。

4.5.2 试剂的取用

取用试剂前，仔细看清标签。取用时应将打开的瓶塞倒置放在实验台面上，以免被台面的杂质玷污。取用完毕应及时盖好瓶塞，注意绝对不能混淆瓶盖。最后将试剂瓶标签朝外放回原处。取用试剂前，应戴好防护手套，避免试剂与手接触。对于易挥发试剂应在通风橱中取用。有毒药品要在教师指导下取用。

1.固体试剂的取用

取用固体的药匙要清洁、干燥，最好"专匙专用"，否则必须擦拭干净后方可取另一种药品；按照规定用量取用，多取的药品不能放回原瓶，可放在指定的容器中供他人使用。称取一定质量的固体试剂时可放在称量纸上进行称量，具有腐蚀性或易潮解的固体应放在烧杯、表面皿或称量瓶内称量。固体颗粒较大时，可在清洁、干燥的研钵中研碎后取用；往试管中加入固体试剂时，应用药匙或干净的对折纸片装上后伸进试管约三分之二处；加入块状固体时，应将试管倾斜，使其沿管壁慢慢滑下，以免打破管底（图4-15）。

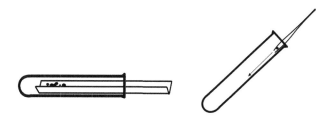

图4-15 固体试剂取用

2.液体试剂的取用

（1）倾注移取：从试剂瓶中取出液体试剂时用倾注法。取下瓶塞倒置放在实验台面上，手握住试剂瓶上贴标签的一面，慢慢倾斜瓶子，让液体沿着容器壁（或沿洁净的玻璃棒）流入容器中，倾出所需量后，将试剂瓶口边缘在容器上或玻璃棒靠一下，然后缓慢竖起瓶子，以免瓶口残留液体流到瓶外壁，最后盖好瓶塞放回原处，如图4-16。

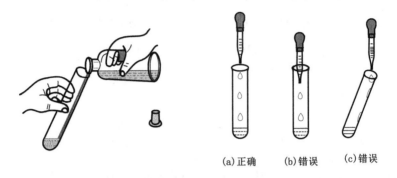

| 图4-16　倾注法移取液体 | 图4-17　滴管移取液体 |

（2）滴管移取：从试剂瓶中取出少量液体时要用胶头滴管，滴管要专管专用。使用时用中指和无名指夹住乳胶头和滴管的连接处，用大拇指和食指挤压胶头赶出空气，滴管竖直插入瓶中液体后松开手指，使液体被吸到滴管中，移出滴管后直立在容器口上方，挤压胶头，将液体滴入容器中，切记不能将滴管伸入容器口内，以防玷污滴管，如图4-17。如果从滴瓶中取用液体试剂，要用滴瓶中的滴管；不同滴瓶中的滴管不得混用，防止试剂被交叉污染。

（3）估计移取：在某些实验中不需要十分准确取用液体试剂，只需估计取用一定的量即可。例如，1 mL液体大约有多少滴，2 mL液体占一支试管容积的几分之几等。

（4）定量取用：需要定量取用液体试剂时，则要用量筒、移液管（或吸量管）或滴定管等量具移取。

4.6　常用度量仪器的使用

化学实验中要量取液体、测量液体的体积，应该使用各种容量仪器（量器）。量器通常分为两类，一类是量出式量器，如量筒、滴定管、移液管等，在外壁上标注 Ex 字样，用于量取从其中放出的液体的体积；另一类是量入式量器，如容量瓶等，用于测量注入量器中的液体的体积，外壁上标注 In。能否正确使用这些量器，会直接影响到实验结果的准确度。因此，必须了解各种量器的特点、性能，掌握正确的使用方法。

4.6.1　量筒

量筒是化学实验室中最常用的度量液体体积的仪器，与移液管、滴定管等精密量具相比，其准确度较低。为了提高测量的准确度，使用量筒时，应根据量取液体的量选用规格大小合适的量筒，例如需要量取 8.0 mL 液体时，应选用 10 mL 量筒（测量误差

±0.1mL）。如果选用100 mL量筒量取8.0 mL液体体积，则至少有±1 mL的误差。使用时，利用倾注法把要量取的液体注入量筒中；读数时用大拇指、食指和中指三个手指拿量筒的上部，使量筒保持竖直，眼睛视线与液体的凹液面最低点保持同一水平线上，读出量筒上对应刻度数值；视线偏高或偏低都会引起体积的误差（图4-18）。倾倒完毕后要停留一会，使液体全部流出。注意：不能用加热的方法干燥量筒，不能量取热液体，也不能用作反应容器或配制溶液。

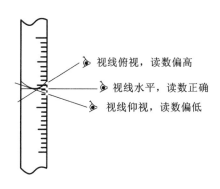

图4-18　量筒读数

4.6.2　移液管

移液管又称吸管，是准确移取一定体积液体的量器。移液管种类较多，通常分为无分度移液管（胖肚型）和分度移液管（又称吸量管）两种。前者的中间有一膨大部分，上下两段细长，上端刻有一条环形刻度标线，只能准确移取刻度规定的整体积的液体。由于读数部分管颈小，其准确性较高。吸量管具有分刻度，可以吸取标示范围内所需任意体积的溶液，准确度不如移液管。

移液管的使用方法（图4-19）和注意事项：

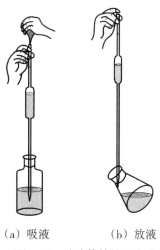

（a）吸液　　　（b）放液

图4-19　移液管的使用方法

（1）洗涤：移液管使用前，应按照精密量器的洗涤方法进行洗涤，最后用少量待移取的溶液润洗2～3次（为什么？）。

（2）吸液：把管插入溶液下面1～2 cm处。注意不应伸入太多，以免外壁沾有溶液过多；也不能让管子下端的尖嘴接触容器底部，以防损坏尖嘴；也不应伸入过浅，以免液面下降时产生空吸，将溶液吸入洗耳球。吸液时，一般用右手的拇指和中指捏住移液管上端的蓝色标线上，用左手持洗耳球，把洗耳球内空气压出后，把洗耳球的尖嘴压在移液管上口，然后慢慢松开左手，使溶液吸入管内，当液面升高到刻度线以上1～2 cm时移开洗耳球，用右手食指迅速按住上端管口（食指用力密封管口，不使液面下降。冬天时，可以用水润湿食指。）。

（3）定容：左手握住试剂瓶，试剂瓶倾斜约45°，右手将移液管提离液面，使管子保持垂直，管尖端靠着试剂瓶的内壁，略松按压在管口的食指，让溶液缓慢流出。当液面平稳下降至凹液面最低点与刻度线恰好相切时，食指立即压紧管口。

（4）移液：小心移出移液管，用滤纸片除去管外壁黏附的液体后，将移液管伸入接受液体的容器中，使容器倾斜约45°；移液管保持直立，尖端靠在容器内壁，然后松开食指，并用拇指和中指轻轻转动移液管，让溶液流出，待管内液体全部流出后，停10～15秒再移开移液管。切勿将残留在管尖的液体吹出，因为在校正移液管时，已经考虑了尖端所保留液体的体积。若移液管上面标有"吹"字，则应将保留在管端的液体吹出。使用后移液管不得随意放置在实验台面上，以免被沾污，应该放在移液管架上。使用完毕应依次用自来水、蒸馏水清洗移液管。

吸量管的使用方法与移液管类似。首先根据所移取液体的体积，选择合适规格的吸量管。"定容"时需要注意，如果吸量管的"0.00"刻度线在上端，则应定容在"0.00"刻度线，"放液"时控制液面恰好下降至所需体积的刻度线为止；如果吸量管的"0.00"刻度线在下端，则定容时控制液面恰好下降至所需体积的刻度线，然后"放液"即可。

4.6.3　滴定管

滴定管是化学分析中用来精确测量滴定溶液体积的玻璃仪器，它是一根表面具有精密刻度、内径均匀的细长玻璃管，可连续根据需要放出不同体积的液体，并准确读出液体体积的量器。

根据长度和容积的不同，滴定管可分为常量滴定管、半微量滴定管和微量滴定管。常量滴定管容积有50 mL、25mL，最小刻度0.1 mL，可估读到0.01 mL。半微量滴定管容量10 mL，刻度最小0.05 mL，可估读到0.01 mL。微量滴定管容积有1 mL、2 mL、5 mL，刻度最小0.01 mL，可估读到0.001 mL。

根据控制溶液流速的装置不同，滴定管一般分为两种，酸式滴定管和碱式滴定管（见图4-20）。前者下端装有玻璃旋塞，用于量取酸性或氧化性溶液，后者下端用乳胶管连接一个带尖嘴的小玻璃管，乳胶管内有一玻璃珠用以控制溶液的流出，用于量取对玻璃管有侵蚀作用的碱性溶液和无氧化性溶液。

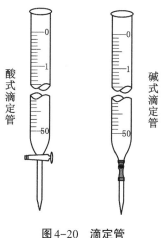

图4-20 滴定管

近年来出现了酸碱两用滴定管,其旋塞是用聚四氟乙烯材料做成,具有耐腐蚀、抗氧化、免涂油、密封性好、使用方便的特点。本节主要介绍前两种滴定管的洗涤和使用方法。

滴定管的使用包括:检漏、洗涤、排气泡、读数等步骤。

(1)检查试漏:酸式滴定管使用前,应检查旋塞转动是否灵活。如不符合要求,则取下旋塞,用滤纸擦干净旋塞及塞套。用细玻璃棒蘸取少量(切勿过多)凡士林,在旋塞芯大头端薄薄涂一圈(注意远离旋塞孔),同法在塞套小端内涂一薄层凡士林,把旋塞芯径直插入塞套内,沿同一方向转动旋塞(不要来回转),直至旋塞转动灵活且外观凡士林均匀透明为止。最后用小孔胶圈套在玻璃旋塞小头的凹槽内,以防止旋塞松动漏液或滑落打碎。如果滴定管的出口尖嘴堵塞,可先往管中注满水,将出口尖嘴浸入热水中,温热片刻后,打开旋塞,借助水流将溶化的油脂冲出。也可以用酒精喷灯的捅针捅一捅,但是不能用细铁丝等以防损坏尖嘴。

碱式滴定管使用前应检查乳胶管长度是否适宜,是否老化变质,乳胶管内玻璃珠的大小是否合适。如发现不合要求,应更换乳胶管或玻璃珠。

滴定管使用之前必须严格检查是否漏液。检查时,将酸式滴定管装满水,把它垂直固定在滴定管架上,用滤纸在旋塞周围和管尖处检查。再将旋塞旋转180°,等待2~3 min,再用滤纸检查。同样,碱式滴定管注满水后用滤纸检查尖嘴。检查发现漏液的滴定管,必须重新装配,如果仍漏液,更换滴定管。

(2)洗涤:滴定管使用前必须先洗涤,洗涤时以不损伤内壁为原则。洗涤方法见4.2.1玻璃仪器的洗涤中"2.精密量器的洗涤方法",滴定管的洗涤分为4步:洗液→自来水→蒸馏水→待装液。用待装液润洗滴定管2~3次,每次用量10~15 mL,每次都要冲洗滴定管出口管尖,润洗液弃去不要,以除去滴定管内残留的水分,确保移取的溶液浓度不变。

（3）装液：用左手大拇指和食指与中指拿持滴定管上端无刻度处，稍微倾斜，右手拿住细口瓶，小心地直接将溶液注入滴定管中，至液面高出"0.00"刻度以上为止。装液时不能用其他容器（如烧杯、漏斗等）辅助，以免改变待装液的浓度或发生污染。

（4）排气泡：装入操作溶液后，应及时排除管壁和出口管的气泡。酸式管排气时，右手拿滴定管倾斜约30°，左手迅速打开旋塞，使溶液冲出并带走气泡（可重复操作几次）。碱式管排气时，则将乳胶管弯曲，管尖斜向上约45°，用左手拇指和食指挤压玻璃珠处的乳胶管（图4-21），使溶液从管尖口喷出并带走气泡。

> **注意：** 挤压时手要放在玻璃珠的中上部，如果放在球的下部，则松手后，会在管尖中出现气泡；橡皮管放直后再松开拇指和食指，否则出口管仍会有气泡。

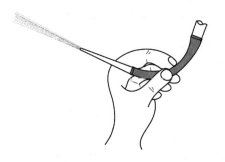

图4-21　碱式滴定管乳胶管中气泡的排除方法

排除气泡后的滴定管补加溶液到零"0.00"刻度以上。

（5）定容初读数：调节液面在0.00或0~1 mL之间的任一刻度，以减小系统误差。读数前，滴定管应垂直静置1 min。读数时，液面以上管内壁应无液珠，管尖嘴内应无气泡，尖嘴外应不挂液滴。读数方法是：取下滴定管用右手大拇指和食指捏住滴定管上部无刻度处，使滴定管保持垂直，并使视线与液面处于同一水平上（如图4-22），对无色或浅色溶液，应读取弯月面最低点所对应的刻度；对深色溶液，则按液面两侧最高点相切处读取。放出溶液后（装满或滴定完后）需等待1~2 min后方可读数。

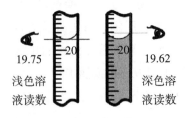

19.75　浅色溶液读数　　深色溶液读数　19.62

图4-22　滴定管刻度的计数

（6）滴定操作：滴定时应将滴定管垂直地夹在滴定管夹上。用左手控制旋塞，拇指在前，食指中指在后，无名指和小指自然弯曲在滴定管和旋塞下方之间（图4-23），小心转动旋塞，控制滴加速率。同时，右手三指拿住瓶颈，瓶底离台面约2～3 cm，滴定管下端伸入瓶口约1 cm，用手腕摇动锥形瓶使瓶底沿顺时针（或逆时针）方向画圆，让溶液在锥形瓶内旋转，形成漩涡，边滴边摇。不能左右往复振荡锥形瓶，滴定管尖嘴不能接触锥瓶口。

图4-23　左手酸式滴定管操作　　　　　　　图4-24　碱式滴定管操作

碱式滴定管操作方法：滴定时，以左手拇指在前，食指在后，捏住玻璃珠中上部，用其他指头辅助固定管尖（图4-24）。用拇指和食指向前挤压胶管，使玻璃珠偏向手心，使溶液从空隙中流出。控制缝隙的大小即可控制流速。注意不能使玻璃珠上下移动，也不能捏玻璃珠下部的乳胶管以免产生气泡。

滴定时液体流速由快到慢，起初可以"连滴成线"，之后逐滴滴下，快到终点时则要半滴半滴地加入。半滴滴加的方法是：小心流出半滴滴定液悬于管口而不滴落，用锥形瓶内壁靠下，然后用洗瓶冲洗内壁，并摇匀。临近终点时要用洗瓶冲洗锥形瓶内壁。仔细观察溶液的颜色变化，直至滴定终点为止。

> **注意：** 在滴定过程中左手不应离开滴定管，以防流速失控。

（7）终点读数：当锥形瓶内指示剂指示终点时，立刻停止滴加。需等待1～2 min后方可读数。读数时应估读到小数点后两位。

（8）归置：取液或滴定结束后，滴定管内剩余溶液应弃去，洗净滴定管，注满蒸馏水后固定在滴定管夹上备用。

4.6.4　容量瓶

容量瓶主要是用来配制准确浓度溶液的精确量器。一般是"量入"的容量瓶，容量瓶的瓶颈上刻有环形标线，表示在所指温度下液体充满至该标线时的容积。主要用于直接法配制标准溶液、准确稀释溶液以及制备样品溶液。容量瓶有多种规格，小的有5 mL、25 mL、50 mL、100 mL，大的有250 mL、500 mL、1000 mL、2000 mL等。

容量瓶使用前要检查是否漏水，其方法是往容量瓶注入1/3自来水，盖好瓶塞，左手顶住瓶塞，右手托住瓶底，将容量瓶倒立1～2 min，观察瓶塞周围有无水珠渗出（可用干滤纸片沿瓶口缝处检查）。如果不漏水，将瓶塞旋转180°后再倒置，检查瓶塞周围是否有水渗出，不漏水则可使用。容量瓶使用前要按照4.2.1玻璃仪器的洗涤中"2.精密量器的洗涤方法"进行洗涤，容量瓶的洗涤分为3步：洗液→自来水→蒸馏水。使用中，玻璃塞不应放在桌面上，以免玷污。操作时可用一手的食指和中指夹瓶塞的扁头，操作结束后随手将瓶塞盖上，最好用橡皮筋或细绳将瓶塞系在瓶颈上。

用固体试剂配制溶液时，先将准确称量的试剂放在小烧杯中，加适量溶剂（水）搅拌溶解。待冷却至室温后沿玻璃棒把溶液转移至容量瓶中（图4-25），然后用少量水淋洗烧杯和玻璃棒3～4次，并将淋洗液转移至容量瓶中。然后改用洗瓶小心向容量瓶注水，当溶液达到容量瓶容积的2/3时，不盖瓶塞将容量瓶沿水平方向摇晃使溶液初步混匀，再加水至接近标线1～2 cm时，用滴管滴加水至溶液弯月面恰好与标线相切。盖紧瓶塞，左手食指顶住瓶塞，右手托住瓶底，将容量瓶倒置摇动，如此反复多次，使瓶内溶液充分混合均匀。

容量瓶不宜长期存放溶液，如果需要存放溶液，应将溶液转移至试剂瓶中储存。

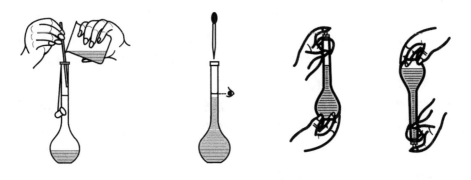

图4-25　容量瓶的使用

4.7　常用称量仪器的工作原理及使用方法

电子天平是一种先进的称量仪器，其工作原理实质也是一种杠杆平衡，只是在杠杆的一端采用了电磁力，即采用电磁力与被测物体重力相平衡的原理实现测量。利用电子装置完成电磁力补偿的调节，使物体在重力场中实现力的平衡，或通过电磁力矩的调节，使物体在重力场中实现力矩的平衡。电子天平具有称量准确可靠、显示快速清晰并且具有自动检测系统、自动校准以及超载保护、使用简单等优点。这里重点介绍两种类型的电子天平，一种是电子天平也称台秤，另一种是分析天平。

4.7.1 电子天平

1.电子天平

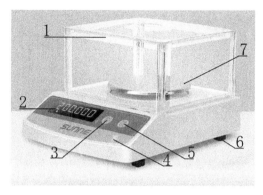

1.防风罩 2.显示屏 3."CIC/AFF"键 4.水平仪 5."TAR/CAL"QVFP 6.支脚螺栓 7.秤盘

图4-26 电子天平

以 JE5001 型电子天平为例（图4-26），它可精确称量到0.1 g，最大称量500 g，用于对精度要求不高的称量。充电、插电两用，其使用方法如下：

①调水平：调整支脚螺栓高度，使水平仪内空气气泡位于圆环中央。装好防风罩。

②开机：接通电源，按仪器背面的开关键直至全屏自检。

③预热：天平在初次接通电源或长时间断电之后，至少需要预热30 min。

④校正：首次使用天平必须进行校正，长按"TAR/CAL"键不放，直至显示屏显示"-CAL-"字符后放开按键，稍后等显示闪烁的"校准砝码值"后，把对应重量值的标准砝码放在秤盘中央，待显示屏显示"校准砝码值"后取出砝码，等待显示数值归零，表示校准完毕。如校准后发现称量不准确时，则按上述过程重新校准。

⑤称量：使用"TAR/CAL"键，除皮清零。放置样品进行称量。

⑥计数：按"COU/AFF"计数键，显示屏显示"-COU-"字符，稍后显示闪烁的"10"后，取10个待测物品放在秤盘上，然后按"COU/AFF"计数键可进行技术操作。再次按"COU/AFF"计数键可退出技术模式，返回称量模式。

⑦关机：称量结束后，按"开/关"键关闭天平，将天平还原。长期不使用时，拔出电源适配器插头。

2.分析天平

以梅特勒 ME204E 型分析天平为例，它可精确称量到0.0001 g，最大称量值220 g。分析天平的构造见图4-27。

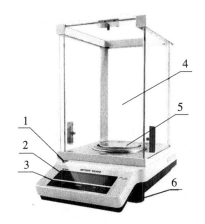

1.水平仪　2.显示屏　3.操作键　4.天平门　5.秤盘　6.水平调节架

图4-27　分析天平

（1）分析天平的使用方法：

①水平调节：调整水平调节脚，使水平仪内气泡位于水平仪中心（圆环中央）。

②开机：接通电源，按"on/off"键，当显示器显示"0.0000 g"时，电子称量系统自检过程结束。

③校准：天平每天首次使用之前、称重超过一定时间或天平搬动或移位之后需进行校准。具体方法如下：

a.天平必须在校准前通过预热，准备好校正的砝码，取去秤盘上的一切加载物。

b.按"去皮"键，显示"0.0000"，在显示"0.0000"时按"校正"键，显示"CAL"。在显示"CAL"时在秤盘中央加上校正砝码，同时关上防风罩的玻璃门，等待天平内部自动校准。当显示器出现"200.0000 g"同时蜂鸣器响了一下后天平校准结束。移去校正砝码，天平稳定后显示"0.0000 g"。如果在按"校正"键后显示出现"CAL-E"则说明校准出错，可按"去皮"键。天平显示"0.0000 g"，再按"校正"键进行校准。

④称量：将称量物放入盘中央，并关闭天平侧门，待读数稳定后，该数字即为称量物的质量。

⑤去皮：将空容器放在秤盘中央，按"O/T"键清零，即去皮。将称量物放入容器中，待读数稳定后，此时天平所示读数即为所称物体的质量。

⑥关机：称量完毕，长按"on/off"键，关闭显示器，使天平处于待机状态。若当天不再使用，应拔下电源插头，罩上天平罩子。

（2）称量方法：

常用的称量方法有直接称量法、固定质量称量法和递减称量法，现分别介绍如下。

①直接称量法。

一般用于称量容器的质量，将称量物放在电子天平盘上直接称量其质量。例如，称量小烧杯的质量，容量器皿校正中称量某容量瓶的质量，重量分析实验中某坩埚的质量等，可使用直接称量法。

②固定质量称量法。

又称增量法，用于称量某一固定质量的试剂（如基准物质）或试样，适于称量在空气中不易吸潮、能稳定存在的粉末或小颗粒试剂。在天平空盘时显示"0.0000 g"，将空容器或称量纸放在天平秤盘上，随后显示容器重量值，按"去皮"键，即显示"0.0000 g"。再用药勺将试样慢慢加入容器中，直至显示数值为所需样品质量。称好的试剂必须定量地由表面皿等容器或称量纸直接转入接受容器，此即所谓"定量转移"。

> **注意：** 若不慎加入试剂超过指定质量，可用药匙小心取出多余试剂（多余试剂不要放回原试剂瓶）。试剂不得散落在秤盘上，否则须清理干净秤盘后重新加样称量。

③递减称量法。

又称减量法、差减法，用于称量一定质量范围的样品或试剂，试样质量由两次称量之差求得。对于样品易吸潮、易氧化或易与CO_2等反应，或需要称取相近质量的多份试样时，可选择此法。

称量方法如下：将适量的试样装入干燥洁净的称量瓶中，用洁净的小纸条套在称量瓶上（图4-28），将称量瓶放在天平称盘上称量其质量为m_1，取出称量瓶，在接收容器的上方倾斜瓶身，用纸片夹住称量瓶盖柄取下瓶盖，用瓶盖小心轻敲瓶口，使试样慢慢落入容器中（图4-29），接近所需要的质量时，用瓶盖轻敲瓶口，同时逐渐将瓶身竖直，使黏附在瓶口上的试样落回称量瓶，然后盖好瓶盖，再称称量瓶质量为m_2。两次质量之差（$m_1 - m_2$）即为试样的质量。同法可连续称出多份试样。

图4-28 称量瓶的使用　　　图4-29 样品敲击的方法

（3）电子天平使用注意事项：

①天平应放于稳定的工作台上，避免震动、阳光照射及气流，室内环境保持干燥。

②电子天平应按说明书的要求进行预热。频繁使用天平，应使天平连续通电，减少预热时间。

③称量过程中应关闭天平门，避免气流扰动。

④对于过热或过冷的称量物，应使其回到室温后方可称量。

⑤电子天平使用时，轻拿轻放，避免对传感器造成冲击；称量物须置于秤盘中心，且称量物不可超出称量范围，以免损坏天平。

⑥称量易挥发和具有腐蚀性的物品时，要盛放在密闭的容器中，以免腐蚀和损坏电子天平。另外，若有液体滴于称盘上，立即用吸水纸轻轻吸干，切不可用抹布等粗糙物擦拭。

⑦使用完天平后，应对天平内部、外部周围区域进行清理。严禁用溶剂清洁外壳，应用软布清洁。

⑧一般3个月应对电子天平进行一次校准。

4.8 基本测量仪器的工作原理及使用方法

4.8.1 酸度计

酸度计（pH计）是用来测量液体pH值的一种广泛使用的化学分析仪器。实验室常用的酸度计（以下简称pH计）有雷磁25型，pHS-2型和pHS-3型等。虽然型号较多、结构各异，但其原理相同。本书以pHS-3C（08）型为例介绍其工作原理、使用方法。

pHS-3C（08）型pH计具有大屏幕LCD液晶显示，自动识别3种标准缓冲溶液（4.00pH、6.86pH、9.18pH）、二点校准和手动温度补偿功能。采用数字显示，可测量pH值、mV值。如配上适当的离子选择性电极，则可以测出该电极的电极电位，可作为电位滴定分析电位变化显示器。

1.测量原理

酸度计是用电势法来测量pH值的，其基本原理是：玻璃电极作为测量电极，银-氯化银电极作为参比电极，同时浸入到某一待测溶液中而形成原电池，产生一个内外参比电极之间的电池电动势，该电动势与溶液中氢离子活度有关，当被测溶液的氢离子活度发生变化时，玻璃电极和银-氯化银电极之间的电动势也随着引起变化，电动势变化关系符合下列公式：

$$\Delta E(mV) = -59.16 \times \frac{273 + t\,^{\circ}\!C}{293} \times \Delta pH$$

式中：$\Delta E(mV)$—电动势的变化量；ΔpH—溶液pH值的变化量；t—被测溶液的温度（℃）。

从上式可见，复合电极电动势的变化随被测溶液的pH值的变化而变化。用标准缓冲溶液校准后，即可测量溶液的pH值。

2.工作原理

仪器的工作原理图见图4-30。pHS-3C型pH计是利用复合电极对被测溶液中不同的pH值产生的直流电位，通过pH前置放大器将复合电极输入的高阻信号转换成低阻信号。pH－t混合电路将复合电极所得到的信号、温度信号和斜率补偿进行自动运算，然后输入到A/D转换器。A/D转换是将模拟信号转换成数字信号，以pH值数字显示。

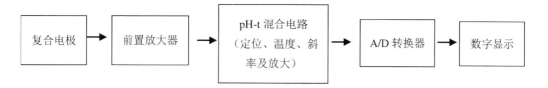

图4-30　pHS-3C型pH计的工作原理图

3.仪器结构

（1）外形结构如图4-31所示

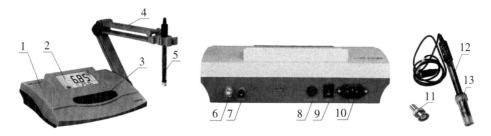

1.机箱，2.键盘，3.显示屏，4.多功能电极架，5.E-201-C型pH复合电极，6.测量电极插座，7.参比电极接口，8.保险丝，9.电源开关，10.电源插座，11.Q9短路插，12.E-201-C型pH复合电极，13.电极保护瓶

图4-31　pHS-3C型pH计

（2）pH复合电极

pH复合电极就是把pH玻璃电极和参比电极组合在一起的电极。根据外壳材料的不同分塑壳和玻璃两种；根据可否补充参比液，又可分为可充式复合电极和非可充式复合电极。

pH复合电极主要由电极球泡、玻璃支持杆、内参比电极、内参比溶液、外壳、外参比电极、外参比溶液、液接界、电极帽、电极导线、插口等组成，复合电极的基本结构如图4-32所示。

可充式pH复合电极即在电极外壳上有一加液孔，当电极的外参比溶液流失后，可将加液孔打开，重新补充KCl溶液。其特点是参比溶液有较高的渗透速率，液接界电位稳定重现，测量精度较高。可充式pH复合电极使用时应将加液孔打开，以增加液体压力，加速电极响应。当参比液液面低于加液孔2 cm时，应及时补充新的$3.0\ mol \cdot L^{-1}$氯化钾参比液。

非可充式pH复合电极内装凝胶状KCl，不易流失，无加液孔，这种结构对精度的影响是比较小的，其特点是维护简单使用方便。非可充式pH复合电极不用时，应浸在电极浸泡液中，使电极保持良好的性能。

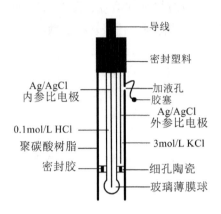

图4-32　pH复合电极

复合电极的使用步骤：测量端向下，捏住黑色的电极帽部分，轻甩数次，检查敏感玻璃内膜剂、参比盐桥处均应充满溶液，没有气泡。将电极与酸度计相连，并拔下参比加液口胶塞，在两种不同的标准缓冲溶液中进行电极斜率的校正后，即可用于测量。

电极保存：使用完毕，在电极的保护套内添加约18 mm高度的3.0 mol·L^{-1}氯化钾溶液，安装在电极测量端。塞好电极加液口胶塞，将电极放回盒体内室温保存。

使用复合电极时应该注意：使用前应检查玻璃泡是否有裂痕或破损。校正和测量时，电极插入溶液中后应该用电极快速搅拌数次或晃动电极，加速电极响应。电极外参比溶液液位保持在加液孔下10 mm处为最佳，不得低于被测样品液面。电极插头要始终保持清洁及干燥。请勿将电极长时间浸泡于被测溶液内。电极使用完毕，应认真对电极进行清洗工作。

4.酸度计的使用方法

（1）安装、开机

安装电极支架；取下Q9短路插头，安装好复合电极，取下电极帽和加液孔胶塞，并蒸馏水清洗电极，用吸水纸拭干。接通电源后，预热30 min。

注意：为了保护和更好地使用仪器，每次开机前，请检查仪器后面的电极插口，必须保证它们连接有测量电极或者短路插头，否则有可能损坏仪器的高阻器件。仪器不使用时，必须接上短路插头，一方面避免灰尘、湿气进入插座，影响仪器输入阻抗及测量精度，另一方面还有保护内部集成电路的作用。

（2）标定

仪器使用前，要先标定。在连续使用时，在24 h内仪器不需要再标定。仪器具有自动识别标准缓冲溶液的能力，因此利用标准缓冲溶液pH 4.00、pH 6.86、pH 9.18进行标定时，按"定位"键或者"斜率"键后，直接按"确定"键即可完成标定。

标定有"一点"标定（定位法）和两点标定法（斜率法）。常规测量可采用一点标定法，精确测量采用二点标定法。

"一点"标定用pH=6.86的标准缓冲溶液进行标定，"两点"标定先用pH=6.86的标准缓冲溶液标定，再用pH=4.00缓冲溶液（被测溶液为酸性时）或pH=9.18的缓冲溶液（被测溶液为碱性时）进行第二次标定。

三种缓冲溶液的pH与温度的关系见表4-5。

表4-5　三种缓冲溶液的pH与温度的关系

温度/℃	缓冲溶液 pH			温度/℃	缓冲溶液 pH		
	$0.05\ mol\cdot kg^{-1}$ 邻苯二甲酸氢钾	$0.025\ mol\cdot kg^{-1}$ 混合磷酸盐	$0.01\ mol\cdot kg^{-1}$ 四硼酸钠		$0.05\ mol\cdot kg^{-1}$ 邻苯二甲酸氢钾	$0.025\ mol\cdot kg^{-1}$ 混合磷酸盐	$0.01\ mol\cdot kg^{-1}$ 四硼酸钠
5	4.00	6.95	9.39	35	4.02	6.84	9.11
10	4.00	6.92	9.33	40	4.03	6.84	9.07
15	4.00	6.90	9.28	45	4.04	6.84	9.04
20	4.00	6.88	9.23	50	4.06	6.83	9.03
25	4.00	6.86	9.18	55	4.07	6.83	8.99
30	4.01	6.85	9.14	60	4.09	6.84	8.97

①一点标定法：

选用一种标准缓冲溶液定位"零电位"E_0值，斜率设为默认的100.0%。这种方法简单，用于要求不太精确的情况下的测量。

a.按"pH/mV"键，使仪器进入pH值测量状态。把电极用蒸馏水清洗、拭干，插入标准缓冲溶液中（如pH=6.86的标准缓冲溶液中）；

b.按"温度"按钮，使显示为溶液温度值（此时温度指示灯亮），然后按"确认"键，仪器回到pH测量状态。

c.待读数稳定，按"定位"键，仪器显示"Std YES"字样，则按"确定"键，仪器自动进入一点标定状态（此时pH指示灯慢闪烁），仪器自动识别并显示当前温度下的标准pH值，按"确认"键完成一点标定，并显示斜率和"零电位"E_0值，仪器返回pH测量状态，pH指示灯停止闪烁。

②两点标定法：

a.按照前叙的一点标定方法，第一次用pH=6.86的标准缓冲溶液进行标定；

b.第二次用接近被测溶液pH值的缓冲溶液进行标定。从pH 6.86的溶液中取出电极，用蒸馏水清洗，再用滤纸吸干，然后插入pH 4.00（或pH 9.18）标准缓冲溶液；用温度计测出溶液的温度值（如25.2 ℃），并设置温度值；待读数稳定，按"斜率"键（此时pH指示灯快闪烁，表明仪器在斜率标定状态），再按"确认"，仪器自动识别当前标液并显示当前温度下的标准pH值"pH 4.00（或pH 9.18）"。按"确定"键完成标定，仪器存贮当前的标定结果，并显示斜率和E_0值，然后返回测量状态。

注意：经标定后，"定位"键及"斜率"键不能再按，如果触动此键，此时仪器pH指示灯闪烁，请不要按"确认"键，而是按"pH/mV"键，使仪器重新进入pH测量即可，而无须再进行标定。

（3）测量pH值

经标定过的仪器，即可用来测量被测溶液，被测溶液与标定溶液温度是否相同，所引起的测量步骤也有所不同。具体操作步骤如下：

①被测溶液与定位溶液温度相同时，测量步骤如下：

a.用蒸馏水清洗电极头部，再用被测溶液清洗一次：

b.把电极浸入被测溶液中，用玻璃棒搅拌溶液，在显示屏上读出溶液的pH值。

②被测溶液和定位溶液温度不同时，测量步骤如下：

a.用蒸馏水清洗电极头部，再用被测溶液清洗一次；

b.用温度计测出被测溶液的温度值；

c.按"温度"键，使仪器显示为被测溶液温度值 然后按"确定"键。

d.把电极插入被测溶液内，用玻璃棒搅拌溶液，使溶液均匀后读出该溶液的pH值。

（4）仪器维护

a.仪器的输入端必须保持清洁，不使用时必须插上Q9短路插头。

b.在使用中切勿将复合电极顶部接触烧杯底或硬物，不使用时应装在盛有 $3\ mol \cdot L^{-1}$ KCl溶液的塑料套中，塞好加液孔胶塞。长期不使用时，将电极放回盒体内室温保存。

c.测量时应使复合电极引线保持静止，避免不必要的干扰。

4.8.2　DDS-11A　型数显电导率仪

DDS-11A型电导率仪是实验室测量水溶液电导率必备的仪器，具有电导电极常数补偿功能和手动温度补偿功能。

1.仪器工作原理

在电解质溶液中，带电的离子在电场影响下产生移动，因此具有导电性。导电能力的强弱称为电导G，单位西门子，以符号S表示。因为电导是电阻的倒数，因此，电导的测量可以通过测量浸入溶液的电极极板之间的电阻R来实现。根据欧姆定律，温度一定时，电阻值R与电极的间距L（cm）成正比，与电极的横截面积A（cm²）成反比。即：

$$R = \rho \frac{L}{A} \tag{1}$$

在电导池中，对于某一电极而言，电极面积A与间距L都是固定不变的，故L/A是个常数，称为电极常数或电导池常数，以J表示。故（1）式可写成：

$$G = \frac{1}{R} = \frac{1}{\rho J} \tag{2}$$

（2）式中：$1/\rho$称电导率，以K表示，其单位是S·cm⁻¹。则（2）式变为：

$$G = \frac{K}{J}$$

$$K = G \times J \tag{3}$$

因西门子这个单位太大，常用微西门子·厘米$^{-1}$或毫西门子·厘米$^{-1}$。显然$1S \cdot cm^{-1}$ = $10^3 mS \cdot cm^{-1} = 10^6 \mu S \cdot cm^{-1}$。

电解质水溶液导电能力的大小正比于溶液中电解质的含量，通过对电解质水溶液电导率的测定可以测定水溶液中电解质的含量。

2. DDS—11A型电导率仪的使用

DDS—11A型电导率仪的主机结构和键盘如图4-33所示。

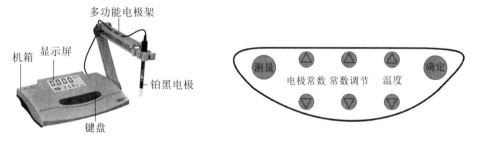

图4-33 DDS—11A型电导率仪的结构和键盘示意图

（1）开机：安装好电极架、电导电极、电源线。接通电源，预热30min。

（2）设置温度：按"测量"键进入测量状态，根据温度计测出的被测溶液温度，按"温度△"或"温度▽"键，使温度显示为被测溶液温度，按"确定"键，即完成当前温度的设置。按"测量"键放弃设置，返回测量状态。

（3）设置电极常数：

测定不同范围的电导率，仪器使用前必须进行电极常数的设置。电极常数有0.01 cm^{-1}、0.1 cm^{-1}、1.0 cm^{-1}、10 cm^{-1}四个标准值，具体电极的电极常数范围是这几个标准值的±10%，标示在每支电极上。测量电导率之前，必须根据实际所用电极的电极常数进行相关设置。选用何种电极与待测溶液的电导率有关。电极常数大的电极更适合电导率大的溶液。通常根据表4-6选择相应电极常数的电导电极。

表4-6 电导率范围及对应电极常数推荐表

序号	溶液电导率范围/μS·cm^{-1}	配套电极常数/cm^{-1}
1	0～20	0.01
2	0～200	0.1
3	0～2000	1.0
4	0～20	10

注：对常数为1.0、10类型的电导电极有"光亮"和"铂黑"二种形式，镀铂电极习惯称作铂黑电极，对光亮电极其测量范围为（0～300）S·cm^{-1}为宜。

按键盘上的"电极常数"键或"常数调节"键，使仪器进入电极常数设置状态。按"电极常数△"或"电极常数▽"键，电极常数的显示在10、1.0、0.1、0.01四个标准值之间转换。例如，电导电极的实际电极常数是0.1010，则选择"0.1"并按"确定"键，然后按"常数调节△"或"常数调节▽"键，使常数数值显示为"0.010"，按"确定"键，即完成设置（电极常数电极为1.010×0.1=0.1010的乘积）。若用户放弃设置，按"测量"键，返回测量状态。电极常数为其他数值时，操作方法类似。

（4）测量：

常数、温度补偿设置完毕，即可进行测量。先用蒸馏水清洗电极头部，再用待测溶液清洗三次。然后将电导电极浸入待测溶液中，摇动使溶液均匀，待数据显示稳定后即可读数。

4.8.3 分光光度计

分光光度计是实验室常用的分析测量仪器，通过测量物质对光的吸收程度，对物质进行定性、定量分析。虽然分光光度计的型号较多，如722型、723型、751型，不同型号的仪器结构和使用方法会有不同，但仪器基本工作原理是相同的。

1. 仪器工作原理

分光光度计的基本原理是溶液中的物质在光的照射激发下，产生了对光的吸收效应，物质对光的吸收是具有选择性的，各种不同的物质都具有其各自的吸收光谱。当某单色光通过某一溶液时，其能量会被吸收而减弱，光能量减弱的程度和物质的浓度大小有一定的关系（图4-34）。

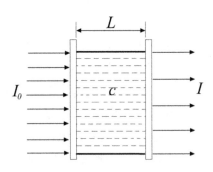

图4-34 光吸收原理图

分光光度计是根据相对测量原理工作的，即选定某一溶剂（蒸馏水，空气或试样）作为参比溶液，并设定它的透光率T为100.0%，而被测试样的透光率T是相对于参比溶液而得到的。透光率T的负对数称为吸光度A，A值大表示光被溶液吸收的程度大，反之A值小，光被溶液吸收的程度小。实验证明：有色溶液对光的吸收程度A与溶液的浓度c和光穿过的液层厚度L的乘积成正比，即符合朗伯—比耳定律（Lambert-Beer law）。

$$T = I/I_0$$

$$A = -\lg T = \lg (I_0/I)$$

$$A = \varepsilon cL$$

式中：T，透光率；I_0，入射光强度；I，透射光强度；A，吸光度；ε，摩尔吸光系数，$\mathrm{L \cdot mol^{-1} \cdot cm^{-1}}$；$L$，溶液的光径长度，cm；$c$，溶液的浓度，$\mathrm{mol \cdot L^{-1}}$。

从以上公式可以看出，当入射光波长和溶液的光径长度一定时，吸光度A只与溶液的浓度c成正比。分光光度计的基本原理就是根据朗伯—比耳定律设计的分析仪器。

溶液对不同波长的单色光的吸收强度是不同的。通过光的吸收曲线来测定有色溶液对单色光的最大吸收波长。将不同波长的单色光依次通过一定浓度的有色溶液，测定溶液的吸光度A，以波长λ为横坐标，吸光度A为纵坐标作图，即得光的吸收曲线（或光谱），如图4-35，最大吸收峰处对应的单色光波长称为最大吸收波长λ_{max}，选用λ_{max}的光进行测量，则溶液对光的吸收程度最大，仪器测量的灵敏度最高。

一般测样前要先建立标准工作曲线。在一定条件下，测量一系列已知准确浓度的标准溶液的吸光度A，绘制A-c标准工作曲线（见图4-36）。在相同条件下测量待测样品的吸光度A后，通过工作曲线求出相对应的浓度。

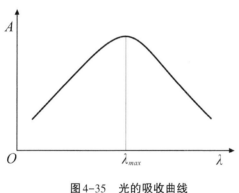

图4-35　光的吸收曲线

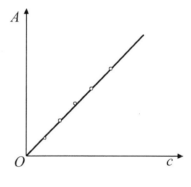

图4-36　工作曲线

2. 722S型可见分光光度计的使用

722S型分光光度计是一种新型分光光度计通用仪器，工作波长范围340～1 000 nm（波长准确度：±2 nm），能进行透光率、吸光度和浓度直读测定，广泛应用于医药卫生、临床检测、生物化学、石油化工、环保监测、食品生产和质量控制等部门做定性、定量分析，还可作为大专院校和中学相关课程的教学演示和实验仪器。仪器外部结构示意图见图4-37。

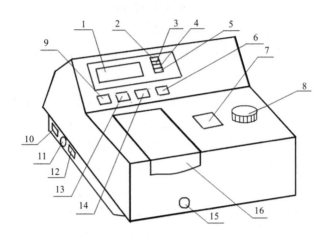

1.显示窗　2.TRANS指示灯　3.ABS指示灯　4.FACT指示灯　5.CONC指示灯 6.MODE键　7.波长指示窗　8.波长调节旋钮　9.100%T键　10.电源插座　11.熔丝座　12.总开关　13.0%T键　14. Function键　15.样品槽拉杆　16.样品室

图4-37　722S型可见分光光度计的外部结构示意图

（1）预热：接通电源，仪器预热30 min，使仪器光电器件部分达到热平衡状态。

（2）调节波长：根据所需单色光最佳波长，观察波长指示窗7，调节波长调节旋钮到所需波长值。

（3）调0%：打开样品室盖子（即关闭光路），按动"0%"T键，仪器自动调零。

（4）调100%：比色皿盛入蒸馏水或去离子水作参比液，用擦镜纸将四壁擦拭干净，置入第一个样品槽，拉动拉杆使参比样品对准样品室光路中，关闭掀盖后按"100%T"键即能自动调整100%T。如一次未到位可加按一次，同时检查0%有无变化，若有变化请重复调整0%T。

（5）吸光度测试：比色皿盛入待测样品，拭干，将比色皿置入样品室任一空样品槽，并对准光路，合上样品室盖。由数据显示窗读出仪器测得的吸光度值。

（6）归置：测量完毕，应取出比色皿，洗净、拭干。将仪器恢复到初始状态，关闭电源，切断电源开关。

（7）标尺选择：仪器设置有四种标尺，可根据测量需要选择。各标尺间转换用MODE键，由TRANS、ABS、FACT、CONC指示灯分别指示，每按一次顺序循环。

TRANS（透光率）：用于透明液体和透明固体测量；

ABS（吸光度）：用于标准曲线法或绝对吸收法进行定量测试；

FACT（浓度因子）：用于浓度因子法浓度直读时设定浓度因子；

CONC：用于标准样品法浓度直读时设定浓度和读数；

（8）数据发送：仪器随机设有RS232C串行通信口，可用于串行打印机或计算机传输数据。

4.8.4　红外光谱仪的仪器介绍及使用

红外光谱仪（infrared spectroscopy，IR）是鉴别有机化合物和确定物质分子结构的常用手段之一。根据波长范围，分为近红外区（0.75～2.5 μm）、中红外区（2.5～25 μm）、远红外区（25～1 000 μm）。由于中红外区能深刻地反映分子内部所进行的各种物理过程以及分子结构方面的各种信息，对解析分子结构和化学组成最为有效，因此通常说的红外光谱正是指这一波长范围的光谱。

1. 基本原理

红外光谱仪是利用物质对不同波长的红外辐射的吸收特性，进行分子结构和化学组成分析的仪器。红外光谱仪通常由光源、单色器、探测器和计算机处理信息系统组成。根据分光装置的不同，分为色散型和干涉型。对色散型双光路光学零位平衡红外分光光度计而言，当样品吸收了一定频率的红外辐射后，分子的振动能级发生跃迁，透过的光束中相应频率的光被减弱，造成参比光路与样品光路相应辐射的强度差，从而得到所测样品的红外光谱。

红外光谱也可归因为化学键的振动。不同的化学键或官能团，其振动能级从基态跃迁到激发态所需的能量不同，因此要吸收不同波长的红外光（决定吸收峰的位置和形状）；而吸收峰的强度与分子振动时偶极矩变化的大小有关。依据吸收峰的位置和形状可进行定性分析，依据吸收峰的强度可进行定量分析。

2. 红外光谱仪

目前主要有两类红外光谱仪：色散型红外光谱仪和傅里叶（Fourier）变换红外光谱仪。

（1）色散型红外光谱仪

色散型红外光谱仪的组成与紫外-可见分光光度计相似，但对每一个部件的结构、所用的材料及性能与紫外-可见分光光度计不同。它们的排列顺序也略有不同，如图4-38所示。

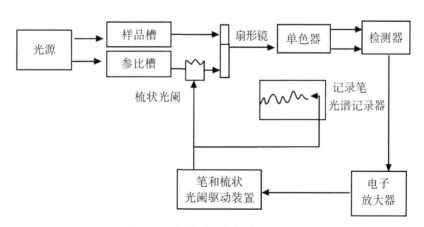

图4-38　色散型红外光谱仪原理图

红外光谱仪的样品放在光源和单色器之间；而紫外-可见分光光度计是放在单色器之后。

（2）傅里叶变换红外光谱仪（FTIR）

傅里叶变换红外光谱仪没有色散元件，主要由光源（硅碳棒、高压汞灯）、Michelson 干涉仪、检测器、计算机和记录仪组成，如图4-39所示。核心部分为 Michelson 干涉仪，它将光源的信号以干涉图的形式送往计算机进行傅里叶变换的数学处理，最后将干涉图还原成光谱图。它与色散型红外光谱仪的主要区别是干涉仪和电子计算机两部分。

傅里叶变换红外光谱仪的特点：扫描速率极快、具有很高的分辨率以及灵敏度。除此之外，光谱范围宽（$1\,000 \sim 10\ \mathrm{cm}^{-1}$）；测量精度高；杂散光干扰小；样品不受因红外聚焦而产生的热效应的影响；特别适用于与气相色谱联机或研究化学反应机理等。

3.试样的处理和制备

要获得一张高质量红外光谱图，除了仪器本身的因素外，还必须有合适的样品制备方法。

红外光谱法对试样的要求如下：

（1）试样应该是单一组分的纯物质，纯度应 >98% 或符合商业规格，才便于与纯物质的标准光谱进行对照。多组分试样应在测定前尽量预先用分馏、萃取、重结晶或色谱法进行分离提纯，否则各组分光谱相互重叠，难于判断。

（2）试样中不应含有游离水。水本身有红外吸收，会严重干扰样品谱图，而且会侵蚀吸收池的盐窗。

（3）试样的浓度和测试厚度应选择适当，以使光谱图中的大多数吸收峰的透射比处于10%～80%范围内。

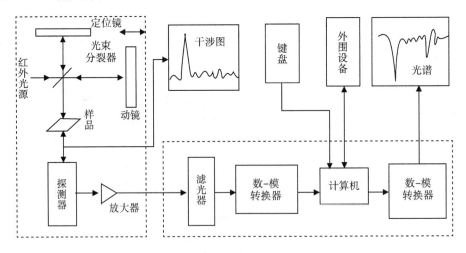

图4-39　傅里叶变换红外光谱仪工作示意图

4. 红外光谱的特点

红外光谱仪成为一种快速、高效、适合过程在线分析的有力工具，是由其技术特点决定的。

红外光谱分析的主要技术特点如下：

（1）分析速率快，测量过程大多可在1 min内完成。

（2）分析效率高，通过一次光谱测量和已建立的相应校正模型，可同时对样品的多个组分或性质进行测定，提供定性、定量结果。

（3）适用的样品范围广，通过相应的测样器中可以直接测量液体、固体、半固体和胶体 等样品，光谱测量方便。

（4）样品一般不需要预处理，不需要使用化学试剂或高温、高压、大电流等测试条件，分析后不会产生化学、生物或电磁污染。

（5）分析成本较低（无须繁杂预处理，可多组分同时检测）。

（6）测试重现性好。

（7）对样品无损伤，可以在活体分析和医药临床领域广泛应用。

（8）近红外光在普通光纤中具有良好的传输特性，便于实现在线分析。

（9）对操作人员的要求不苛刻，经过简单的培训即可。

近红外光谱技术存在的问题如下：

（1）测试灵敏度相对较低，被测组分含量一般应大于0.1%。

（2）需要用标样进行校正对比，很多情况下仅是一种间接分析技术。

4.8.5　气压计

气压计是用来测定大气压强的仪器，气压计的式样很多，一般实验室最常用的是福廷（Fortin）式气压计，随着电子技术的发展，出现了精度高、使用便捷的数字式气压计。

1. 福廷式水银气压计

福廷式气压计是依据托里拆利实验原理设计的，它以水银柱的压强平衡大气压强，即一定的大气压强支持一定高度的水银柱，水银柱的高度就表示大气压强。

（1）仪器构造

福廷式气压计的构造如图4-40所示。气压计外部是一个黄铜管，管的顶端是悬环，铜管上部有一个长方形的孔，用以观察汞柱高度，内部是装汞的玻璃管，在黄铜管上装有刻度尺、游标尺和温度计。内部是装有水银的玻璃管，管上部是真空，玻璃管下端插在水银槽内。气压计下部是汞槽，它通过气孔与大气相通，水银槽中的水银在大气压强的作用下，在管内上升一定的高度；汞槽的下部被一羚羊皮袋紧紧包住（皮的外缘连在棕榈木的套管上）。在汞槽的上部装有一倒置的象牙针，其垂直尖端系于黄铜标尺的刻度零点。在黄铜管下部的螺栓用以调节可使皮袋折上或放下，以改变汞槽中汞面高度。在读取气压时，必须使汞槽中的汞液面恰好与针尖相切。

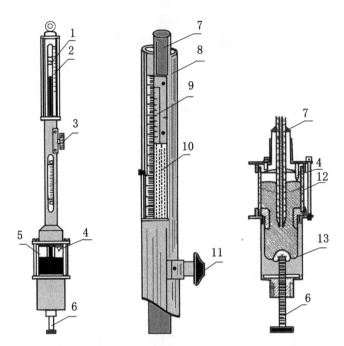

1.游标　2.刻度标尺　3.控制游标螺旋　4.象牙针　5.水银槽　6.水银调节螺旋　7.玻璃管　8.钢管　9.游标尺　10.铜管上部方形孔　11.控制游标螺旋　12.玻璃筒　13.羊皮袋

图4-40　福廷气压计的构造

（2）使用方法

①铅直调节

福廷式气压计必须垂直放置。先拧松气压计底部圆环上的三个螺旋，令气压计铅直悬挂，再旋紧这三个螺旋使其固定。在常压下，若与铅直方向相差1°，则汞柱高度的读数误差大约为0.015%。

②调节汞槽内的汞面高度

缓慢旋转汞槽底部的螺旋，使汞槽内的汞面升高，直到汞液面恰好与象牙针尖接触。

③调节游标尺

转动游标尺调节螺旋，使游标尺的前后两个下沿边与管中汞柱的凸面刚好相切。

④读数

游标尺的零线所指在标尺上的刻度，是大气压的整数部分（单位 hPa），再从游标尺上找出与标尺某一刻度相对齐的刻度线，此游标刻度线上的数值即为大气压的小数部分。

⑤整理工作　调节螺旋使汞槽液面下降，使汞液面与象牙针分离，以保护仪器。记录气压计上附属温度计的温度读数。

（3）注意事项

①气压计需保持竖直状态。

②调节螺旋和游标尺时要轻且慢，否则会破坏系统的平衡状态。只有系统处于平衡状态，气压计的示数才直接显示周围大气压的实际值。

③读数时视线要与刻度尺垂直，调节游标尺时，视线与汞液面、游标尺的前后两个下沿边应在同一水平面。

④汞液面是否恰好与象牙针尖接触是影响测量结果的关键因素。

2.数字式气压计

气压计是以数字形式输出（显示）气压量值的大气压力测量仪器（包括综合测量仪器中满足上述形式的大气压力测量单元）。气压计的结构可分为整体型和分离型，通常用于测量大气压力。其工作原理如图4-41所示，被测压力经传压介质作用在压力传感器上，压力传感器输出相应的电信号，由信号处理单元处理后显示压力量值。

图4-41　数字式气压计工作原理

4.9　气体的制备

实验中需要少量气体，常利用实验室方法进行制备。如需大量气体或者经常使用气体，则可以通过气体钢瓶直接获取。可以根据所使用反应原料的状态及反应条件，选择不同的方法和反应装置进行制备。

1.气体的发生

表4-7　气体的发生和注意事项

气体发生方法	实验装置图	使用气体	注意事项
固体加热	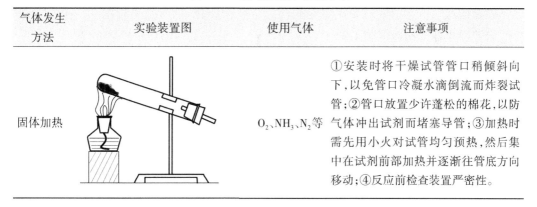	O_2、NH_3、N_2等	①安装时将干燥试管管口稍倾斜向下，以免管口冷凝水滴倒流而炸裂试管；②管口放置少许蓬松的棉花，以防气体冲出试剂而堵塞导管；③加热时需先用小火对试管均匀预热，然后集中在试剂前部加热并逐渐往管底方向移动；④反应前检查装置严密性。

续表4-7

气体发生 方法	实验装置图	使用气体	注意事项
固体与液体反应，不需要加热		H_2、CO_2、H_2S 等	见启普发生器的使用。
固体与液体反应，需要加热或液体反应		CO、Cl_2、HCl 等	①分液漏斗颈应插入液体试剂中，也可应用恒压漏斗（或通过导管将反应容器与滴液漏斗上方连通，使两处压力处于平衡状态）；②如需加热，烧瓶内必须提前加入沸石（加热中途不得添加沸石，以防引起液体爆沸）。
气体钢瓶		O_2、NH_3、N_2、CO_2、Cl_2、C_2H_2 等	见钢瓶的使用。

2. 启普发生器的构造和使用方法

（1）构造

启普发生器的构造见图4-42。

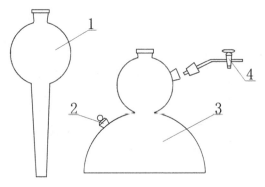

1.球形漏斗　2.液体出口　3.葫芦状容器　4.导管旋塞

图4-42　启普发生器的构造

（2）使用方法

①装配。在球形漏斗颈和玻璃旋塞磨口处涂一薄层凡士林油，插好球形漏斗和玻璃旋塞转动几次，使装配严密。

②检查气密性。开启旋塞，从球形漏斗口注水至充满半球体时，关闭旋塞。继续加水，待水从漏斗管上升到漏斗球体内，停止加水。在水面处做一记号，静置片刻，如水面不下降，证明不漏气，可以使用。

③添加试剂。在葫芦状容器的球体下部先放些玻璃棉（或橡皮垫圈），以避免固体掉入半球体底部。固体药品由气体出口加入，加入固体的量以不超过中间球体容积的1/3为宜。添加酸液时，打开导气管上的旋塞，从球形漏斗加入适量酸液，待加入的酸液恰好与固体试剂接触时，即刻关闭导气管的旋塞，继续加入酸液至液体进入球形漏斗上部球体的1/4～1/3处。加入的固体和酸液体均不宜过多，否则，反应激烈，产生的气体量太多，酸液液面太高而容易被气体从导管冲出；并且当关闭旋塞停止反应时，过多的酸液体可能从球形漏斗溢出。

④发生气体。使用时，打开旋塞，酸液即从底部通过狭缝进入中间球体与固体接触而产生气体。停止使用时，关闭旋塞，酸液被压回到球形漏斗中，使固体与酸液分离而停止反应。再次使用时只需打开旋塞即可。气体的流速可通过调节旋塞来控制。

⑤添加或更换试剂。当酸液变得较稀而反应缓慢时应更换酸液或添加固体。需要添加固体时，可先把导气管旋塞关闭，借助容器内增加的气压压力，将酸液压入半球体，使固体与酸液分离后，用塞子将球形漏斗上口塞紧，取下导气管的橡皮塞，更换或添加固体。更换酸液时，可先用塞子将球形漏斗上口塞紧，取下出液口的塞子，缓缓倒出废酸后再塞紧塞子，向球形漏斗中加入新的酸液。

⑥仪器归置。实验结束后，将废酸倒入废液缸或回收，剩余固体应取出洗净、回收。仪器洗涤后，在球形漏斗与球形容器连接处以及在出液口和玻璃塞之间夹上纸条，以免时间过久而使磨口与玻璃塞子黏结。

（3）注意事项

①启普发生器不能加热；

②所用固体必须是颗粒较大或块状的；

③加入的液体也不宜过多，否则液面太高、产生的气体量太多而将液体冲入导气管；并且当关闭旋塞停止反应时液体会从球形漏斗溢出；

④移动启普发生器时，应用手握住葫芦状容器的球形部分的上口颈部，另一只手托住半球体底部，绝不可用手提球形漏斗，以免葫芦状容器脱落打碎；

⑤制备少量气体或无启普发生器时也可以采用简易装置，见图4-43。

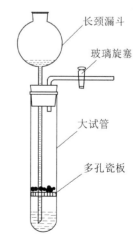

长颈漏斗

玻璃旋塞

大试管

多孔瓷板

图4-43　启普发生器的简易装置

3.钢瓶的使用

如果需要大量气体或经常使用气体时，则选择从压缩气体钢瓶中直接获得气体。高压钢瓶容积一般为 40～60 L，最高工作压力为 15 MPa，最低的在 0.6 MPa 以上。为了避免使用时发生混淆，常将钢瓶漆成不同的颜色，并采用规定颜色的字体写明瓶内气体名称（表4-8）。不同性质的钢瓶，阀门转向也不同，一般的，易燃气体气瓶为红色，逆时针拧紧；有毒气体（气瓶为黄色）、不燃气体，顺时针拧紧。

高压钢瓶如使用不当，极易发生爆炸危险，操作者应该严格遵守安全使用规则。

表4-8　我国高压钢瓶常用的标记*

序号	充装气体	钢瓶体色	字样	字色	色环
1	氮	白	氮	白	P=20,白色单环
2	氧	淡(酞)蓝	氧	黑	P≥30,白色双环
3	空气	黑	空气	白	
4	氩	银灰	氩	深绿	
5	氢	淡绿	氢	大红	P=20,大红单环　　P≥30,大红双环
6	氯	深绿	液氯	白	
7	二氧化碳	铝白	液化二氧化碳	黑	P=20,黑色单环
8	氨	淡黄	液氨	黑	
9	乙炔	白	乙炔 不可近火	大红	

*1.《气瓶颜色标志》，中华人民共和国国家标准，标准编号：GB/T 7144-2016。2.色环栏内的 P 是气瓶的公称工作压力，单位为兆帕（MPa）。

4.气体的净化与干燥

实验室制备的各种气体往往都带有水汽、酸雾或其他气体等杂质（有的还含少量固体微粒杂质），要得到纯净的气体必须经过净化和干燥。通过化学反应或者吸收、吸附等物理化学过程将其去除，达到净化的目的。净化气体一般常用洗气瓶（用于装液体洗涤液）和干燥剂；干燥气体一般常用干燥管和干燥器（图4-44）。各种气体的性质及所含的杂质虽不同，但通常都是先除去杂质与酸雾，再将气体进行干燥。

（1）净化气体的洗涤剂选择

①易溶于水的物质用水吸收；

②酸性物质用碱性物质除去；

③碱性物质用酸性物质除去；

④可用杂质生成沉淀或可溶物质的吸收剂除去；

⑤不能选用能与被净化气体发生反应的吸收剂。

图4-44　干燥器

（2）干燥剂的选择

干燥剂只能用于吸收气体中的水分，不能与气体发生化学反应。实验室中常用的干燥剂有三类：一类为酸性干燥剂，如浓硫酸、五氧化二磷、硅胶等；另一类为碱性干燥剂，如石灰、碱石灰（氢氧化钾或氢氧化钠与氧化钙的混合物）等；第三类是中性干燥剂，如无水氯化钙等。在选择干燥剂时，不能简单地从性质推理去考虑，还要考虑具体条件是否可行。常见气体干燥剂见表4-9。

表4-9　常见气体干燥剂

气体	干燥剂	气体	干燥剂
H_2	$CaCl_2$、P_2O_5、浓 H_2SO_4	Cl_2	$CaCl_2$
O_2	$CaCl_2$、P_2O_5、浓 H_2SO_4	HCl	$CaCl_2$
N_2	$CaCl_2$、P_2O_5、浓 H_2SO_4	HI	$CaCl_2$、CaI_2
SO_2	$CaCl_2$、P_2O_5、浓 H_2SO_4	H_2S	$CaCl_2$、P_2O_5
CO	$CaCl_2$、P_2O_5、浓 H_2SO_4	HBr	$CaBr_2$
CO_2	$CaCl_2$、P_2O_5、浓 H_2SO_4	NO	$Ca(NO_3)_2$
CH_4	$CaCl_2$、P_2O_5、浓 H_2SO_4	NH_3	CaO、碱石灰

（3）洗气瓶的使用

首先在导管的磨口处涂一薄层凡士林，再插入下面容器，在接口处来回旋转让凡士林分布均匀，使接口严密不漏气。然后拿开导管往容器内注入选好的洗涤剂（干燥剂），注入量至没过导管1 cm为宜，不能太多，不然气体不易逸出。最后用乳胶管连接到装置中，要注意连接处要严密不漏气，特别注意气体走向要连接正确。长管进气，短管出气，连接反了不仅达不到洗气的目的，反而会使洗涤液压回到反应容器中。

（4）球形干燥管的使用

球形干燥管的粗端为气体进口，细端为出口，同时，粗端应配上带短管的单孔塞，与气体发生器的导管连接，细端接乳胶管。添加干燥剂前，先在球体内细管口处塞上一小团疏松的脱脂棉，然后从粗端管口填充干燥剂，注意不要填得过紧。填满球部后，再塞上一团疏松的脱脂棉。干燥管连接发生器时应固定在铁架台上。

5. 气体的收集

气体的收集方式主要依据气体的密度及在水中的溶解度来选择，主要有排水集气法和排空气集气法两种。

（1）排水集气法：适用于难溶于水且不与水发生化学反应的气体，如 H_2、O_2、N_2、NO、CO、CH_4、C_2H_4、C_2H_2 等气体的收集 ［图4-45（a）］。

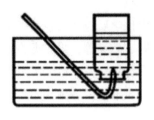 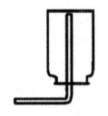 

（a）排水集气法　　　　　（b）向下排空气法　　　　（c）向上排空气法

图4-45　气体的收集方法

（2）向下排空气法：易溶于水，密度比空气小的气体，如 H_2、NH_3、CH_4等，可用向下排空气法收集［图4-45（b）］。

（3）向上排空气法：易溶于水，密度比空气大的气体，如 CO_2、Cl_2、SO_2等，可用向上排空气法收集［图4-45（c）］。

4.10　无机化合物制备的基本操作

在无机制备实验中，大多数情况下会涉及物质的溶解、分离、提纯和纯度检验等，经常用到溶解、蒸发浓缩、结晶、重结晶、过滤、萃取、沉淀洗涤、干燥等基本操作。

4.10.1　固体溶解

将固体物质溶解于某一溶剂中，制备成溶液的过程称为溶解。溶解固体时要根据被溶解固体的性质选好合适的溶剂，在无机化学实验中，常用溶剂是水。我国已制定了实验室用水规格的国家标准（GB/T6682-2008），根据实验要求可以选择自来水、蒸馏水、去离子水或电导水。

为了加速固体的溶解，常采取的方式方法有：

（1）研磨：如固体颗粒太大，可在研钵中将其研细。按被研磨固体的性质和产品的粗细程度选用不同质料的研钵。一般情况用瓷制或玻璃制研钵，研磨坚硬的固体时用铁制研钵，需要非常仔细地研磨较少的药品时用玛瑙或氧化铝制的研钵。研钵中盛放固体的量不得超过其容积的1/3。大块的固体只能先压碎再研磨，不能用研杵直接捣碎，否则会损坏研钵、研杵或将固体溅出。易爆物质只能轻轻压碎，不能研磨。研磨对皮肤有腐蚀性的物质时，应在研钵上盖上中央开孔的厚纸片或塑料片，然后插入研杵后再行研磨。研磨时，研钵应放在不易滑动的物体上，并用手扶住研钵，研杵应保持垂直。

（2）振荡：少量固体溶解时可采用振荡法。试管振荡用"甩腕"方式，应保持膀臂不动利用手腕用力振荡，不能摇晃或上下振荡，也不能用手指堵住管口来回振荡；所用溶剂不能超过试管容积的1/2为宜。烧杯、烧瓶、锥形瓶等容器中溶解时，应借助手腕、手指的转动，使溶剂和固体试剂朝一个方向均匀转动起来，不可往复振荡，以防溶液溅出。

（3）搅拌：少量溶剂溶解时通常采用手动搅拌的方式，即手持玻璃棒并转动手腕，使玻璃棒在液体中匀速地转圈，搅动溶剂和待溶解固体。搅拌中玻璃棒尽可能不碰容器内壁，也不能接触容器底部，以防打破或刮花容器；当溶剂和固体较多时，或溶解时间太长时，可使用磁力搅拌器进行搅拌，注意容器放置在搅拌器托盘的中央，调整磁子转速，使其平稳、匀速转动。

（4）加热：一般加热可加速溶解过程，可根据物质对热的稳定性选择直接加热或水浴加热等间接加热的方法。实际中常采用加热和搅拌相结合的方法，如使用具有加热功能的磁力搅拌器。

4.10.2　蒸发浓缩

为了使溶质从溶液中结晶析出，常采用加热的方法使水分蒸发，溶液浓缩而达到过饱和状态，使溶质直接结晶析出，或降低温度后结晶析出，便于进行固液分离。

常压蒸发浓缩通常在蒸发皿中进行。蒸发时蒸发皿中的溶液量不应超过其容量的2/3，如果溶液量较多，可随水分的不断蒸发分多次添加。蒸发浓缩时加热方式可根据被加热物质的热稳定性而选择直接加热或水浴加热。蒸发浓缩时应该注意：

①蒸发过程中可辅助搅拌，一方面加快水分的蒸发速率，另一方面可以防止直接加热时液体过热而发生迸溅。

②应注意不要使瓷蒸发皿骤冷，以免炸裂。

③蒸发时不宜把溶剂蒸干。适量溶剂的存在，可以使一些微量的杂质因未达饱和而不至于析出，可得到较为纯净的结晶产品。根据物质的溶解度随温度变化不同，控制好蒸发程度和溶剂的量。对于溶解度随温度变化不大的物质（如氯化钠），应蒸发至有较多结晶析出即停止加热；若溶解度较小或在高温时溶解度很大而在低温时较小的物质（如硫酸铜晶体），一般蒸发至溶液表面出现一层透明晶膜（液面上有一层薄薄的晶体）时可停止加热，当溶液冷却后即可析出晶体。

④加热蒸发过程中实验者应佩戴护目镜进行操作。

4.10.3　结晶与重结晶

晶体从溶液中析出的过程称为结晶。结晶有两种方法：一种是通过蒸发或汽化，减少一部分溶剂使溶液达到过饱和而析出晶体，此法主要用于溶解度随温度改变而变化不大的物质，沿海地区"晒盐"就是利用这种方法。另一种是通过降低温度使溶液冷却达到过饱和而析出晶体，这种方法主要用于溶解度随温度下降而明显减小的物质，如北方地区的盐湖，夏天温度高，湖面上无晶体出现；每到冬季，气温降低，纯碱（$Na_2CO_3 \cdot 10H_2O$）、芒硝（$Na_2SO_4 \cdot 10H_2O$）等物质就从盐湖里析出来。有时需要将上述两种方法结合使用。

析出晶体的颗粒大小与结晶条件有关。当溶质的溶解度小，或溶剂的蒸发速率快，或溶液的浓度高，或冷却的速率快，或加以搅拌，会在短时间内产生大量的晶核，晶核形成速率大于晶体的生长速率，则析出的晶体颗粒细小。细小晶体因生成速率快，夹带的母液少，因此较细小晶体纯度较高。浓度较低或静置溶液并缓慢冷却则有利于大晶体生成。由于大晶体生成较慢，易裹入母液或杂质，因而其纯度不高。

有些物质很容易形成过饱和溶液（如 $Na_2S_2O_3$），但因缺乏结晶核，蒸发冷却后也难析出晶体，可以振荡容器、用玻璃棒摩擦器壁以产生玻璃屑，或向过饱和溶液中投放"晶种"，促使晶体析出。还可往溶液中加入乙醇等有机溶剂，以降低晶体溶解度而使其析出。

要得到纯度较高的晶体，可根据初次析出的晶体质量和其溶解度，用适量溶剂将晶体溶解，再经过蒸发、冷却等操作，让物质重新结晶，此操作称为重结晶。根据纯度要求可以进行多次结晶。为提高晶体产率，应将每次操作的母液都收集起来，进行适当处理。利用重结晶提纯物质，仅适用于溶解度随温度升高而增大的物质，对于那些溶解度受温度影响较小的物质则不适用。

4.10.4 物质的分离与提纯

1. 固液分离

溶液和沉淀的分离方法主要有：倾析法、过滤法、离心分离法。应根据沉淀的颗粒大小、性质、数量和时间，选择合适的分离方法。

（1）倾析法

图4-46 倾析法

当沉淀的相对密度较大或晶体的颗粒较大，静置后沉淀能较快自然沉降至容器的底部时，适合于采用倾析法进行分离和洗涤。待固体沉降完全后，将干净的玻璃棒横放在烧杯流嘴处，小心将上层清液沿玻璃棒缓慢倾入另容器内（图4-46），残液要尽量倾出，使沉淀与溶液分离完全。洗涤沉淀黏附的残液时，先用少量的洗涤液洗玻璃棒，再洗烧杯壁，将黏附的固体冲洗至杯底，充分搅拌后，再静置沉降、倾析，重复上述操作2～3次，则可将沉淀洗净。但注意倾析时不要将沉淀倾出，洗涤液一般用量也不宜过多，否则会造成沉淀流失。

（2）过滤法

过滤法是固-液分离较常用的方法之一。当溶液和沉淀的混合物通过过滤器（如滤纸）时，沉淀留在滤纸上，溶液则通过过滤器，过滤后所得溶液为滤液。过滤器的孔隙大小有不同规格，应根据沉淀颗粒的大小和状态选择使用，孔隙太大，小颗粒沉淀易透过，孔隙太小，又易被小颗粒沉淀堵塞，使过滤难以继续进行。常用的过滤方法有常压过滤、减压过滤和热过滤三种。

①常压过滤。滤器为锥形玻璃质漏斗，过滤介质为滤纸。另一种为玻璃砂芯漏斗，不需要滤纸，其砂芯根据孔径大小分不同规格。

根据漏斗角度大小（与60°角相比），采用四折法折叠滤纸（图4-47）。先将滤纸对折并按紧，滤纸的大小应低于漏斗边缘0.5～1 cm左右，然后再对折，但不要折死，打开形成圆锥体后，放入漏斗中，观察其与漏斗壁是否密合。如果滤纸与漏斗不十分密合，可稍稍改变滤纸折叠的角度，直到与漏斗密合为止。可将三层滤纸的外层折角撕下一小块（保留，作擦拭烧杯内残留的沉淀用），使漏斗与滤纸之间贴紧而无气泡。用食指把滤纸按在漏斗的内壁上，用水润湿，赶尽滤纸与漏斗壁间的气泡。

过滤操作采用倾析法。过滤时先将静置后的上层清液小心地倾入漏斗中，让沉淀尽量留在烧杯中，这样可以避免沉淀过早地堵塞滤纸空隙，影响过滤速率。倾入溶液时，应让溶液沿着玻璃棒流入漏斗中，玻璃棒直立，底端接近三层滤纸的一边，并尽可能接近滤纸，但不要与滤纸接触。再用倾析法洗涤沉淀3～4次，每一次静置，将清液沿玻璃棒转移至漏斗中。

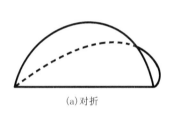   

(a)对折　　　　(b)折叠成合适角度　　(c)展开成锥形　　(d)放进漏斗
　　　　　　　　　　　　　　　　　（一边三层，一边一层）

图4-47　滤纸折叠方法

常压过滤操作可总结为"一贴二低三靠"。"一贴"就是滤纸紧贴漏斗壁，并用水润湿。"二低"是滤纸的边缘须低于漏斗口至少5 mm，漏斗内液面又要略低于滤纸边缘，以防少量沉淀因毛细作用越过滤纸上沿进入滤液中。"三靠"是过滤时，漏斗颈口斜处紧靠盛装滤液的烧杯内壁，使滤液沿烧杯壁流下；将清液倾入漏斗中时，要注意烧杯嘴紧靠玻璃棒，让溶液沿着玻璃棒缓缓流入漏斗中；玻璃棒的下端要靠近三层滤纸处。

②减压过滤。减压过滤也称吸滤或抽滤，是一种快速过滤方法。减压过滤装置如图4-48所示，由循环水泵、安全瓶、吸滤瓶和布氏漏斗组成。利用循环水式真空泵抽出吸滤瓶中的空气，使吸滤瓶内压力减小，造成瓶内与布氏漏斗液面上的压力差，从而加快过滤速率，并使沉淀抽吸得较干燥些。但减压过滤不宜用于过滤胶状沉淀和颗粒太小或沉淀量很少（需要用沉淀）的固、液混合物。因为胶状沉淀在快速过滤时易透过滤纸，颗粒太小的沉淀易在滤纸上形成一层密实的沉淀，溶液不易透过。

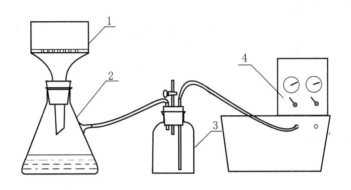

1.布氏漏斗　2.抽滤瓶　3.安全瓶　4.循环水真空泵

图4-48　减压过滤装置示意图

减压过滤操作步骤及注意事项如下：

1）安装：所用滤纸应与布氏漏斗的内径大小恰好合适，放入漏斗后滤纸周边不能有皱褶，且必须覆盖全部瓷孔；用少量水或相应溶剂润湿滤纸，可开启水泵抽气，使滤纸紧贴在漏斗底部；布氏漏斗颈插入单孔橡皮塞，与吸滤瓶相接并旋紧，漏斗颈下方的斜口应正对准吸滤瓶的抽气口。如要保留滤液，需在抽滤瓶和抽气泵之间安装安全瓶，以防止关闭抽气泵或水的流量突然变小时，使自来水反吸入抽滤瓶内，污染滤液。安装时要注意安全瓶上长管和短管的连接顺序，不得连反。

2）抽滤：将大小合适的滤纸放入布氏漏斗，并用蒸馏水润湿，使其贴在漏斗底部。"先加液，再开泵"。打开循环水泵，利用倾析法先将上部清液沿着玻璃棒引流转入漏斗中，注意加入的溶液不要超过漏斗容积的2/3，最后将剩余的少量清液同沉淀一起转入漏斗抽干。如果开动真空泵后再转入固液混合物，则抽滤的沉淀形成小丘状，无法将沉淀抽干。

3）洗涤：洗涤沉淀时，应暂停抽滤，加入溶剂使其与沉淀充分润湿后，再开泵将沉淀抽干，重复操作至达到要求为止。

4）归置：过滤完毕后，先拔掉连接吸滤瓶的橡胶管或打开安全瓶上方的活塞，再关闭水泵。用玻璃棒轻轻掀起滤纸边缘，取出滤纸，分离沉淀，滤液由吸滤瓶上口倾出。洗净布氏漏斗和抽滤瓶。

③热过滤

某些物质在溶液温度降低时易析出结晶，为了滤除这类溶液中所含的其他难溶性杂质，通常使用热滤漏斗进行过滤（图4-49），以防止溶质结晶析出。热过滤一般使用铜质热漏斗。过滤时，把玻璃漏斗放在热滤漏斗内，热滤漏斗内注入热水以维持漏斗和溶液的温度；也可以对加热管加热以维持温度。热过滤时最好选用颈部较短的玻璃漏斗，以免过滤时溶液在漏斗颈内停留过久，因降温析出晶体而堵塞。也可以在过滤前把布氏漏斗、锥形瓶放在烘箱中加热，湿润滤纸时用热蒸馏水，趁热进行减压过滤。

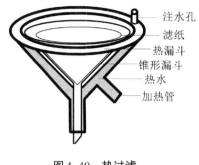

图4-49　热过滤　　　　　图4-50　电动离心机

（3）离心分离法

当被分离的沉淀量很少或沉淀很细小不易沉降时，如过滤会使沉淀粘在滤纸上难以分离，通常采用离心分离法。实验室常用电动离心机（图4-50），操作简单而迅速。

电动离心机使用时，将待分离溶液转移到离心试管中，溶液的量不超过离心试管容积的1/2，将离心试管放入对称的转盘套管中，以保持电机转动时保持平衡。如只有一个分离试样，则另取一支同样大小的离心试管，加入等量的水，将两支离心试管对称放入套管中。盖上保护盖。

打开电源开关，顺时针缓慢调节转速旋钮启动电机，使转速从小到大调至适当（一般不超过 $2\,000\ r\cdot min^{-1}$，转速过快损坏试管或套管）。有些离心机还具有定时旋钮，可以调节时间旋钮至所需值（注意：时间钮不可倒旋）。离心结束后，慢慢调节转速至最小，关闭电源，观察转盘停止转动后才能打开保护盖，取出离心试管。严禁通过外力强行停止转盘转动。

小心从套管中取出离心试管，可用滴管小心地吸出上方清液，实现固液混合物分离。如果沉淀需要洗涤，可以加入少量的洗涤液，用玻璃棒充分搅拌或强力振荡，使沉淀分散开来后再进行离心分离。如此重复操作2～3次即可。

2.液液分离

（1）蒸馏

蒸馏是分离、纯化沸点相差较大的液体混合物的一种操作技术。蒸馏分离是根据液体的沸点不同，将液体加热，使低沸点组分先沸腾，以蒸气馏出，而高沸点组分不能馏出，通过冷却装置使蒸气冷凝为液体，收集在另一容器中，从而实现液液分离或纯化的目的。通过蒸馏，也可以把易挥发物质和不易挥发物质分开。与其他的分离手段，如萃取、吸附等相比，蒸馏不使用体系组分以外的其他溶剂，因而不会引入新的杂质。根据方式不同，蒸馏可以分为简单蒸馏、分馏、水蒸气蒸馏，根据操作压强又可以分为常压蒸馏、加压蒸馏、减压蒸馏。本书仅介绍简单蒸馏的装置和操作。

①蒸馏装置。最简单的蒸馏装置，如图4-51所示。常压蒸馏装置用到的仪器主要有蒸馏烧瓶、蒸馏头、温度计套管、温度计、冷凝管、接液管和接收器等。圆底烧瓶的大

小依据要蒸馏的液体体积，一般所装液体不得超过烧瓶容积的2/3，也不能少于1/3。蒸馏液体沸点在140 ℃以下时，用直形冷凝管；蒸馏液体沸点在 140 ℃以上时，用空气冷凝管。蒸馏易吸潮的液体时，在接液管的支管处应连干燥管；蒸馏易燃的液体时，在接液管的支管处接一胶管通入水槽或室外，并将接受瓶在冰水浴中冷却。常用接收器是锥形瓶。

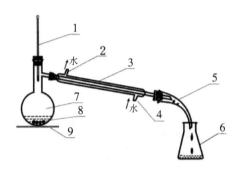

1.温度计　2.出水口　3.冷凝管　4.进水口　5.尾接管　6.接收器　7.蒸馏烧瓶　8.沸石　9.石棉网

图4-51　蒸馏装置示意图

②蒸馏装置的安装。成套实验装置的安装应遵循一定的原则：自下而上，从左到右，各部分仪器的轴线要处于同一垂直平面内，仪器端正稳妥。

蒸馏装置安装顺序一般为自下而上，从左到右。概括而言，可按照以下顺序安装：

1）热源

选择电热套、水浴、油浴或其合适热源；

2）蒸馏烧瓶

烧瓶底垫上石棉网，用铁夹固定的在铁架台上，并使其轴心保持垂直；调整烧瓶与热源的距离合适；

3）冷凝管

冷凝管与烧瓶连接并固定；冷凝水流向"下进上出"，直形冷凝管则应使上端出水口向上，下端进水口向下，连接好橡皮管；

4）接液管（尾接管）

根据需要安装不同用途的尾接管，例如，减压蒸馏需安装真空尾接管；

5）接收器

常压蒸馏用锥形瓶，减压蒸馏用圆底烧瓶；正式接收馏液的接收瓶应事先称重并做记录；

6）温度计

温度计插入橡胶塞，安装在蒸馏瓶口，使温度计水银球的上限与烧瓶支管的下限同处一水平高度。

③蒸馏操作。

1）检查气密性：将尾接管下端插入水中，双手捂住烧瓶加热几分钟，拿开双手后水被吸进尾接管，等待几分钟后尾接管中水柱高度无变化，则气密性良好。否则，检查处理漏气处。

2）加料：将待蒸馏液通过玻璃漏斗小心倒入蒸馏瓶中；加入几粒沸石，也可以放一端封闭的毛细管，开口的一端朝下，其长度应足以使其上端能贴靠在烧瓶的颈部而不应横在液体中。沸石和毛细管的作用都是为了防止液体暴沸，使液体保持平稳沸腾。安装好带温度计的胶塞。再次仔细检查气密性和各部分连接是否正确。

3）通冷凝水：打开水龙头，缓缓通入冷凝水并流动。

4）加热：加热时液体逐渐沸腾，蒸气上升，温度计读数也随之升高。当蒸气达到水银球时，温度计读数会急剧上升。调整热源温度，减慢升温速率，使温度计水银球上保持有被冷凝的液滴，水银球上液滴和蒸气温度达到平衡（此时的温度即液体的沸点）。应控制加热温度，调整蒸馏速率，通常以冷凝管末端流出液体的速率为每秒1～2滴为宜。热源温度太高，使蒸气成为过热蒸气，造成温度计所显示的沸点偏高；若热源温度太低，馏出物蒸气不能充分浸润温度计水银球，造成温度计读得的沸点偏低或不规则。

5）接收馏分：准备两个干净的接收瓶，其中一个接收物质沸点之前的馏分，称为前馏分（或称馏头），另一个用于接收温度趋于稳定后蒸出的馏分，并记下该馏分的第一滴和最后一滴时温度计的读数即是该馏分的沸程（沸点范围）。

一般液体中会含有些高沸点的杂质，当蒸出所需馏分后，若继续升温，温度计读数会显著升高，若维持原来的温度，则不会再有馏液蒸出，温度计读数也会突然下降。此时应停止蒸馏。

6）拆除装置：蒸馏完毕，应先停止加热，后停止通冷凝水。等烧瓶降温后，按照安装顺序相反的顺序拆除仪器装置。

注意事项如下：

a.仪器装配符合规范，温度计水银球位置要正确。

b.在蒸馏过程中发现未加沸石，则必须等待液体完全冷却后方可补加，否则会引起液体暴沸。

c.冷凝管中冷却水的流向不能反接。

d.热源温控适时调整得当，蒸馏过程中要使温度计水银球上保持有液滴；加热温度不能超过混合物中沸点最高物质的沸点。

e.准确观察沸点范围。

f.烧瓶内液体不能蒸干，以免蒸馏瓶破裂及发生其他意外事故。

（2）萃取

萃取是利用物质在两种互不相溶（或微溶）的溶剂中溶解度（或分配系数）的不同，使物质从溶解度小的溶剂内转移到溶解度大的溶剂中的一种操作。从液体混合物中提取某一成分，使用最多的是液-液萃取，其过程是某物质从其溶解或悬浮的相中转移到另外相中，即萃取过程是溶质在两个液相之间重新分配的过程，基本理论是分配定律。

假如一物质在两液相A和B中的浓度分别为$c_{(A)}$和$c_{(B)}$，则在一定温度条件下，$c_{(A)}$与$c_{(B)}$之比为一常数，称为"分配系数"，它可以近似地看作此物质在两溶剂中溶解度之比。

$$K=c_{(A)}/c_{(B)}$$

例如：在100 mL水中含A物质1 g，往溶液中加入100 mL与水不相混溶的有机溶剂，震摇，分层，用分液漏斗分离。如果A在水中的浓度为$c_{水}$，在有机溶剂中的浓度为$c_{有}$，则分配系数为

$$K = \frac{c_{有}}{c_{水}}$$

假设分配系数K为500，A物质通过一次萃取，有98%（0.98 g）进入到有机相中，而残留在水相中的A物质只有2%（0.02 g）。

如果把100 mL有机溶剂分二次，每次50 mL进行萃取，结果水中残留的A物质只有0.15%（0.001 g），而99.85%A物质进入到有机相中。这说明多次萃取效果比一次萃取要好。

如果水中含有A、B两种物质（设均为1 g），A、B两物质分配系数分别为50、1/50。同样用100 mL有机溶剂萃取，结果有98%的A物质进入有机相，2%的A残留在水中；而B物质有98%仍留在水中，进入到有机相中的只有2%，即基本上将A、B两种物质实现了分离。

液-液萃取具有萃取过程中相互接触的两相均为液相时分离效果好、可连续操作的特点，可以应用于无机物质和有机物质的分离。

为了将无机物萃取到有机相，要在体系中加入一种有机试剂，使其和无机离子组成一种能溶于有机相的简单盐或配合物，借以实现萃取过程。还可以采取盐析手段，使萃取的化合物从水溶液中转移到有机相中。

液-液萃取分离的仪器是分液漏斗。其使用方法为：

a.选择规格

根据液体的总体积选择相应规格的分液漏斗，以液体的总体积不超过其容量的3/4为佳。

b.检查漏液

检查玻璃塞和旋塞是否漏液。分液漏斗中装少量水，用滤纸检查旋塞处是否漏水。将漏斗倒转过来，检查玻璃塞是否漏水，待确认不漏水后方可使用。

c.处理旋塞

在旋塞芯大头端涂一圈（注意远离旋塞孔）凡士林，在塞套小端内涂少量凡士林，把旋塞芯径直插入塞套内，沿同一方向转动旋塞（不要来回转），直至凡士林均匀透明、旋塞转动灵活为止。最后用小孔胶圈套在玻璃旋塞小头的凹槽内，以防止旋塞松动漏液或滑落打碎。

d.安装

盛有液体的分液漏斗应正确地放在支架上。

萃取的操作方法：

①装液

在分液漏斗中加入溶液和一定量的萃取溶剂后，塞上玻璃塞。注意玻璃塞上的侧槽必须与分液漏斗上口上的小孔错开。

②振荡

将其从支架上取下，用一手食指末节顶住玻璃塞，再用大拇指和中指夹住漏斗上端颈部，另一手的大拇指、食指和中指固定住玻璃旋塞，以防止旋转（图4-52）。将漏斗由外向里或由里向外旋转振荡（或将漏斗反复倒转进行缓和地振荡）3～5次，使两种液体尽可能充分混合。

③排气

将漏斗倒置，使漏斗颈下端倾斜向上（注意不要向着人的脸），慢慢开启旋塞，排放可能产生的气体，使内外压力平衡（图4-53）。待压力减小后，关闭旋塞。振摇和放气应重复几次。

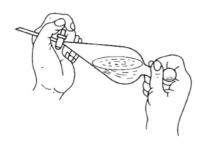

图4-52 萃取时振荡操作手势　　　　图4-53 排除漏斗内超压的操作

④静置

将漏斗放置在支架上静置数分钟，等待两相液体分层。

⑤放液

待两相液体分层明显，界面清晰时，打开上口玻璃塞，或者旋转玻璃塞，使玻璃塞上的侧槽与漏斗上口上的小孔对齐，缓慢开启旋塞，将下层液体小心放出，收集在容器中。当界面层接近放完时要放慢速率，一旦放完即要迅速关闭旋塞。然后取下漏斗，打开玻璃塞，将上层液体由上口倒出，收集到指定容器中。

⑥假如一次萃取不能满足分离的要求，可采取多次萃取的方法（一般最多不超过5次）。

4.10.5 固体的干燥

固体的干燥方法很多，可根据重结晶所用的溶剂及结晶的性质来选择。常用的方法有如下几种。

（1）空气晾干

适用于低沸点溶液。将抽干的固体物质转移到表面皿上铺成薄薄的一层，再用一张滤纸覆盖以免灰尘沾污，然后在室温下放置，一般要经过几天后才能彻底干燥。

（2）烘干

一些对热稳定的化合物可以在低于该化合物熔点 15 ℃～20 ℃的温度下进行烘干。实验室中常用红外线灯、烘箱或蒸气浴进行干燥。必须注意：由于溶剂的存在，结晶可能在较其熔点低得很多的温度下就开始熔融了，因此必须十分注意控制温度并经常翻动晶体。

（3）用滤纸吸干

有时晶体吸附的溶剂在过滤时很难抽干，这时可将晶体放在二层或三层滤纸上，上面再用滤纸挤压以吸出溶剂。此法的缺点是晶体不能完全干燥，同时晶体上易沾污一些滤纸纤维。

（4）干燥器干燥

适用于产品易吸水或吸水分解的情况。将产品置于表面皿上储存于盛有干燥剂的干燥器里，常用的干燥剂有浓硫酸、无水氯化钙、硅胶、生石灰和五氧化二磷等。选用何种干燥剂应视被干燥物质的性质而定。

第5章 基本操作实验

实验1 仪器的认领和洗涤

一、实验目的

1. 认识无机化学实验常用仪器的名称、规格与用途，了解其使用注意事项。
2. 学习并练习常用玻璃仪器的洗涤和干燥方法，掌握酒精灯的使用。
3. 学习常用仪器及仪器装置简图的绘画方法。
4. 学会实验条件的记录，学会气压计、温度计、湿度计的使用方法。

二、预习要点

1. 精密量具的洗涤方法。
2. 铬酸洗液配制和使用。

三、实验原理

1. 认识仪器

实验室常见仪器的名称、规格、用途和注意事项参见第4章4.1。

常用仪器的分类：

（1）进行化学反应的玻璃仪器：试管、烧杯、烧瓶、锥形瓶、滴管等。

（2）进行基本操作的仪器：酒精灯、漏斗、蒸发皿、集气瓶、药匙等。

（3）称量试剂的仪器：天平、量筒、容量瓶、滴定管、移液管等。

（4）仪器的支架：铁架台、铁圈、铁架、石棉网、试管架、漏斗架等。

2. 玻璃仪器的洗涤方法

参见第4章4.2.1。

注意：精密量具一般不能用毛刷刷洗。

3. 玻璃仪器的干燥方法

参见第4章4.2.2。

注意：带刻度量具不能用加热的方法进行干燥，因为加热会改变仪器精度。

四、实验用品

1. 仪器

常用玻璃仪器、电吹风（或气流烘干器）、烘箱、超声波清洗器、毛刷

2. 试剂

铬酸洗液（或王水）、无水乙醇、乙醚、工业酒精

3. 材料

洗衣粉（或合成洗涤剂）、橡胶手套

五、实验内容

1. 认领仪器

按照化学实验常用仪器配置清单，结合第4章4.1的有关内容，逐个认识、检查所领仪器，了解仪器的名称、用途、使用方法和注意事项。若发现破损或短缺仪器应立即向老师报告补换。凡具塞仪器，检查塞子是否能打开转动，是否配套；具活塞仪器，检查活塞是否能转动。

将所领仪器应按照仪器材质、器型大小或长短分类放置。

2. 玻璃仪器的洗涤

（1）取一个烧杯或一支试管，选择合适的洗涤方法进行洗涤。

（2）取一个量筒，选择合适的洗涤方法进行洗涤。

（3）取一支移液管（或滴定管），选择合适的洗涤方法进行洗涤。

洗干净的仪器同学之间相互检查。选一件洗净的仪器交老师检查。

3. 玻璃仪器的干燥

（1）烤干。

用酒精灯烤干一支试管、一个烧杯，交老师检查。

（2）烘干。

选择一个洗净的烧杯进行烘干，学会烘箱的使用方法。

（3）快干。

取一支试管，先加入少量丙酮或乙醇，均匀润湿试管内壁后倒出，再加入少量乙醚均匀润湿内壁后吹干或晾干。

（4）晾干。

将不急用仪器、量筒等放在滴水架上或实验柜内晾干。

4. 记录实验条件

（1）观察福廷式气压计的基本结构，练习使用方法。

（2）学生独立测量大气压并记录。记录实验室温度、湿度。

【注意事项】

1. 注意所领仪器的合理归置。铁器、瓷质仪器要与玻璃仪器分开放置。

2. 凡洗净仪器，绝不能再用布或纸去擦拭。

3. 使用铬酸洗液时应戴上橡胶手套。

【实验作业】

参照第1章1.3，正确画出下列仪器的外观简图，并按下表5-1所示格式填表。

仪器：试管、烧杯、量筒、酒精灯、容量瓶、蒸馏烧瓶、锥形瓶。

表5-1 几种无机化学实验常用仪器

仪器名称	仪器简图	规格	主要用途	注意事项

【思考题】

1. 对于量具如何选择洗涤用品和洗涤方法？

2. 如何判断玻璃仪器洗涤洁净？

3. 烤干试管时为什么管口略向下倾斜？

4. 失效的铬酸洗液如何再生？

5. 结合实验谈谈如何学好无机化学实验课。

实验2 灯的使用、简单玻璃管加工技术和塞子的钻孔

一、实验目的

1. 了解酒精灯、酒精喷灯的构造和原理，掌握正确的使用方法。

2. 了解正常火焰各部分的温度。

3. 练习玻璃管、玻璃棒的截断、熔烧，玻璃管的弯曲和拉制等操作。

4. 练习塞子钻孔的基本操作。

5. 装配洗瓶。

二、预习要点

1. 酒精灯、酒精喷灯的正确使用方法。

2. 玻璃管加工技术要点。

3. 打孔技术要点。

三、实验原理

酒精灯是传统的加热器具,酒精喷灯为实验室加强热仪器。酒精灯和酒精喷灯的构造和使用方法详见第4章4.3加热器具的使用。

进行化学实验时,常常需要把许多单个的玻璃仪器用玻璃管和橡皮管连接成整套的装置。因此,学会简单的玻璃加工技术是非常必要的。玻璃管的简单加工和塞子钻孔可参阅第4章4.4。

四、实验用品

1. 仪器

酒精灯,座式酒精喷灯,挂式酒精喷灯,石棉网,烧杯,漏斗,玻璃管,玻璃棒,三角锉刀,圆形钢锉,直尺,量角器,打孔器,酒精喷灯捅针,护目镜

2. 试剂

工业酒精

3. 材料

木条,硬纸片,小方木板,橡皮胶头(乳胶头),橡皮管,橡皮塞

五、实验内容

1. 酒精灯的使用

(1)拆装酒精灯,观察各部分的构造。

(2)取三根火柴头分别迅速插入焰心、还原焰和氧化焰中,观察火柴的燃烧情况有何不同?对比三种情况,说明火焰的哪一部分温度最低?

(3)把一张硬纸片横插入正常火焰的中部,1~2 s后取出,观察纸片被烧焦的部位和程度。再把另一张硬纸片竖插入火焰中部,进行同样的观察,说明正常火焰的哪一部位温度最高、哪一部位的温度最低、各部位的温度为何不同?

2. 酒精喷灯的使用

(1)观察酒精喷灯各部分的构造。

(2)酒精喷灯的使用练习

将一定量酒精加入灯壶,检查喷气口是否畅通。然后在预热盘中添加酒精。预热后,点燃酒精喷灯,调节火焰使之正常燃烧。之后用石棉网盖住喷火管口,松开空气调节器,练习熄灭操作。同时用湿毛巾裹住灯壶壶身,以降低温度,减少酒精蒸发。

3. 加工玻璃管

(1)截断、熔光玻璃管。

①利用一些玻璃管(棒)反复练习截断玻璃管(棒)的基本操作。

②将截断的玻璃管（棒）断口熔烧至圆滑，注意熔烧时间不宜太长，防止管口收缩。

（2）弯制玻璃管。

将玻璃管按照约20～30 cm长度截断并熔光。待玻璃管冷却后练习玻璃管的弯曲，弯制120°、90°、60°等角度的导管，并交老师查看，将符合要求的玻璃导管保留备用。

（3）拉制玻璃管。

①利用废弃玻璃管练习拉细的基本操作。

②制作滴管1～2支。

拉细的玻璃管截断时应该用医用小砂轮片，不能用力太大，以防压碎。烧熔滴管小口一端要特别小心，不能久置于火焰中，以免管口收缩，甚至封死。带胶头一端则应烧软，然后在石棉网上垂直下压（不能用力过大），使管口略向外卷，便于套上乳胶头。滴管规格如图5-2所示，要求从滴管滴出20～25滴水体积约等于1 mL。

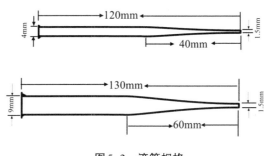

图5-2　滴管规格

4. 塞子钻孔

（1）按锥形瓶口直径的大小选取一个合适的橡胶塞，塞子以能塞入瓶口1/2～2/3为宜。

（2）按玻璃管直径选用一个钻孔管，在所选橡胶塞中间钻孔。钻孔时，垫上木块，切记左手按紧橡胶塞，以防旋压打孔器时，塞子移动、打滑，损伤手指。检查胶塞两侧孔径是否对齐，否则用圆形锉刀修复。

（3）将导管用水润湿，用毛巾裹住导管，小心地将导管边旋转、边插入胶塞至适合位置。

【注意事项】

1. 点燃酒精喷灯之前，灯管要充分预热，防止发生"火雨"现象。

2. 防止烫伤。灼烧过的玻璃管与没有灼烧过的区别不大，因此把灼烧加工过的玻璃管依次放在石棉网上冷却后方可使用，以免烫伤。万一烫伤，切勿用冷水冲洗，皮肤未破时立即将$NaHCO_3$调成糊状涂在烫伤处。

3. 防止戳伤。橡皮塞钻孔时，初学者最好用毛巾把左手食指和大拇指包护，防止打孔器滑脱时戳伤手指。玻璃管与塞子或橡皮管连接时，先用水润湿玻璃管端，手握玻璃管的进塞端，慢慢旋转插入，切忌用手心顶住玻璃管。

4.准备好石棉网和湿抹布备用。

【思考题】

1.进行玻璃管切割、熔光操作时，为避免扎伤、烫伤，要特别注意些什么？

2.使用酒精灯和酒精喷灯时，在安全方面应注意些什么？

3.为什么打孔器或玻璃管进入塞子之前都需要涂上水？

4.为什么在弯曲和拉制玻璃管时，不能在火焰上操作，而要移出火焰？

实验3　溶液的配制

一、实验目的

1.学习量筒、移液管、容量瓶等仪器的使用方法。

2.掌握一般溶液和标准溶液的配制方法和基本操作。

3.练习称量操作。

二、预习要点

1.化学试剂的分类和取用。

2.量筒、移液管、容量瓶的使用方法。

3.电子天平的使用。

三、实验原理

大多数化学实验是在溶液中进行，因此需要配制各种溶液。一般情况下，配制步骤是：计算→称量（量取）→溶解（稀释）→定容。根据实验要求的不同，溶液的配制可以分为一般溶液的配制和标准溶液的配制。

1. 一般溶液的配制（粗略配制）

一般溶液的配制常用于对溶液浓度的准确性要求不高的实验，例如化学性质实验用的试剂，常利用台秤（精度0.2 g）或者电子天平（精度0.1 g或者0.01 g）、量筒、带刻度的烧杯等低准确度的仪器。

（1）由固体试剂配制溶液

根据所用溶液的浓度和体积用量，算出所需固体试剂的质量，用电子天平（精度0.1 g或者0.01 g）称取所需固体试剂的质量，倒入烧杯中。用量筒量取一定体积的蒸馏水，往烧杯中加入适量蒸馏水，搅拌使固体药品完全溶解后，加足蒸馏水，搅拌均匀。若固体溶解速率较慢，可以采取加热措施。或者将称量好的固体试剂倒入有刻度的烧杯中，往烧杯中加入适量蒸馏水，搅拌使固体药品完全溶解后，加足蒸馏水到烧杯刻度，搅匀即得所需溶液。所配溶液移入试剂瓶中保存，贴上标签即可。

（2）由液体试剂配制溶液

由液体试剂配制溶液常见的是浓酸、浓氨水等的稀释。从有关表中查出其相应的密度、质量分数及物质的量浓度，计算出配制一定量度单位的溶液所需液体（或浓溶液）用量，用量筒量取所需的液体（或浓溶液）倒入烧杯中，再用量筒量取一定体积的蒸馏水，边加边搅拌，可以认为：$V_{药品}+V_{蒸馏水} \approx V_{溶液}$。或者将量取的液体试剂倒入有刻度的烧杯中，往烧杯中加入蒸馏水到刻度，边加边搅拌，搅匀即得所需溶液（**注意：稀释浓 H_2SO_4 时，必须注意加酸顺序**），然后移入试剂瓶中保存，贴上标签备用。

2. 标准溶液的配制（准确配制）

标准溶液的配制主要有直接法和间接法两种。

（1）直接法

如果固体试剂是基准物质，可以用来直接配制标准溶液。根据所需要的浓度，用分析天平准确称取一定量的基准试剂（精确到 0.0001 g），在烧杯中加入适量蒸馏水溶解后，定量转移至容量瓶中定容，即得该标准溶液的准确浓度。例如，配制 250 mL 0.01000 mol·L^{-1} 邻苯二甲酸氢钾（$KHC_8H_4O_4$）溶液，在分析天平上准确称取 0.5106 g，加入少量蒸馏水溶解后，定量转移至 250 mL 容量瓶中，定容后摇匀。

当用较浓的准确浓度的溶液配制较稀准确浓度的溶液时，先计算所需浓溶液的体积，然后用处理好的移液管移取所需溶液注入给定体积的洁净容量瓶中，再加蒸馏水至标线处，混匀后，倒入试剂瓶保存，贴上标签备用。

（2）间接法

对大多数试剂而言不能直接配制成准确浓度的标准溶液，一般是先配制成粗略浓度溶液，然后用基准物质进行标定得到准确浓度。例如酸碱滴定中常用的 HCl、NaOH 标准溶液，先配制成 0.1 mol·L^{-1} 的粗略浓度，然后用配制好的标准溶液进行标定。在标定溶液的过程中，被标定的溶液体积都要用容量瓶、移液管、滴定管进行准确量取，最后计算得到 HCl、NaOH 标准溶液的准确浓度。总而言之，先粗配，后标定。

配制及保存溶液时，一般应遵循以下原则：

①配制溶液时，应该合理选择化学试剂的级别，可以用化学纯满足实验的就不要用分析纯试剂，以免造成浪费。

②配制溶液时，要牢固树立"量"的概念，该准确配制溶液时必须准确。根据实验对溶液浓度的要求，合理选择称量方法、量器。记录数据时应考虑保留的有效数字位数，及时准确地记录实验数据在预习报告本上，而不是任意一张小纸片上。

③配制饱和溶液时，所用试剂量应稍多于计算量，加热使之完全溶解，冷却待结晶析出后再使用。

④配制易被氧化或还原的溶液时，常在使用前新鲜配制，或采取预防措施防止氧化或还原的发生。例如，Na_2SO_3 溶液易被 O_2 氧化，最好使用前配制，并用煮沸驱氧的蒸馏水溶解；配制 $SnCl_2$ 溶液时，不仅需要酸化溶液，还需加入相应的金属 Sn 粒。

⑤配制易水解的盐溶液时，一般先溶解在相应较浓的酸或碱溶液中，再用水或稀酸、稀碱稀释到刻度，以抑制其水解。例如，配制$SbCl_3$溶液，先用适量6 mol·L⁻¹HCl溶解后，再用水稀释到刻度；配制Na_2S溶液时先用NaOH溶液溶解等。

⑥ 配制易侵蚀或腐蚀玻璃的溶液，应保存在聚乙烯瓶中，如含氟的盐类（NH_4F）及苛性碱等；易挥发、易分解的溶液，应盛装在棕色瓶中，密封避光阴凉处存放。

⑦ 贴好标签，注明溶液的浓度、名称及配制日期。

四、实验用品

1. 仪器

电子天平（精度0.01 g，0.0001 g），量筒，烧杯，容量瓶（250 mL），移液管（25 mL），玻璃棒，洗耳球，试剂瓶，比重计

2. 试剂

固体试剂：NaOH（s），草酸（$H_2C_2O_4·2H_2O$）；液体试剂：浓HCl

3. 材料

称量纸，标签纸

五、实验步骤

1. 配制200 mL 0.1 mol·L⁻¹ NaOH溶液

用台秤称量0.8 g NaOH固体（由于NaOH易吸潮，有强腐蚀性，可以用干净的小烧杯或者表面皿盛放），用量筒先量取100 mL蒸馏水加入，搅拌溶解后再加入100 mL蒸馏水，搅匀，转移到试剂瓶中，备用。

2. 配制200 mL 0.1 mol·L⁻¹ HCl溶液

用量筒量取1.7 mL浓HCl（浓HCl浓度大约12 mol·L⁻¹），加入198 mL蒸馏水，搅匀，转移到试剂瓶中，备用。

3. 配制0.05 mol·L⁻¹草酸$H_2C_2O_4$标准溶液

用差减称量法在电子分析天平上准确称取一定量草酸（$H_2C_2O_4·2H_2O$，分析纯，准确到0.0001 g），直接磕入100 mL烧杯中，加适量蒸馏水溶解后，定量转入250 mL容量瓶中，用少量蒸馏水洗涤烧杯、玻璃棒2～3次，每次的洗涤液均需转入容量瓶中，加蒸馏水至容量瓶的刻度线，摇匀，之后转移至洁净、干燥的细口瓶中（备实验4使用）。计算所配草酸溶液的准确浓度，并贴上标签。

【思考题】

1. 配制$SnCl_2$溶液时，如何防止水解？最后为什么要加入锡粒？

2. 用容量瓶配制溶液时，要不要把容量瓶干燥？要不要用被稀释液润洗三遍，为什么？

3. 稀释浓H_2SO_4需要注意哪些事项？

实验4　酸碱滴定

一、实验目的

1. 学习酸式、碱式滴定管的使用方法，巩固移液管的使用。
2. 掌握酸碱滴定操作，学会滴定终点的判断。
3. 掌握有效数字的记录及运算。

二、预习要点

1. 常用度量仪器的使用（移液管，酸式、碱式滴定管）。
2. 化学实验中的数据表达与处理。

三、实验原理

酸碱滴定法是以酸碱中和反应为基础测定酸或碱的浓度，利用酸碱指示剂的颜色变化指示反应到达终点的滴定方法。

标定碱的基准物质常用邻苯二甲酸氢钾（$KHC_8H_4O_4$）或草酸（$H_2C_2O_4 \cdot 2H_2O$）。以草酸 $H_2C_2O_4 \cdot 2H_2O$（摩尔质量为 126.06 $g \cdot mol^{-1}$）作为基准物质标定 NaOH 时，反应产物是 $Na_2C_2O_4$，在水溶液中呈微碱性，因此选用酚酞（变色范围 pH=8.0～9.8）作为指示剂，终点颜色由无色变为微红色，反应式为：

$$H_2C_2O_4 + 2\,NaOH = Na_2C_2O_4 + 2\,H_2O$$

标定酸的基准物质常用的有无水 Na_2CO_3 和硼砂 $Na_2B_4O_7 \cdot 10H_2O$，本实验用前面已测得准确浓度的 NaOH 溶液。用 HCl 滴定 NaOH 溶液，滴定突跃范围为 pH=4.30～9.70，可以选用在此范围内变色的甲基橙或酚酞作为指示剂。当用酸滴定碱时，根据人眼对颜色观察的敏感程度，最好选用甲基橙（变色范围 pH=3.1～4.4）作为指示剂，终点颜色由黄色变为橙红色，反应式为：

$$NaOH + HCl = NaCl + H_2O$$

四、实验用品

1. 仪器

酸式滴定管（25.00 mL），碱式滴定管（25.00 mL），移液管，容量瓶，锥形瓶，吸耳球，滴定管夹，洗瓶

2. 试剂

NaOH 溶液（0.1 $mol \cdot L^{-1}$），HCl 溶液（0.1 $mol \cdot L^{-1}$），标准草酸 $H_2C_2O_4$ 溶液（实验3配制），酚酞指示剂，甲基橙指示剂

五、实验步骤

1. 用标准草酸溶液标定 NaOH 溶液的浓度

（1）碱式滴定管的准备

检查滴定管完好后，洗涤干净（洗涤液→自来水→蒸馏水→待装 NaOH 溶液润洗 3 遍）。往滴定管直接装入 NaOH 溶液，赶走尖嘴及乳胶管处的气泡，调整液面在 0.00 处或 0.00 以下附近，记录液面初始位置读数。

（2）量取标准草酸溶液

将洗净的移液管用少量标准草酸 $H_2C_2O_4$ 溶液润洗 3 遍，准确移取 20.00 mL 标准草酸溶液放入洗净的锥形瓶中，加入 1～2 滴酚酞指示剂，摇匀。

（3）滴定

开始滴定时，可以滴快一些，但应成滴而不能成线。当锥形瓶中溶液局部粉红色消失较慢时，减慢滴加速率。最后，当粉红色消失很慢时，每一次加入半滴碱液，并用洗瓶冲洗锥形瓶内壁，摇匀。当粉红色 30 s 不消失时，即为终点。稍等片刻，记录滴定管液面位置的终读数，与初读数之差便是消耗 NaOH 溶液的体积。

同法再测定 2 次，记录数据于表 5-2 中。

3. 用 NaOH 溶液标定 HCl 溶液的浓度

（1）酸式滴定管的准备

检查酸式滴定管（检漏，旋塞涂油），洗涤干净（洗涤液→自来水→蒸馏水→待装 HCl 溶液润洗 3 遍）。往酸式滴定管直接装入 HCl 溶液，赶走尖嘴里的气泡，调整液面在 0.00 处或 0.00 以下附近，记录液面初始位置读数。

（2）移液

将洗净的移液管用上述少量 NaOH 溶液润洗 3 遍后，准确移取 20.00 mL NaOH 溶液放入洗净的锥形瓶中，加入 1～2 滴甲基橙指示剂，摇匀，溶液为黄色。

（3）滴定

同法，滴定时先快后慢。当溶液由黄色变为橙红色并且 30 s 不消失时，即为滴定终点。记录滴定管液面位置的终读数。

平行测定 3 次。

六、数据记录与处理

1. NaOH 溶液的标定

用标准草酸 $H_2C_2O_4$ 溶液标定 NaOH 溶液的浓度数据及处理见表 5-2。

表5-2　用标准草酸H₂C₂O₄溶液标定NaOH溶液的浓度

项目 ＼ 实验序号		1	2	3
草酸标准溶液用量	$c(H_2C_2O_4)/\ mol \cdot L^{-1}$			
	$V(H_2C_2O_4)/\ mL$			
NaOH溶液用量	NaOH初读数/ mL			
	NaOH终读数/ mL			
	$V(NaOH)/\ mL$			
数据处理	$c(NaOH)/\ mol \cdot L^{-1}$			
	$\bar{c}(NaOH)/\ mol \cdot L^{-1}$			
	相对标准偏差%			

2. HCl溶液的标定

用NaOH溶液标定HCl溶液的浓度数据及处理见表5-3。

表5-3　用NaOH溶液标定HCl溶液的浓度

项目 ＼ 实验序号		1	2	3
NaOH标准溶液用量	$c(NaOH)/\ mol \cdot L^{-1}$			
	$V(NaOH)/\ mL$			
HCl溶液用量	HCl初读数/ mL			
	HCl终读数/ mL			
	$V(HCl)/\ mL$			
数据处理	$c(HCl)/\ mol \cdot L^{-1}$			
	$\bar{c}(HCl)/\ mol \cdot L^{-1}$			
	相对标准偏差%			

【思考题】

1. 滴定管和移液管为什么要用待装（移）液润洗三遍？锥形瓶是否也要润洗？

2. 接近滴定终点时，为什么要用蒸馏水冲洗锥形瓶的内壁？

3. 本实验标定HCl溶液的浓度时，为什么选用甲基橙作指示剂？可以用酚酞作指示剂吗？为什么？

4. 在酸碱滴定中，每次加入指示剂1~2滴即可，为什么不能多加一些？

5. 为什么滴定时每一次都应在0.00刻度或0.00刻度以下附近开始呢？

6. 用已失去部分结晶水的草酸配制标准溶液，对溶液浓度有无影响？

实验5　水的净化——离子交换法

一、实验目的

1. 了解离子交换法制备去离子水的原理和方法。
2. 掌握水质检验的一般原理和方法。
3. 学会正确使用电导率仪。

二、预习要点

1. 离子交换树脂的处理和再生。
2. 电导率仪的使用方法。
3. 水中常见离子的定性检验。

三、实验原理

水是实验室、科研、工业生产中的常用溶剂，水的纯度对实验结果、科研和工业生产有重要影响。自来水中含有少量的可溶性无机盐离子和一些气体，不能直接作为纯水来使用。实验室通常采用蒸馏法和离子交换法对自来水进行净化处理。离子交换法是常用的制备去离子水的一种方法。

离子交换法就是在离子交换树脂床上进行水的净化。离子交换树脂是一种难溶性的有机高分子化合物，它具有空间网状结构，性质稳定，与酸、碱和一般试剂都不起作用，对热也具有一定稳定性，并且可反复再生使用。在其空间网状结构的骨架（用R表示）上，含有许多可与溶液中的离子发生交换的"活性基团"。根据可交换活性基团的不同，离子交换树脂可以分为阳离子交换树脂和阴离子交换树脂。

阳离子交换树脂：树脂中的活性基团可与溶液中的阳离子进行交换。如活性基团中含有H^+，这类树脂称之为酸性阳离子交换树脂或H型阳离子交换树脂，如国产732型树脂就是骨架R上含有磺酸基活性基团（$-SO_3^-H^+$）的强酸性阳离子交换树脂（$R-SO_3^-H^+$）；国产724型树脂是骨架R上含有羧基活性基团（$-COO^-H^+$）的弱酸性阳离子交换树脂（$R-COO^-H^+$）。

阴离子交换树脂：树脂中的活性基团可与溶液中的阴离子进行交换。活性基团中含有OH^-，这类树脂称之为碱性阴离子交换树脂或OH型阴离子交换树脂，如国产717型树脂就是骨架R上含有季铵盐活性基团（$-N^+(CH_3)_3OH^-$）的强碱性阴离子交换树脂

$\left(R - N^+ \left(CH_3 \right)_3 OH^- \right)$；国产701型树脂是骨架R上含有$-NH_3^+OH^-$活性基团的弱碱性阴离子交换树脂（$R - NH_3^+OH^-$）。

离子交换法制备纯水就是利用树脂活性基团上的H^+或HO^-，与水中的Na^+、Ca^{2+}、Mg^{2+}或Cl^-、SO_4^{2-}、HCO_3^-等进行离子交换，交换反应为：

$$R - SO_3^-H^+ + Na^+ \rightleftharpoons R - SO_3^-Na^+ + H^+$$

$$2R - SO_3^-H^+ + Ca^{2+} \rightleftharpoons (R - SO_3^-)_2Ca^{2+} + 2H^+$$

$$2R - SO_3^-H^+ + Mg^{2+} \rightleftharpoons (R - SO_3^-)_2Mg^{2+} + 2H^+$$

$$R - N^+\left(CH_3 \right)_3 OH^- + Cl^- \rightleftharpoons R - N^+\left(CH_3 \right)_3 Cl^- + OH^-$$

$$2R - N^+\left(CH_3 \right)_3 OH^- + SO_4^{2-} \rightleftharpoons \left[R - N^+\left(CH_3 \right)_3 \right]_2 SO_4^{2-} + 2OH^-$$

经过离子交换，杂质离子被截留在树脂床上，交换出来的H^+、OH^-则结合成水，称为去离子水。

离子交换树脂制备纯水一般有复合床、混合床和联合床三种方法。复合床是指由阳离子交换柱和阴离子交换柱串联组合的交换方式，混合床则是将阳离子交换树脂和阴离子交换树脂按一定比例混合后装填在一个离子交换柱中交换方式，联合床则是将复合床和混合床串联组合的交换方式。联合床法中流经混合床的水在任何部位都是中性的，减少了逆反应发生的可能性，进一步纯化水质。

离子交换树脂的交换容量是一定的，在使用一段时间后离子交换树脂失去交换能力。由于这种离子交换过程是可逆的，用一定浓度的酸和碱处理树脂，树脂上被吸附的无机杂质离子洗脱出来，树脂重新吸附H^+或OH^-而恢复交换能力。这个过程称为树脂的再生。

四、实验用品

1. 仪器

电导率仪，离子交换柱（3支），烧杯，止水夹（3个），90°玻璃弯管，T形管，尖嘴玻璃管，打孔器，点滴板（黑色，白色）

2. 试剂

钙试剂（0.1%），镁试剂（0.1%），HNO_3溶液（2 mol·L^{-1}），HCl溶液（5%），NaOH溶液（5%，2 mol·L^{-1}），$AgNO_3$溶液（0.1 mol·L^{-1}），$BaSO_4$溶液（1 mol·L^{-1}），NaCl溶液（25%）

3. 材料

732型强酸性阳离子交换树脂，717型强碱性阴离子交换树脂，乳胶管，橡胶塞，pH试纸，玻璃纤维（或脱脂棉）

五、实验内容

1. 新树脂的预处理

新树脂中往往残存有单体、添加剂及低聚物等，还含有 Fe、Cu、Pb 等无机杂质，因此，在使用之前需要用盐、酸、碱溶液进行预处理，先将强酸性阳离子交换树脂处理成氢型，将强碱性阴离子树脂处理成氢氧型；同时，除去树脂中的可溶性杂质，以免影响水质。具体处理方法如下：

（1）732 型树脂的处理

称取 732 型阳离子交换树脂约 80 g 于烧杯中，先用自来水反复漂洗至水澄清无色，用纯水浸泡 4～8 h，再用 5%HCl 浸泡 4 h。倾去盐酸溶液后，用纯水洗至 pH=3～4。纯水浸泡备用。

（2）717 型树脂的处理

称取 717 型阴离子交换树脂约 120 g，如同上法漂洗和浸泡后，用 5%NaOH 浸泡 4 h。倾去 NaOH 溶液，再用纯水洗至 pH=8～9。纯水浸泡备用。

2. 去离子水的制备

（1）装柱：本实验采用联合床法。取 3 支离子交换柱并于柱的底部塞入少量玻璃纤维，以防止树脂漏出。依图 5-3 所示将交换柱串联固定在铁架台上。关闭各柱的出水口，然后将处理好的树脂连同水一起加入交换柱中，边加边用手指或洗耳球轻敲交换柱，树脂高度约为交换柱高的 2/3 为宜。混合床柱中阴、阳离子交换树脂按体积比 2：1 混合均匀后装入柱中。装柱过程中过多的水可打开止水夹放出，但装柱过程中始终保持水面高出树脂层面。装柱完毕，排出树脂层中的气泡，在树脂层上面再放一层玻璃棉，以防加水时扰动树脂层。

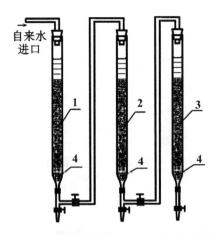

1. 阳离子交换柱　2. 阴离子交换柱　3. 混合离子交换柱　4. 玻璃棉

图 5-3　联合床离子交换装置示意图

（2）离子交换：通入自来水，同时打开复合床柱的止水夹，使自来水一次流经阳离子交换柱、阴离子交换柱和混合离子交换柱，水流速率控制在25～30滴·min⁻¹。开始流出的30 mL水样弃去，然后用3个干净的烧杯分别从阳离子交换柱、阴离子交换柱和混合离子交换柱各流取约50 mL水样备用。

3.水质检验

（1）物理方法：用电导率仪测定自来水、阳离子交换柱出水、阴离子交换柱出水、混合交换柱出水、蒸馏水的电导率。

（2）化学方法：取各种水样5滴分别加入点滴板，按照表5-4方法检验pH、Ca^{2+}、Mg^{2+}、Cl^-、SO_4^{2-}。

将检验结果记录在表5-4中，并根据检验结果作出结论。

表5-4　水样检验结果

检验项目	电导率/$\mu S \cdot cm^{-1}$	pH	Ca^{2+}	Mg^{2+}	Cl^-	SO_4^{2-}
检验方法	电导率仪	广范pH试纸	加2滴2 mol·L⁻¹ NaOH溶液和1滴钙试剂，观察溶液是否变成红色	加2滴2 mol·L⁻¹ NaOH溶液和1滴镁试剂，观察溶液是否生成天蓝色沉淀	加2滴2 mol·L⁻¹ HNO₃溶液酸化，再加1滴0.1 mol·L⁻¹ AgNO₃溶液，观察是否有白色沉淀生成	加2滴2 mol·L⁻¹ BaCl₂溶液，观察是否有白色沉淀生成
自来水						
阳离子交换柱出水						
阴离子交换柱出水						
混合交换柱出水						
蒸馏水						
结论						

注：各种水样电导率的大致范围（单位 $\mu S \cdot cm^{-1}$）：自来水50～500，蒸馏水1.0～50，去离子水0.8～4，纯水0.055。

4.离子交换树脂的再生

（1）阳离子交换树脂再生：将树脂倒入烧杯中，先用自来水漂洗2～3次，倾出水后加入3～5倍于树脂体积的5%HCl溶液，浸泡20 min后倾出酸液，再用5% HCl溶液洗涤2～3次，最后用纯水洗至pH=5～6。

（2）阴离子交换树脂再生：方法同阳离子交换树脂再生，用5% NaOH 溶液浸泡、洗涤，最后用纯水洗至 pH=7～8。

（3）混合树脂再生：混合树脂须分离后才能进行再生。将混合树脂倒入烧杯中，加入3倍于树脂体积的25% NaCl 溶液，充分搅拌。阳离子交换树脂的密度比阴离子交换树脂的大，搅拌后阳离子交换树脂沉在下层，而阴离子交换树脂浮在上层，用小烧杯将上层的阴离子交换树脂舀出。重复操作至阴、阳离子交换树脂完全分离为止。分离开的阴、阳离子交换树脂可分别再生。

【注意事项】

1. 新树脂的预处理可提前完成。
2. 装柱后要排除树脂层中的气泡。
3. 树脂装柱及交换过程中应始终保持水面高出树脂层面。
4. 从一支离子交换柱中流取水样时应关闭其他交换柱的止水夹。
5. 电导率仪预热30 min方可使用。

【思考题】

1. 用离子交换法制备纯水的基本原理是什么？木实验操作中要注意哪些？
2. 比较几种制备纯水的方法。
3. 树脂装柱后为何要排除气泡？
4. 分离混合树脂时为什么用25% NaCl 溶液？

实验6 氯化钠的提纯

一、实验目的

1. 掌握提纯 NaCl 的原理和方法。
2. 练习加热、溶解、常压过滤、减压抽滤、蒸发浓缩、结晶和烘干等基本操作。
3. 学习食盐中 Ca^{2+}、Mg^{2+}、SO_4^{2-} 等离子的定性检验方法。

二、预习要点

1. 沉淀溶解平衡原理。
2. 中间控制检验。
3. 查阅钙、镁、钡的碳酸盐和硫酸盐的溶度积及氢氧化镁的溶度积。

三、实验原理

1. 粗盐的提纯原理

粗食盐中的不溶性杂质（如泥沙等）可通过溶解和过滤的方法除去。粗食盐中的可

溶性杂质主要是 Ca^{2+}、Mg^{2+}、K^+ 和 CO_3^{2-}、SO_4^{2-} 离子等，选择适当的试剂使它们生成难溶化合物的沉淀而被除去。

在粗盐溶液中加入过量的 $BaCl_2$ 溶液，除去 SO_4^{2-}：

$$Ba^{2+}+SO_4^{2-}=BaSO_4\downarrow$$

过滤，除去难溶化合物和 $BaSO_4$ 沉淀。

在滤液中加入 NaOH 溶液和饱和 Na_2CO_3 溶液，除去 Mg^{2+}、Ca^{2+}、Fe^{3+} 和沉淀时加入的过量 Ba^{2+}：

$$2Mg^{2+}+2CO_3^{2-}+H_2O=Mg(OH)_2CO_3\downarrow+CO_2\uparrow$$
$$Ca^{2+}+CO_3^{2-}=CaCO_3\downarrow$$
$$Fe^{3+}+3OH^-=Fe(OH)_3\downarrow$$
$$Ba^{2+}+CO_3^{2-}=BaCO_3\downarrow$$

过滤除去沉淀。

溶液中过量的 NaOH 和 Na_2CO_3 可以用盐酸中和除去。

粗盐中 K^+ 等其他可溶性杂质含量较少，蒸发浓缩时 K^+ 留在溶液中，进行抽滤即可将 K^+ 除去。

2. 中间控制检验

在提纯过程中，为检查某杂质是否除尽，常取少量清液，滴加适当试剂，以检查其中的杂质，这种方法称为"中间控制检验"。有时因溶液一时难以澄清，可取少量溶液离心沉降后，沿离心试管内壁缓缓滴下检查试剂，观察杂质离子是否沉淀完全。有时为了使检查效果更为明显，还可在溶液中加入适量有机溶剂如乙醇等。例如本实验中检查 SO_4^{2-} 是否除尽，可取 l mL 溶液，加几滴 3 mol·L^{-1} HCl 和 l mL 乙醇，离心沉降后滴加 1 mol·L^{-1} $BaCl_2$ 溶液，清液如发生混浊，则表示 SO_4^{2-} 尚未除尽，仍需往原溶液中加 $BaCl_2$ 溶液；清液如不发生混浊，则表示 SO_4^{2-} 已除尽，可转入下步操作。

四、实验用品

1. 仪器

电磁加热搅拌器，循环水泵，吸滤瓶，布氏漏斗，普通漏斗，量筒，烧杯，蒸发皿，电子天平，离心机，点滴板，泥三角，石棉网，三脚架，坩埚钳，酒精灯，剪刀，护目镜

2. 试剂

固体试剂：粗食盐；液体试剂：HCl(2 mol·L^{-1})，NaOH(2 mol·L^{-1})，H_2SO_4(2 mol·L^{-1})，Na_2CO_3 饱和溶液，$(NH_4)_2C_2O_4$ 饱和溶液，$BaCl_2$(1 mol·L^{-1})，镁试剂

3. 材料

滤纸，pH 试纸

五、实验步骤

1. 粗食盐的称量和溶解

称取约 2 g 粗食盐于 100 mL 烧杯中，加入 10 mL 蒸馏水，用电磁加热搅拌器（或酒精灯）加热搅拌使其溶解。

2. 去除 SO_4^{2-}

在煮沸的食盐溶液中，边搅拌边滴加 1 mol·L^{-1} $BaCl_2$ 溶液约 1～2 mL 至沉淀完全，继续加热 3～5 min，使沉淀颗粒长大从而易于沉降。

3. 检查 SO_4^{2-} 是否除尽

将电磁搅拌器（或酒精灯）移开，待沉降后取 5 滴上层清液于试管中，滴加 5 滴 2 mol·L^{-1} HC1，再加 2 滴 1 mol·L^{-1} $BaCl_2$ 溶液，如有浑浊，表示 SO_4^{2-} 未除尽，需再加 $BaCl_2$ 溶液直至完全除尽 SO_4^{2-}。继续加热保温 5～10 min，放置，并用普通漏斗过滤。

4. 去除 Ca^{2+}、Mg^{2+} 和过量的 Ba^{2+}

在上述滤液中加入 10 滴 2 mol·L^{-1} 的 NaOH 溶液，加热至沸腾，然后边搅拌边滴加饱和 Na_2CO_3 溶液，至滴入 Na_2CO_3 溶液不生成沉淀为止，再多加 5 滴 Na_2CO_3 溶液，静置。

5. 检查 Ca^{2+}、Mg^{2+} 和 Ba^{2+} 是否除尽

用吸管取上清液 10 滴离心分离。取分离出的清液加入 2 滴 2 mol·L^{-1} 的 H_2SO_4 溶液，如有浑浊现象，则表示 Ba^{2+} 未除尽，继续加 Na_2CO_3 溶液，直至除尽为止。常压过滤，弃去沉淀。

6. 用 HCl 调整酸度并除去 CO_3^{2-}

在滤液中滴加 2 mol·L^{-1} 的 HCl 溶液，加热搅拌，中和到溶液呈酸性，保持 pH 值为 5～6。

7. 浓缩与结晶

在蒸发皿中把溶液浓缩至稀糊状，冷却至室温，抽滤至布氏漏斗下端无水滴。然后转移到蒸发皿中，用小火烘干，冷却，称量。计算产率，产品待检验。

8. 产品纯度的检验

取粗食盐和提纯后的产品 NaCl 各 0.3 g，分别溶于约 5 mL 蒸馏水中，然后用下列方法对离子进行定性检验并比较二者的纯度。

（1）SO_4^{2-} 的检验

取两支干净、干燥的试管分别加入上述粗、纯 NaCl 溶液约 1 mL，先滴加 2 滴 2 mol·L^{-1} HC1 再分别加入 1～2 滴 1 mol·L^{-1} $BaCl_2$ 溶液，观察其现象。

（2）Ca^{2+} 的检验

在两支试管中分别加入粗、纯 NaCl 溶液约 1.0 mL，再分别加入 2～3 滴饱和 $(NH_4)_2C_2O_4$ 溶液，观察现象。

（3）Mg^{2+}的检验

在两支试管中分别加入粗、纯 NaCl 溶液约 1.0 mL，各加入 3～4 滴 2 mol·L^{-1} NaOH 溶液，摇匀，再分别加 3～4 滴镁试剂，若溶液有蓝色絮状沉淀，表示有镁离子存在。

六、数据记录及处理

（1）粗盐：___g；精盐：___g；精盐外观：____；产率=___。

（2）产品纯度检验按表5-5进行。

表5-5　粗盐和精盐纯度检验对比

检验项目	检查方法	被检溶液	实验现象	结论
SO_4^{2-}	1mol·L^{-1} $BaCl_2$	1mL粗 NaCl 溶液		
		1mL纯 NaCl 溶液		
Ca^{2+}	$(NH_4)_2C_2O_4$ 饱和溶液	1mL粗 NaCl 溶液		
		1mL纯 NaCl 溶液		
Mg^{2+}	6 mol·L^{-1} NaOH 镁试剂	1mL粗 NaCl 溶液		
		1mL纯 NaCl 溶液		

【注意事项】

1. 粗食盐颗粒要研细。

2. 食盐溶液浓缩时切勿蒸干。

3. 氯化钡有毒！注意使用安全。

4. 蒸发浓缩、烘干精盐时佩戴护目镜，并搅拌。

【思考题】

1. 为什么用 Na_2CO_3 除去 Ca^{2+}、Mg^{2+} 等杂质，而不用其他可溶性碳酸盐？除去 CO_3^{2-} 为什么要用 HCl 而不用其他强酸？

2. 减压抽滤 NaCl 稀糊液的作用是什么？

3. 如何对本实验产品进行"限量分析"？

第6章　测量实验

实验7　二氧化碳相对分子质量的测定

一、实验目的

1. 学习气体相对密度法测定相对分子质量的原理，加深理解理想气体状态方程式和阿佛伽德罗定律。

2. 掌握二氧化碳相对分子质量的测定和计算方法。

3. 学习气体的制备、收集、净化和干燥等基本操作。

4. 进一步练习称量操作。

5. 掌握气压计的使用。

二、预习要点

1. 二氧化碳相对分子质量的测定和计算方法。

2. 启普发生器的构造及使用。

3. 气体的净化与干燥。

三、实验原理

根据阿佛伽德罗定律，同温、同压、同体积的气体所含的分子数相同。所以只要在相同温度、压力下，测得相同体积的两种气体的质量，其中一种气体的相对分子质量为已知，即可求得另一种气体的相对分子质量。

本实验是把同体积的二氧化碳与空气（平均相对分子质量为29.0）的质量相比，这时二氧化碳的相对分子质量 M_{CO_2} 可根据下式计算：

$$M_{CO_2} = \frac{W_{CO_2}}{W_{空气}} \times 29.0$$

W_{CO_2}，$W_{空气}$ 分别为二氧化碳和空气的质量。

四、实验用品

1. 仪器

分析天平，台秤，启普发生器，福廷式气压计，三角烧瓶，洗气瓶，干燥管，玻璃管，玻璃棉（或纤维棉），橡皮管，白胶塞

2. 试剂

固体试剂：石灰石（大理石），无水氯化钙；液体试剂：HCl（6 mol·L^{-1}），NaHCO$_3$（1 mol·L^{-1}），CuSO$_4$（1 mol·L^{-1}）

五、实验内容

按图6-1装配好制取CO$_2$的实验装置。因石灰石中含有硫，所以在气体发生过程中有H$_2$S、酸雾、水汽产生，此时可通过CuSO$_4$溶液，NaHCO$_3$溶液以及无水CaCl$_2$除去它们。

二氧化碳相对分子质量的测定

取一个洁净而干燥的100 mL三角烧瓶（碘量瓶最佳），选一个合适的白胶塞塞入瓶口，用笔在瓶口做一记号，以固定塞子塞入瓶口的位置。在分析天平上称量（空气+瓶+白胶塞）的质量A。

在启普发生器中产生的CO$_2$气体，经过净化、干燥后导入三角烧瓶中。由于CO$_2$气体略重于空气，所以必须把导管伸入瓶底。经检验CO$_2$气体充满后，轻轻取出导气管，用塞子塞住瓶口（每次塞入瓶口的位置与原来相同），在分析天平上称量（CO$_2$+瓶+白胶塞）的总质量。重复通CO$_2$气体和称量操作，直到前后两次称量的质量相符为止（两次质量可相差1～2 mg）。

最后在瓶内装满自来水，塞好塞子（注意塞子的位置），在台秤上称量（水+瓶+白胶塞）的总质量C（称准至0.1 g）。

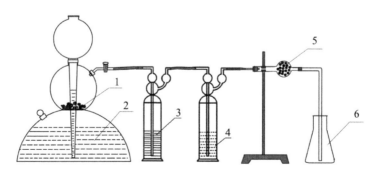

1.石灰石　2.稀盐酸　3.硫酸铜溶液　4.碳酸氢钠溶液　5.无水氯化钙　6.收集器

图6-1　制取CO$_2$装置图

六、数据记录和结果处理

表6-1 数据记录和结果处理表

室温 / K	
大气压 / Pa	
(空气+瓶+白胶塞)的质量 A/g	
第一次(CO_2+瓶+白胶塞)的总质量/g	
第二次(CO_2+瓶+白胶塞)的总质量/g	
第三次(CO_2+瓶+白胶塞)的总质量/g	
(CO_2+瓶+白胶塞)的总质量 B/g	
(水+瓶+白胶塞)的总质量 C/g	
瓶的体积 $V = \frac{C-A}{1.00}$/mL	
瓶内空气的质量 W/g	
(瓶+白胶塞)的质量 $D = A - W$/g	
CO_2气体的质量 $W_{CO_2} = B - D$/g	
CO_2的相对分子质量 M_{CO_2}	
相对误差/%	

本实验测定值相对误差为±5%。

【思考题】

1. 为什么当（CO_2+瓶+白胶塞）达到恒重时，即可认为瓶中已充满CO_2气体？

2. 下列情况对实验结果有何影响？

（1）二氧化碳导管未插入瓶子底部。

（2）塞子的位置未固定不变。

（3）启普发生器产生的二氧化碳气体未净化。

3. 为什么（CO_2+瓶+白胶塞）的质量要在天平上称量，而（水+瓶+白胶塞）质量则可以在台秤上称量？

4. 用 $CuSO_4$ 溶液，$NaHCO_3$ 溶液以及无水 $CaCl_2$ 净化气体，它们各起什么作用？顺序能否颠倒？

实验8 摩尔气体常数的测定

一、实验目的

1. 学习测定摩尔气体常数的一种方法。

2.掌握理想气体状态方程式和分压定律。

二、预习要点

1.电子天平的使用及称量方法。

2.理想气体状态方程式。

3.道尔顿分压定律。

4.有效数字的界定。

三、实验原理

在一定温度 T 和压力 p 下，通过测定一定质量 m 的金属铝与过量盐酸反应所生成氢气的体积 V，应用理想气体状态方程式即可求得摩尔气体常数 R。

金属铝与盐酸反应的方程式为：

$$2Al + 6HCl = 2AlCl_3 + 3H_2 \uparrow$$

反应所生成的氢气的体积可以通过实验测得。氢气的物质的量 $n(H_2)$ 可以由铝的质量及摩尔质量求得。实验时的温度和压力可以分别由温度计和压力计读得。由于氢气是采用排水集气法收集的，氢气中还混有水蒸气。在实验温度下水的饱和蒸气压 $p(H_2O)$ 可从数据表中查出。根据分压定律，氢气的分压

$$p(H_2) = p - p(H_2O)$$

将以上各项数据代入理想气体状态方程式中，即可求出 R：

$$R = \frac{p(H_2) \cdot V(H_2)}{n(H_2) \cdot T}$$

四、实验用品

1.仪器

铁架台，蝶形夹，铁圈，十字头，夹子，碱式滴定管，试管，玻璃漏斗，量筒，分析天平（0.1 mg）

2.试剂

固体试剂：铝片；液体试剂：HCl（6 mol·L⁻¹）

3.材料

称量纸

五、实验步骤

1.准确称取铝片的质量（在 0.0220～0.0300 g 范围内）。

2.按图 6-2 所示装好仪器。取下小试管，移动漏斗和铁圈，使量气管中的水面略低于刻度零，然后把铁圈固定。

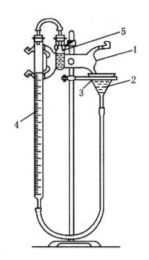

1.滴定管夹　2.漏斗　3.铁圈　4.量气筒　5.小试管

图6-2　测定摩尔气体常数的装置

3.在小试管中用滴管加入 3 mL 6 mol·L⁻¹ HCl溶液，注意不要使盐酸沾湿液面以上管壁。将已称量的铝片蘸少许水，贴在试管内壁上，但切勿与盐酸接触。将小试管固定，塞紧橡皮塞。

4.检验仪器是否漏气。方法如下：将水平管（漏斗）向下（或向上）移动一段距离，使水平管中水面略低（或略高）于量气管中的水面。固定水平管后，量气管中的水面如果不断下降（或上升），表示装置漏气。应检查各连接处是否接好（经常是由于橡皮塞没有塞紧）。按此法检验直到不漏气为止。

5.调整水平管的位置，使量气管内水面与水平管内水面在同一水平面上（为什么?），然后准确读出量气管内水的弯月面最低点的读数 V_1。

6.轻轻摇动试管，使铝片落入盐酸中，铝片即与盐酸反应放出氢气。此时量气管内水面即开始下降。为了不使量气管内气压增大而造成漏气，在量气管内水平面下降的同时，慢慢下移水平管，使水平管内的水面和量气管内的水面基本保持相同水平。反应停止后，待试管冷却到室温（约 10 min），移动水平管，使水平管内的水面和量气管内的水面相平，读出反应后量气管内水面的精确读数 V_2。

7.记录实验时的室温 t 和大气压力 p。

8.从附录3中查出室温时水的饱和蒸气压 $p(H_2O)$。

六、数据记录和结果处理

室温 $t =$ ____ ℃，$T =$ ____ K

大气压力 $p =$ _____ Pa

铝片的质量 $m（Al）=$ ____ g，铝片的物质的量 $n（Al）=$ ____ mol

反应前量气管中的液面读数 $V_1 =$ ____ mL

反应后量气管中的液面读数 V_2 = ＿＿ mL

氢气的体积 $V(H_2)$ = V_2-V_1 = ＿＿ mL

室温时水的饱和蒸气压 $p(H_2O)$ = ＿＿ Pa

氢气的分压 $p(H_2)$ = p-$p(H_2O)$ = ＿＿ Pa

氢气的物质的量 $n(H_2)$ = ＿＿ mol

摩尔气体常数 $R = \dfrac{p(H_2) \cdot V(H_2)}{n(H_2) \cdot T}$ = ＿＿ J/(mol·K)

相对误差 $E_r = \dfrac{R_{实验} - R_{通用}}{R_{通用}} \times 100\%$ = ＿＿ %

根据所得到的实验值，与一般通用的数值 R=8.314J·mol⁻¹·K⁻¹ 进行比较，讨论造成误差的主要原因。

【注意事项】

1. 电子天平的使用方法及注意事项。

2. 在反应管中滴加盐酸时，注意不要让盐酸沾湿小试管上部管壁，放置铝片时要细心操作，让铝片紧贴在仪器内壁上。

3. 实验前务必检查仪器装置的气密性。

4. 计算过程要有代入过程，保留3位有效数字。

【思考题】

1. 实验中需要测量哪些数据？

2. 为什么必须检查仪器装置是否漏气？如果装置漏气，将造成怎样的误差？

3. 在读取量气管中水面的读数时，为什么要使水平管中的水面与量气管中的水面相平？

4. 反应过程中，如果由量气管压入漏斗中的水过多而溢出，对实验结果有没有影响？

实验9　金属镁相对原子质量的测定

一、实验目的

1. 了解置换法测定镁的相对原子质量的原理和方法。

2. 掌握气态方程和分压定律的有关计算。

3. 巩固使用分析天平称量的技能，练习使用量气管和气压计。

4. 了解数据处理的一般方法。

二、预习要点

1. 气态方程和分压定律的有关计算。

2. 气压计的使用方法。

3. 实验装置的气密性。

三、实验原理

金属从稀酸中置换出氢气时，由氢气的质量与消耗掉的金属的质量可以计算出金属的原子量。一定 T、p 下，已知质量为 m 的镁与过量稀硫酸作用：

$$Mg + H_2SO_4 = MgSO_4 + H_2\uparrow$$

因为，$n = \frac{m}{M}$，所以，

$$M_{Mg} = m / n_{Mg} \tag{1}$$

由反应式可知，反应消耗的 Mg 与生成的 H_2 的物质的量相等：

$$n(Mg) = n(H_2) \tag{2}$$

排水集气法测出 H_2 的体积 V（含水蒸气），根据理想气体状态方程和分压定律有：

$$p(H_2) V = n(H_2)RT$$

$$n(H_2) = p(H_2) V/RT \tag{3}$$

将（3）代入（1），则

$$M(Mg) = m \cdot RT / p(H_2) V \tag{4}$$

式中：M：镁的摩尔质量$(g \cdot mol^{-1})$；m：镁条的质量(g)；R：摩尔气体常数；T：绝对温度；V：氢气（含水蒸气）的体积；$p(H_2)$：量气管中氢气的分压。

由于量气管内收集的氢气是被水蒸气所饱和的，根据分压定律，若量气管内气压等于大气压时，其压力 P 是氢气分压 $p(H_2)$ 与饱和水蒸气压 $p(H_2O)$ 的总和，即：

$$p(H_2) = p - p(H_2O)$$

注意 R 的取值，当 p 单位为 Pa，V 单位为 mL 时，$R = 8.314\ Pa \cdot m^3 \cdot K^{-1} \cdot mol^{-1} = 8.314 \times 10^6\ Pa \cdot mL \cdot K^{-1} \cdot moL^{-1}$。

四、实验用品

1. 仪器

电子分析天平（精度 0.1 mg），福廷式气压计，镁条，镊子，量筒（5 mL），离心试管，导管，塞子，量气管（可用 25.00 mL 碱式滴定管代替），U 型三通管，烧杯，止水夹，剪刀，放大镜

2. 试剂

固体试剂：镁条；液体试剂：H_2SO_4 溶液（2 mol·L^{-1}）

3. 材料

砂纸，橡皮筋，乳胶管

五、实验内容

1. 镁条的处理

将镁条表面的氧化膜用细砂纸打磨干净，截取两段镁条，在分析天平上准确称其质

量（要求质量均在0.0150～0.0170 g之间）。

2.安装实验装置

（1）实验装置可以按照"摩尔气体常数的测定"实验中图6-2所示进行安装，也可以采用改进的"双量气管法"装置（图6-3所示）进行安装：用橡皮筋将2支量气管（25 mL碱式滴定管代替）在上下端捆扎在一起（可以使两管"0.00"刻度对齐，方便观察两管水液面高度）。量气管下端与U型三通管用乳胶管连接成连通器，三通管下端连接尖嘴玻璃管，乳胶管夹上止水夹。整套装置固定在铁架台上，离心试管通过导管连接在量气管A上。装置下面放大烧杯用来接水。

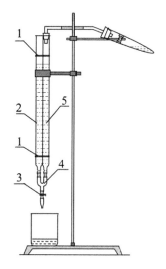

（2）检查装置气密性：

按图安装好仪器，旋紧止水夹，往量气管B中加入适量水，记录液面高度数值。等待2～3 min后，观察量气管B内水液面是否下降。液面高度无变化则说明装置气密性良好；如果液面持续下降，

1.橡皮筋 2.量气管 B 3.止水夹 4.U型三通管 5.量气管A

图6-3 改进的"双量气管法"装置

说明装置漏气，需要检查各连接处是否严密，重新安装、检查，直到不漏气为止。

3.装入镁条和稀硫酸

取下试管，往量气管B（或A管）中加入水，至A管液面在"0.00"刻度处，排除量气管内壁可能吸附的空气气泡。然后通过一长颈漏斗往刻度离心试管内加入2 mL 2 mol·L⁻¹的H_2SO_4溶液（注意勿使酸沾在试管内壁的上部），将镁条用水湿润后贴在试管壁内，确保镁条不与酸液接触。小心地将试管倾斜固定在铁架台上（勿使镁条滑落酸液中），旋紧胶塞。

再次检查装置气密性：打开止水夹放掉适量水，使A、B两管水液面存在高度差，等待2～3 min后，观察量气管A内水液面是否下降、B内水液面是否上升。检查之后重新向调节管B注水，通过止水夹调节，使两管水液面相齐并使A管内液面接近"0.00"刻度，记录液面刻度读数。可通过放大镜观察A、B管内液面是否完全等高，并读取A量气管内液面刻度读数。

4.反应和量气

反应时将试管缓慢抬起，使镁条浸入硫酸溶液中开始反应，产生的H_2进入A量气管中，同时打开止水夹缓慢放水，控制A、B两管的液面保持同步下降，反应结束后关紧止水夹。等待体系温度完全冷却到室温后（约10 min），调节A、B两管水液面相齐，记录A管液面刻度读数。稍等2～3 min后，再次观察A、B两管水液面是否相齐，如A管液面两次刻度读数相等，说明管内温度与室温相同。记录两次A管液面的刻度读数。

5. 用第二根镁条重复以上实验。

6. 测量大气压力和室温并记录。

六、数据记录和结果处理

做好实验记录，计算实验结果；查阅镁的相对原子质量，并计算相对误差，填入表 6-2 中。

表6-2　实验数据

项目　　　　　实验序号	1	2
镁条质量/g		
反应前A量气管内液面刻度/mL		
反应后A量气管内液面刻度/mL		
产生的H_2总体积/mL		
室温/℃		
大气压力/ Pa		
该温度下水的饱和蒸气压/Pa		
H_2分压/Pa		
镁的相对原子质量 Ar		
平均值$\overline{Ar}$		
相对误差/%		

实验结果要求：测定误差在1%以下的为好，误差在1%～3%的为一般，误差在5%以上的为不合格。

【注意事项】

（1）装置的气密性是影响该实验成败的关键。

（2）排除气泡、准确读数是实验准确与否的影响因素。

（3）反应前勿使镁条接触或滑落酸液中。

（4）反应过程中不断调节A、B管液面相平。

（5）硫酸的安全使用。

【思考题】

1. 检查实验装置是否漏气的操作原理是什么？

2. 反应前量气管的上部留有空气，反应后计算氢气物质的量时，为什么不考虑空气的分压？

3. 测出的 H_2 的体积 V 能否用 $V(H_2)$ 代替？$p(H_2)$ 能否用 P 代替？

4. 讨论下列情况对实验结果有何影响？

（1）量气管内的气泡没有赶净；

（2）反应过程中，实验装置漏气；

（3）金属表面氧化物未除尽；

（4）装酸时，镁条接触到酸；

（5）记录液面位置时，量气管和漏斗中的液面不在同一水平面；

（6）反应过程中，如果从量气管压入漏斗中的水过多，而造成水由漏斗中溢出；

（7）量气管中氢气没有冷却至室温就读量气管的刻度。

实验10　过氧化氢分解热的测定

一、实验目的

1. 测定过氧化氢稀溶液的分解热。

2. 了解测定反应热效应的一般原理和方法。

3. 学习温度计、秒表的使用和简单的作图方法。

二、预习要点

1. 量热计测定热效应的原理。

2. 秒表的使用。

3. 温度计的使用。

4. 作图法。

三、实验原理

过氧化氢浓溶液在温度高于150 ℃或混入具有催化活性的 Fe^{2+}、Cr^{3+} 等一些多变价的金属离子时，就会发生爆炸性分解：

$$H_2O_2(l) = H_2O(l) + \frac{1}{2}O_2(g)$$

但在常温和无催化活性杂质存在情况下，过氧化氢相当稳定。对于过氧化氢稀溶液来说，升高温度或加入催化剂，均不会引起爆炸性分解。本实验以二氧化锰为催化剂，用保温杯式简易热量计测定其稀溶液的催化分解反应热效应。

保温杯式简易热量计由装置（普通保温杯，分刻度为0.1 ℃的温度计）及杯内所盛的溶液或溶剂（通常是水溶液或水）组成，如图6-4所示。

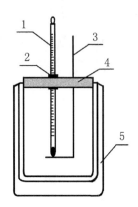

1.温度计　2.橡皮圈　3.搅拌棒　4.泡沫塑料杯盖　5.保温杯

图6-4　保温杯式简易热量计装置

在一般的测定实验中，溶液的浓度很稀，因此溶液的比热容（C_{aq}）近似地等于溶剂的比热容（C_{solv}），并且溶液的质量m_{aq}也近似地等于溶剂的质量m_{solv}。热量计的热容C可由下式表示：

$$C = C_{aq} \cdot m_{aq} + C_p$$
$$\approx C_{solv} \cdot m_{solv} + C_p$$

式中，C_p是热量计装置（包括保温杯、温度计等部件）的热容。

化学反应产生的热量，使热量计的温度升高。要测量热量计吸收的热量必须先测定热量计的热容（C）。在本实验中采用稀的过氧化氢水溶液，因此

$$C = c_{H_2O} \cdot m_{H_2O} + C_p$$

式中，c_{H_2O}为水的质量热容，等于4.184 J·g^{-1}·K^{-1}；m_{H_2O}为水的质量；在室温附近，水的密度约等于1.00 kg·L^{-1}，因此$m_{H_2O} \approx V_{H_2O}$，其中$V_{H_2O}$表示水的体积。而热量计装置的热容（$C_p$）可用下述方法测得：

往盛有质量为m的水（温度为T_1）的热量计装置中，迅速加入相同质量的热水（温度为T_2），测得混合后的水温为T_3，则

$$热水失热 = c_{H_2O} \cdot m_{H_2O}(T_2 - T_3)$$
$$冷水得热 = c_{H_2O} \cdot m_{H_2O}(T_3 - T_1)$$
$$量热计装置得热 = C_P(T_3 - T_1)$$

根据热量平衡得到：

$$c_{H_2O} \cdot m_{H_2O}(T_2 - T_3) = c \cdot m_{H_2O}(T_3 - T_1) + C_P(T_3 - T_1)$$

$$C_p = \frac{c_{H_2O} \cdot m_{H_2O}(T_2 + T_1 - 2T_3)}{T_3 - T_1}$$

严格地说，简易热量计并非绝热体系。因此，在测量温度变化时会碰到下述问题，即当冷水温度正在上升时，体系和环境已发生了热量交换，这就使人们不能观测到最大

的温度变化。这一误差，可用外推作图法予以消除，即根据实验所测得的数据，以温度对时间作图，在所得各点间作一最佳直线AB，延长BA与纵轴相交于C，C点所表示的温度就是体系上升的最高温度（如图6-5所示）。如果热量计的隔热性能好，在温度升高到最高点时，数分钟内温度并不下降，那么可不用外推作图法。

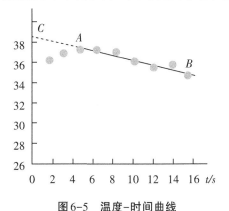

图6-5　温度-时间曲线

应当指出的是，由于过氧化氢分解时，有氧气放出，所以本实验的反应热ΔH，不仅包括体系内能的变化，还应包括体系对环境所做的膨胀功，但因后者所占的比例很小，在近似测量中，通常可忽略不计。

四、实验用品

1.仪器

温度计两支（0～50 ℃、分刻度0.1 ℃和量程100 ℃普通温度计），保温杯，量筒，烧杯，研钵，秒表

2.试剂

固体试剂：MnO_2（s）；液体试剂：H_2O_2（0.3%）

3.材料

泡沫塑料塞，吸水纸

五、实验内容

1.测定热量计装置热容C_p

按图6-4装配好保温杯式简易热量计装置。保温杯盖可用泡沫塑料或软木塞。杯盖上的小孔要稍比温度计直径大一些，温度计的水银球离杯底约2 cm。为了不使温度计接触杯底，在温度计插入瓶塞的上方处套一橡胶圈。

用量筒量取50 mL的蒸馏水，把它倒入干净的保温杯中，盖好塞子，用环形搅拌棒上下搅动，几分钟后用精密温度计观测温度，若连续3 min温度不变，记下温度T_1。再量取50 mL蒸馏水，倒入100 mL烧杯中，把此烧杯置于温度高于室温20 ℃的热水浴中，

放置10～15 min后，用精密温度计准确读出热水温度T_2（为了节省时间，在其他准备工作之前就把蒸馏水置于热水浴中，用100 ℃温度计测量，热水温度绝不能高于50 ℃），迅速将此热水倒入保温杯中，盖好塞子，以上述同样的方法进行搅动。在倒热水的同时，按动秒表，每10 s记录一次温度。记录三次后，隔20 s记录一次，直到体系温度不再变化或等速下降为止。记录混合后的最高温度T_3，倒尽保温杯中的水，把保温杯洗净并用吸水纸擦干待用。

2. 测定过氧化氢稀溶液的分解热

取100 mL已知准确浓度的过氧化氢溶液，把它倒入保温杯中，塞好塞子，缓缓搅动，用精密温度计观测温度3 min，当溶液温度不变时，记下温度T_1'，迅速加入0.5 g研细过的二氧化锰粉末，塞好塞子后，立即搅拌，以使二氧化锰粉末悬浮在过氧化氢溶液中。在加入二氧化锰的同时，按动秒表，每隔10 s记录一次温度。当温度升高到最高点时，记下此时的温度T_2'，以后每隔20 s记录一次温度。在相当一段时间（例如3 min）内若温度保持不变，T_2'即可视为该反应达到的最高温度，否则就需用外推法求出反应的最高温度。

应当指出的是，由于过氧化氢的不稳定性，因此其溶液浓度的标定，应在本实验前不久进行。此外，无论在热量计热容的测定中，还是在过氧化氢分解热的测定中，搅拌棒搅动的节奏要始终保持一致。

六、数据记录和处理

1. 热量计装置热容C_p的计算

表6-3　测定热量计装置热容的数据

冷水温度T_1/K	
热水温度T_2/K	
冷热水混合后温度T_3/K	
冷（热）水的质量m/g	
水的质量热容c_{H_2O}/(J·g⁻¹·K⁻¹)	
热量计装置热容C_p/(J·K⁻¹)	

2. 分解热的计算

$$Q = C_p(T_2' - T_1') + c_{H_2O_2} \times m_{H_2O_2}(T_2' - T_1')$$

由于H_2O_2稀水溶液的比热容近似地与水的相等，因此：

$$C_{H_2O_2}(aq) \approx C_{H_2O} = 4.184 \text{ J·g}^{-1}\text{·K}^{-1}$$

$$m_{H_2O_2}(aq) \approx V_{H_2O_2}(aq)$$

上式变为：$Q = C_p\Delta T + 4.184 \times V_{H_2O_2(aq)}\Delta T = (C_p + 4.184 \times V_{H_2O_2(aq)})\Delta T$

$$\Delta H = \frac{-Q}{n_{H_2O_2}} = \frac{-Q}{c_{H_2O_2(aq)} \times V_{H_2O_2(aq)}/1000} = \frac{-(C_p + 4.184 \times V_{H_2O_2(aq)})\Delta T \times 1000}{c_{H_2O_2(aq)} \times V_{H_2O_2(aq)}}$$

表6-4　H_2O_2分解热测定数据

反应前温度 T_1'/K	
反应后温度 T_2'/K	
ΔT/K	
H_2O_2溶液体积 V/mL	
热量计吸收的总热量 Q/J	
分解热 ΔH/(kJ·mol⁻¹)	
与理论值比较相对误差/%	

【注意事项】

1. 过氧化氢溶液（约0.3%）使用前应用KMnO₄或碘量法准确测定其物质的量浓度（单位：mol·L⁻¹）。

2. 二氧化锰要尽量研细，并在110 ℃烘箱中烘1～2 h后，置于干燥器中待用。

3. 一般市售保温杯的容积为250 mL左右，故过氧化氢的实际用量可取150 mL为宜。为了减少误差，应尽可能使用较大的保温杯（例如400 mL或500 mL的保温杯），取用较多量的过氧化氢做实验（注意此时MnO₂的用量亦应相应按比例增加）。

4. 重复分解热实验时，一定要使用干净的保温杯。

5. 实验合作者注意相互密切配合。

【思考题】

1. 在测定过氧化氢分解热效应之前，为何要先测定热量计的热容？

2. 为何要使二氧化锰粉末悬浮在过氧化氢溶液中？

3. 实验中搅动效果对测定结果有何影响？除了可以搅动外还可以用什么方法使反应速率快一些？

3. 实验中使用二氧化锰的目的是什么？在计算反应所放出的总热量时，是否要考虑加入的二氧化锰的热效应？

4. 在测定量热计装置热容时，使用一支温度计先后测冷、热水的温度好，还是使用两支温度计分别测定冷、热水的温度好？它们各有什么利弊？

5. 试分析本实验结果产生误差的原因，你认为影响本实验结果的主要因素是什么？

实验11 化学反应焓变的测定

一、实验目的

1. 了解反应热效应测定的原理、方法。
2. 熟悉温度计和秒表的正确使用。
3. 学习数据测量、记录、整理、计算等的方法。

二、预习要点

1. 化学反应焓变的计算方法
2. 锌与硫酸铜置换反应热的测定

三、实验原理

化学反应中常伴随有能量的变化。一个恒温化学反应所吸收或放出的热量称为该反应的热效应。一般把恒温恒压下的热效应称为焓变（ΔH）。当体系放出热量时（放热反应），ΔH为负值；当体系吸收热量时（吸热反应），ΔH为正值。同一个化学反应，若反应温度或压力不同，则热效应也不一样。反应热效应的测量方法很多，本实验采用普通的保温杯和精密温度计作为简易量热计来测量。假设反应物在量热计中进行的化学反应是在绝热条件下进行的，即反应体系（量热计）与环境不发生热量传递。这样，从反应体系前后的温度变化和量热器的热容及有关物质的质量和比热容等，就可以按式计算出反应的热效应。

实验是以锌粉和硫酸铜溶液发生置换反应：

$$Zn + CuSO_4 = ZnSO_4 + Cu$$

该反应是一个放热反应，所以实验热效应计算式为：

$$\Delta_r H_m^\ominus = \frac{(V \times d \times c + C_p)\Delta T}{1000\,n}$$

式中 $\Delta_r H_m^\ominus$-反应热效应，$kJ \cdot mol^{-1}$；V-硫酸铜溶液的体积，mL；d-溶液的密度，$g \cdot mL^{-1}$；c-溶液的比热容，$J \cdot g^{-1} \cdot K^{-1}$）；$C_p$-量热计的热容，$J \cdot K^{-1}$；$\Delta T$-溶液反应前后的温差，$K$；$n$-体积为$V$的溶液中硫酸铜的物质的量，$mol$。

同样，需用图解法确定系统温度变化的最大值（ΔT），方法参阅实验10中图6-5。

热量计的热容可由下列公式计算：

$$冷水得热 = (T_3 - T_1) \times 50\,g \times 4.18\,J \cdot g^{-1} \cdot K^{-1}$$

$$热水失热 = (T_2 - T_3) \times 50\,g \times 4.18\,J \cdot g^{-1} \cdot K^{-1}$$

$$量热计得热 = (T_3 - T_1) C_p$$

$$C_p = \frac{\left[(T_2 - T_3) - (T_3 - T_1)\right] \times 50\ \text{g} \times 4.18\ \text{J} \cdot \text{g}^{-1} \cdot \text{K}^{-1}}{T_3 - T_1}$$

四、实验用品

1. 仪器

保温杯式简易热量计，量筒，精密温度计（-5～50 ℃，1/10 刻度），移液管（50 mL），台秤，秒表，洗耳球，烧杯，称量纸

2. 药品

锌粉（AR），$CuSO_4$（0.2000 mol·L^{-1}）

五、实验内容

1. 测量量热计的热容（C_p）

（1）装配保温杯式简易量热计。按图6-4装配好保温杯式简易热量计装置。

（2）用量筒量取50.00 mL自来水，小心打开量热计的盖子，将水放入干燥的量热计中，加上盖后缓慢搅拌，5 min后开始记录温度，读数精确到0.1 ℃（以下同），然后每隔20 s记录一次，直至三次温度读数相同，表示体系温度已达平衡，此温度即为T_1。

用量筒量取50.00 mL自来水，注入100 mL小烧杯中加热到高于冷水温度20 ℃，停止加热，静置1 min，用同一支温度计测量其温度，然后每隔20 s记录一次，直至三次温度读数不变，此温度即为T_2。

（3）迅速将烧杯中的热水倒入量热计中，加盖搅拌，同时立即记录温度计读数，然后每隔20 s记录一次，直至三次温度相同，此温度即为T_3。

将测得数据记录于下方空白处。

室温：_____　　大气压力：_____

测温度T_1：

t/s	0	20	40	60	……
T/℃					

测温度T_2：

t/s	0	20	40	60	……
T/℃					

测温度T_3：

t/s	0	20	40	60	……
T/℃					

2. 锌与硫酸铜置换反应热的测定

（1）倒出量热计中的水后，用蒸馏水将量热计漂洗两次，用吸水纸擦干量热计。

（2）在台秤上称2.5 g锌粉。

（3）用移液管移取0.2000 mol·L⁻¹的$CuSO_4$溶液100 mL于洁净的量热计中，加盖搅拌5 min后，开始记录温度，然后每隔20 s记录一次，直至三次温度相同，此温度即为T_4。

（4）打开量热计盖子，小心、迅速地将锌粉倒入$CuSO_4$溶液中，盖好、搅拌，记录温度，每隔20 s记录一次。当温度升到最高点后，再延续测定2 min。以温度（T）对时间（t）作图，用外推法求出温度变化最大值（$\triangle T$）。

将测得的数据记录于表6-5中。

表6-5　锌与硫酸铜反应的温度数据

t/s	0	20	40	60
T/℃				

3. 数据处理

（1）量热计热容C_p的测定

将测得结果填入表6-6中。

表6-6　量热计热容C_p的测定数据

冷水温度（T_1）/℃	
热水温度（T_2）/℃	
冷热水混合温度（T_3）/℃	
热水降低温度（T_2-T_3）/℃	
冷水升高温度（T_3-T_1）/℃	
量热计热容C_p/J·K⁻¹	

（2）锌与硫酸铜置换反应热$\Delta_r H_m^{\ominus}$的测定

将测得结果填入表6-7中。

表6-7　锌与硫酸铜置换反应热测定数据

硫酸铜溶液温度（T_4）/℃	
反应后溶液升温（ΔT）/℃	
溶液的体积（V）/mL	
硫酸铜或生成铜的物质的量（n）/mol	
量热计热容C_p/J·K⁻¹	
相对误差/%	

设溶液的比热容接近水的比热容c=4.18 J·g⁻¹·K⁻¹，溶液的密度接近水的密度d=1.0 g·mL⁻¹。

（3）已知在恒压下，上述置换反应的焓变 $\Delta_r H_m^\ominus = -218.7\ kJ\cdot mol^{-1}$。计算实验的相对误差，并分析造成误差的原因。

【思考题】

1. 实验中为什么硫酸铜的浓度和体积要求比较精确，而锌粉只需用台秤称量？

2. 试分析本实验结果产生误差的原因。

实验12 化学反应速率与活化能的测定

一、实验目的

1. 了解浓度、温度和催化剂对化学反应速率的影响。

2. 测定过二硫酸盐与碘化钾反应的反应速率，并计算反应级数、反应速率常数和活化能。

二、预习要点

1. 作图法处理实验数据要点。

2. 反应速率方程。

3. 反应速率与活化能。

三、实验原理

在水溶液中过二硫酸钾和碘化钾发生如下反应：

$$K_2S_2O_8 + 3KI = 2K_2SO_4 + KI_3$$
$$S_2O_8^{2-} + 3I^- = 2SO_4^{2-} + I_3^- \tag{1}$$

其反应速率 v 根据速率方程可表示为：

$$v = k[S_2O_8^{2-}]^m[I^-]^n$$

式中 v 是在此条件下反应的瞬时速率，若 $[S_2O_8^{2-}]$ 和 $[I^-]$ 分别为 $S_2O_8^{2-}$ 与 I^- 的起始浓度，则 v 表示初速率。k 为反应速率常数，m 和 n 则为反应级数。

实验能测定的速率是在一段时间（Δt）内反应的平均速率 $\bar{v}$。如果在 Δt 时间内 $S_2O_8^{2-}$ 浓度的改变为 $\Delta[S_2O_8^{2-}]$，则平均速率

$$\bar{v} = \frac{-\Delta[S_2O_8^{2-}]}{\Delta t}$$

近似地用平均速率代替初速率

$$v = \frac{-\Delta[S_2O_8^{2-}]}{\Delta t} = k[S_2O_8^{2-}]^m[I^-]^n$$

为了能够测出反应在 Δt 时间内 $S_2O_8^{2-}$ 浓度的改变值，需要在混合 $K_2S_2O_8$ 溶液和 KI 溶

液的同时，加入一定体积已知浓度的 $Na_2S_2O_3$ 溶液和淀粉溶液。这样在反应（1）进行的同时，还发生以下反应：

$$2S_2O_3^{2-} + I_3^- = S_4O_6^{2-} + 3I^- \tag{2}$$

这个反应进行得非常快，几乎瞬间完成，而反应（1）比反应（2）慢得多。所以由反应（1）生成的 I_3^- 立即与 $S_2O_3^{2-}$ 反应，生成无色的 $S_4O_6^{2-}$ 和 I^-。因此，在反应开始的一段时间内，看不到碘与淀粉作用的蓝颜色。但是一旦 $Na_2S_2O_3$ 耗尽，反应（1）继续生成的微量碘立即与淀粉反应，使溶液显蓝色。

由于从反应开始到蓝色出现标志着 $Na_2S_2O_3$ 全部耗尽，所以从反应开始到出现蓝色这段时间 $\triangle t$ 里，$S_2O_3^{2-}$ 浓度的改变 $\Delta[S_2O_3^{2-}]$ 实际上就是 $Na_2S_2O_3$ 的起始浓度。

从反应（1）和反应（2）可以看出，消耗 $S_2O_8^{2-}$ 的浓度为消耗 $S_2O_3^{2-}$ 浓度的一半。即：

$$\Delta[S_2O_8^{2-}] = \frac{-\Delta[S_2O_3^{2-}]}{2}$$

本实验中，通过改变反应物 $K_2S_2O_8$ 和 KI 的初始浓度，测定消耗等量的 $S_2O_8^{2-}$ 的物质的量浓度 $\Delta[S_2O_8^{2-}]$ 所需要的不同的时间间隔 Δt，计算得到反应物不同起始浓度的初速率，进而确定该反应的速率方程和反应速率常数 k。再根据阿累尼乌斯公式，通过作图法求出活化能 E_a。

四、实验用品

1. 仪器

恒温水浴锅，烧杯，大试管，量筒，秒表，温度计

2. 试剂

KI（0.20 mol·L^{-1}），K_2SO_4（0.10 mol·L^{-1}），$K_2S_2O_8$（0.10 mol·L^{-1}），$Na_2S_2O_3$（0.010 mol·L^{-1}），KNO_3（0.20 mol·L^{-1}），$Cu(NO_3)_2$（0.02 mol·L^{-1}），淀粉溶液（0.2%）

3. 材料

冰

五、实验内容

1. 浓度对化学反应速率的影响

在室温条件下进行表6-8中编号1的实验。用量筒分别量取 20.0 mL 0.20 mol·L^{-1} KI 溶液、8.0 mL 0.010 mol·L^{-1} $Na_2S_2O_3$ 溶液和 2.0 mL 0.2% 淀粉溶液，全部加入 100 mL 烧杯中，混合均匀。然后用另一量筒取 20.0 mL 0.10 mol·L^{-1} $K_2S_2O_8$ 溶液，迅速倒入上述混合溶液中，同时启动秒表，并不断地搅拌溶液，仔细观察（可在烧杯底部放一张白纸以使对比明显）。当溶液刚出现蓝色时，立即按停秒表，记录反应时间和室温。

用同样的方法，按照表6-8的用量进行编号2~5的实验。

表6-8 浓度对化学反应速率的影响

室温_____K

实验编号		1	2	3	4	5
试剂用量/mL	$0.10\ mol\cdot L^{-1}\ K_2S_2O_8$	20.0	10.0	5.0	20.0	20.0
	$0.20\ mol\cdot L^{-1}\ KI$	20.0	20.0	20.0	10.0	5.0
	$0.010\ mol\cdot L^{-1}\ Na_2S_2O_3$	8.0	8.0	8.0	8.0	8.0
	0.2%淀粉	2.0	2.0	2.0	2.0	2.0
	$0.20\ mol\cdot L^{-1}\ KNO_3$	0	0	0	10.0	15.0
	$0.10\ mol\cdot L^{-1}\ K_2SO_4$	0	10.0	15.0	0	0
混合液中反应物的起始浓度 $/ mol\cdot L^{-1}$	$K_2S_2O_8$					
	KI					
	$Na_2S_2O_3$					
反应时间 $\Delta t/s$						
$S_2O_8^{2-}$的浓度变化 $\Delta[S_2O_8^{2-}]/ mol\cdot L^{-1}$						
反应速率 $\upsilon/mol\cdot L^{-1}\cdot s^{-1}$						

2. 温度对化学反应速率的影响

按表6-8实验编号4的试剂用量，将装有KI、$Na_2S_2O_3$、KNO_3、淀粉混合液的烧杯和装有$K_2S_2O_8$的大试管，同时放入冰水浴中冷却，待它们的温度冷却到低于室温10 ℃时，将大试管中的$K_2S_2O_8$迅速加到烧杯的混合液中，同时计时并不断搅动，当溶液刚出现蓝色时，记录反应时间，填入表6-9中编号6。用同样方法，在热水浴中进行高于室温10 ℃、20 ℃的实验，实验数据填入表6-9的编号7、8中。

表6-9 温度对化学反应速率的影响

实验编号	4	6	7	8
反应温度 $T/ ℃$				
反应时间 $\Delta t/s$				
反应速率 $\upsilon/mol\cdot L^{-1}\cdot s^{-1}$				

3. 催化剂对化学反应速率的影响

按表6-8实验编号4的用量，把KI、$Na_2S_2O_3$、KNO_3和淀粉溶液加到100 mL烧杯中，再加入1滴0.02 $mol\cdot L^{-1}Cu(NO_3)_2$溶液，搅匀，然后迅速加入$K_2S_2O_8$溶液，计时、搅动，比较两个反应的反应速率并解释之。

六、数据处理

1. 反应级数和反应速率常数的计算

对反应速率方程式 $v = k[S_2O_8^{2-}]^m[I^-]^n$ 两边取对数，得

$$\lg v = m\lg[S_2O_8^{2-}] + n\lg[I^-] + \lg k$$

当 $[I^-]$ 不变时（即实验编号 1、2、3），以 $\lg v$ 对 $\lg[S_2O_8^{2-}]$ 作图，可得一直线，斜率为 m。同理，当 $[S_2O_8^{2-}]$ 不变时（即实验编号 1、4、5），以 $\lg v$ 对 $\lg[I^-]$ 作图，可求得 n，此反应的总反应级数则为 $m+n$。将求得的 m 和 n 代入反应速率表示式即可求得反应速率常数 k。

表6-10　反应级数和反应速率的计算

实验编号	1	2	3	4	5
$\lg v$					
$\lg[S_2O_8^{2-}]$					
$\lg[I^-]$					
m					
n					
反应速率常数 $k/\text{mol}^{-1}\cdot\text{L}\cdot\text{s}^{-1}$					
$k_{平均值}$					

2. 反应活化能的计算

反应速率常数 k 与反应温度 T 一般有以下关系：

$$\lg k = -\frac{E_a}{2.30R} \cdot \frac{1}{T} + \lg A$$

式中 E_a 为反应的活化能，R 为气体常数，T 为绝对温度。

测出不同温度的 k 值以 $\lg k$ 对 $1/T$ 作图，可得一直线，由直线的斜率 $-\dfrac{E_a}{2.30R}$ 可求得该反应的活化能 E_a。

表6-11　反应活化能的计算

实验编号	4	6	7	8
反应速率常数 $k/\text{mol}^{-1}\cdot\text{L}\cdot\text{s}^{-1}$				
$\lg k$				
$1/T/\text{k}^{-1}$				
反应活化能 $E_a/\text{kJ}\cdot\text{mol}^{-1}$				

本实验活化能测定值的误差不超过10%（文献值：51.8 kJ·mol⁻¹）。

【注意事项】

1. 由于过二硫酸盐不稳定，本实验用较稳定的 $K_2S_2O_8$ 替代 $(NH_4)_2S_2O_8$，相应地用 K_2SO_4 补不足的量。

2. $K_2S_2O_8$、$Na_2S_2O_3$ 和 KI 三种试剂必须当时配制，以免分解或被氧化。配制溶液时按照准确浓度配制，在分析天平上准确称量，溶解后定量转移至容量瓶中定容。

3. 取用试剂的量筒要分开专用，量筒上贴上标签，避免混淆。

4. 往混合溶中加入 $K_2S_2O_8$ 溶液时要迅速，不断搅拌溶液，尽量保持每一次测定搅拌速度一致。

5. 两人一组，分工明确，准确计时。

6. 测量溶液的温度时一般应将温度计悬挂起来，并使水银球处于溶液中的一定位置，不要使水银球靠在容器的底部或器壁上。温度计不能作搅棒使用，以免把水银球碰破。刚测量过高温物体的温度计不能立即用于测量低温物体或用自来水冲洗，以免造成水银柱断裂。

【思考题】

1. 若不用 $S_2O_8^{2-}$ 而用 I^- 或 I_3^- 的浓度变化来表示反应速率，则反应速率常数 k 是否一样？

2. 实验中为什么可以由反应溶液出现蓝色的时间长短来计算反应速率？反应溶液出现蓝色后，反应是否就中止了？

3. 下列情况对实验结果有何影响：

（1）取用6种试剂的量筒没有分开专用；

（2）先加 $K_2S_2O_8$ 溶液，最后加 KI 溶液；

（3）慢慢加入 $K_2S_2O_8$ 溶液。

4. 化学反应的反应级数是怎样确定的？用本实验的实验结果加以说明。

5. 用阿累尼乌斯公式计算反应的活化能，并与作图法得到的值进行比较。

6. 在编号2、3、4、5实验中，为什么分别加入了 K_2SO_4 和 KNO_3 溶液？

7. 本实验中会产生大量含碘废液，如何回收其中的碘？

实验13　醋酸解离度和解离常数的测定

一、实验目的

1. 掌握酸度计法测定醋酸解离度和解离常数的原理。

2. 熟练掌握移液管、吸量管、容量瓶和酸碱滴定的操作技术。

3. 学会用酸度计测定溶液酸度的操作方法。

二、预习要点

1. 醋酸的解离平衡常数、解离度的计算方法。

2. 梯度浓度溶液的配制。

3. 酸度计的使用方法。

三、实验原理

醋酸（CH_3COOH，简写为 HAc）是一种弱电解质，醋酸在水溶液中存在解离平衡：

$$HAc \rightleftharpoons H^+ + Ac^-$$

在一定温度下，醋酸的解离平衡常数 K_a 表示为：

$$K_a = \frac{[H^+][Ac^-]}{[HAc]} = \frac{[H^+]^2}{c_0 - [H^+]} = \frac{[H^+]^2}{c_0(1-\alpha)} \tag{1}$$

（1）式中，c_0 为醋酸的起始浓度，$[H^+]$、$[Ac^-]$、$[HAc]$ 分别为 H^+、Ac^-、HAc 的平衡浓度，α 为醋酸的解离度。

当 $c_0/K_a \geqslant 500$ 或者 $\alpha < 5\%$ 时，$[HAc] = c_0 - [H^+] \approx c_0$，则：

$$K_a = \frac{[H^+]^2}{c_0} \tag{2}$$

$$\alpha = \frac{[H^+]}{c_0} \times 100\% \tag{3}$$

根据公式（2）、（3），利用酸度计测出一定初始浓度的醋酸溶液的 pH，就可以计算出溶液中 H^+ 浓度，进而计算出醋酸的解离平衡常数和解离度。

本实验配制系列初始浓度的醋酸溶液，分别测出各溶液的解离平衡常数，以其平均值作为该温度下醋酸的解离平衡常数。

四、实验用品

1. 仪器

酸度计，酸（碱）式滴定管，烧杯（50 mL，4 个），容量瓶（50 mL），吸量管（25 mL），洗耳球，玻璃棒

2. 试剂

HAc 溶液（0.1 mol·L^{-1}），NaOH 标准溶液（0.1000 mol·L^{-1}），酚酞指示剂（0.1%），标准缓冲溶液（pH=6.86，pH=4.00）

3. 材料

吸水纸

五、实验内容

1. HAc 浓度的标定

电离平衡常数
的测定

准确移取 20.00 mL 的 HAc 溶液，以酚酞作指示剂，用 NaOH 标准溶液标定 HAc 溶液浓度。平行测定 3 次，数据填入表 6-12，以平均值作为 HAc 溶液的浓度。

表 6-12　HAc 溶液浓度的标定

实验序号		1	2	3
HAc 溶液用量/mL				
NaOH 标准溶液浓度/(mol·L^{-1})				
NaOH 标准溶液用量/mL	初始读数/mL			
	终读数/mL			
	用量/mL			
HAc 溶液浓度/(mol·L^{-1})	测定值			
	平均值			

2. 配制梯度浓度的 HAc 溶液

取 3 个干净的 50 mL 容量瓶编号，用吸量管分别准确移取 25.00 mL、10.00 mL、5.00 mL 的 HAc 溶液，加入到容量瓶中，加水稀释至刻度，摇匀备用。

3. 测定 HAc 溶液的 pH

用少量待测 HAc 溶液润洗洁净的 50 mL 烧杯 2～3 次，再分别加入待测 HAc 溶液。用标定好的酸度计按照由稀到浓的顺序测定其 pH，数据填入表 6-13。

4. 数据处理

计算稀释的 HAc 溶液准确浓度、HAc 的解离度和解离平衡常数。

表 6-13　HAc 溶液 pH 值和解离平衡常数的测定

室温：_____℃

实验编号 \ 项目	V(HAc) / mL	c(HAc) /(mol·L^{-1})	pH	H^{+} /(mol·L^{-1})	α /%	K_a 测定值	K_a 平均值	K_a 相对偏差
1	5.00							
2	10.00							
3	25.00							
4(原溶液)	50.00							

【注意事项】

1. 本实验的关键是HAc溶液的浓度要测准确，还需要测准确配制好的系列HAc溶液的pH值。

2. 提前预热酸度计，并用标准缓冲溶液进行标定。

3. 理论上由4个不同浓度的HAc溶液通过测量pH而计算出的K_a值应该相同，但因为实验总是存在一定的误差，要求所测4个K_a的相对偏差不得超过10%，否则需要重新配制溶液进行测定。

【思考题】

1. 结合实验结果，总结浓度、温度对醋酸的解离度、解离平衡常数的影响。

2. 如HAc溶液浓度极低，$\alpha > 5\%$时，能否用最简公式（2）计算K_a值？为什么？

3. 测定pH时为什么要按照由稀到浓的顺序测定？

4. 分析影响实验准确度和精密度的因素有哪些。

实验14 碘化铅溶度积的测定

一、实验目的

1. 了解离子交换法的一般原理。
2. 了解使用离子交换树脂的基本方法。
3. 掌握用离子交换法测定溶度积的原理。
4. 进一步练习滴定操作。

二、预习要点

1. 离子交换树脂。
2. 离子交换法测定溶度积的原理。
3. 滴定操作。
4. 推导出本实验碘化铅溶度积的计算公式。

三、实验原理

本实验采用阳离子交换树脂与PbI_2饱和溶液中的Pb^{2+}进行交换。其交换反应可以用下式来示意：

$$2R^-H^+ + Pb^{2+} \rightleftharpoons R_2^-Pb^{2+} + 2H^+$$

将一定体积的PbI_2饱和溶液通过阳离子交换树脂，树脂上的H^+即与Pb^{2+}进行交换。交换后，H^+随流出液流出。然后用标准NaOH溶液滴定，可求出H^+的含量。根据流出液

中 H^+ 的物质的量，可计算出通过离子交换树脂的 PbI_2 饱和液中的铅离子浓度，从而得到 PbI_2 饱和溶液的浓度，然后求出 PbI_2 的溶度积。

四、实验用品

1. 仪器

离子交换柱，碱式滴定管（50 mL），滴定管夹，锥形瓶（250 mL），温度计（50 ℃），烧杯，移液管（25 mL），洗瓶

2. 试剂

固体试剂：碘化铅，强酸型离子交换树脂；液体试剂：NaOH 标准溶液（0.005 mol·L^{-1}），HNO$_3$溶液（1 mol·L^{-1}），溴化百里酚蓝指示剂

3. 材料

玻璃棉，pH试纸

五、实验内容

1. PbI_2饱和溶液的配制

将过量的 PbI_2 固体溶于经煮沸除去二氧化碳的蒸馏水中，充分搅动并放置过夜，使其溶解，达到沉淀溶解平衡。

若无试剂 PbI_2，可用 $Pb(NO_3)_2$ 溶液与过量的 KI 溶液反应而制得。制成的 PbI_2 沉淀需用蒸馏水反复洗涤，以防过量的 Pb^{2+} 存在，过滤，得到 PbI_2 固体，再配成饱和溶液。

2. 装柱

首先将阳离子交换树脂用蒸馏水浸泡24～48 h。装柱前，把交换柱下端填入少许玻璃棉（图6-7），以防止离子交换树脂随流出液流出。然后将浸泡过的阳离子交换树脂约40 g随同蒸馏水一并注入交换柱中。为防止离子交换树脂中有气泡，可用长玻璃棒插入交换柱的树脂中搅动，以赶走树脂中的气泡。

3. 转型

在进行离子交换前，须将钠型树脂完全转变成氢型。可用 100 mL 1mol·L^{-1}HNO$_3$ 以每分钟30～40滴的流速流过树脂，然后用蒸馏水淋洗树脂至淋洗液呈中性（可用pH试纸检验）。

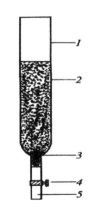

1. 交换柱　2. 阳离子交换树脂　3. 玻璃棉　4. 螺旋夹　5. 胶皮管

图6-7　离子交换柱

4. 交换和洗涤

将 PbI_2 饱和溶液过滤到一个干净、干燥的烧杯中（**注意：过滤时用的漏斗、玻璃棒等必须是干净、干燥的。滤纸可用 PbI_2 饱和溶液润湿**）。测量并记录饱和溶液的温度，

然后用移液管准确量取25.00 mL该饱和溶液，放入一小烧杯中，分几次将其转移至离子交换柱内。用一个250 mL洁净的锥形瓶盛接流出液。待PbI₂饱和溶液流出后，再用蒸馏水淋洗树脂至流出液呈中性，将洗涤液一并放入锥形瓶中。

5. 滴定

将锥形瓶中的流出液用0.005 mol·L⁻¹NaOH标准溶液滴定，用溴化百里酚蓝作指示剂，在pH=6.5～7时，溶液由黄色转变为鲜艳的蓝色，即到达滴定终点，记录数据。

6. 离子交换树脂的后处理

回收用过的离子交换树脂，经蒸馏水洗涤后，再用约100 mL 1 mol·L⁻¹HNO₃溶液淋洗，然后用蒸馏水洗涤至流出液为中性，即可使用。

六、数据处理

碘化铅饱和溶液的温度/℃_____。

通过交换柱的PbI₂饱和溶液的体积/mL_____。

NaOH标准溶液的浓度/（mol·L⁻¹）_____。

消耗NaOH标准溶液的体积/mL_____。

流出液中H⁺的量/mol_____。

饱和溶液中［Pb²⁺］/（mol·L⁻¹）_____。

PbI₂的K_{sp}_____。

【注意事项】

1. 离子交换树脂转型可以由准备室提前完成，树脂要完全转化成氢型。

2. 在装柱和交换的整个过程中，要注意液面始终高出树脂，避免空气进入树脂层影响交换结果。

3. 控制交换流速，不易过快。

4. 在交换和洗涤过程中，流出液不要损失。

【思考题】

1. 在离子交换树脂的转型中，如果加入HNO₃的量不够，树脂没完全转变成氢型，会对实验结果造成什么影响？

2. 在交换和洗涤过程中，如果流出液有一少部分损失掉，会对实验结果造成什么影响？

实验15 磺基水杨酸合铁(Ⅲ)配合物的组成及其稳定常数的测定

一、实验目的

1. 了解分光光度法测定配合物的组成和稳定常数的原理和方法。

2.测定磺基水杨酸合铁（Ⅲ）的组成及其稳定常数。

3.学习分光光度计的使用。

4.学会作图法处理实验数据。

二、预习要点

1.溶液的配制。

2.等摩尔系列法。

3.分光光度计的构造及使用方法。

三、实验原理

磺基水杨酸（三元酸，简写为H_3L）与Fe^{3+}能形成稳定的配合物，溶液的pH不同，生成的配合物的组成也不相同。在pH=2～3时，形成紫红色1∶1配离子；在pH=4～9时，形成红色1∶2配离子；在pH=9～11.5时，形成黄色1∶3配离子；当pH＞12时，产生$Fe(OH)_3$沉淀，而不能形成配合物。本实验测定pH=2时配合物的组成和稳定常数。

磺基水杨酸是无色的，Fe^{3+}浓度很稀的时候近乎无色，而形成的配合物磺基水杨酸合铁（Ⅲ）显紫红色，用分光光度法可测定其组成和稳定常数。

分光光度法的原理及分光光度计的使用参见第4章4.8.3分光光度计。

用分光光度法测定配离子组成时，常用等摩尔系列法，即保持溶液中金属离子M和配体L的总物质的量不变，只改变这两种物质的相对量，使M和L的摩尔分数连续变化，配制一系列溶液，测定它们的吸光度。只有当溶液中金属离子M与配体L物质的量之比与配离子的组成一致时，配离子的浓度才最大。由于金属离子M与配体L对光几乎不吸收，只有配离子显色对光吸收，配离子的浓度越大，溶液的吸光度也越大。因此，在吸光度—组成图上，吸光度最大值对应的溶液组成，就是配离子的组成。

溶液中配体L的摩尔分数为

$$x(L) = \frac{[L]}{[M]+[L]}$$

以吸光度A为纵坐标，以摩尔分数x（L）为横坐标作图如图6-7。将曲线两边的直线部分延长交于D点，D点的吸光度A_1最大，E点对应的横坐标F点的配体的摩尔分数为x（L），则配离子中的配体与金属离子组成的比值是：

$$n = \frac{[L]}{[M]} = \frac{x(L)}{1-x(L)}$$

由此求出配离子中的组成比n，从而得到配离子的组成ML_n。图6-8中F=0.5，即x（L）=0.5，因此n（M）=n（L），配离子的组成为ML。

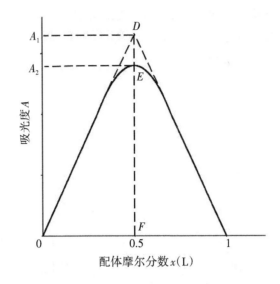

图6-7 吸光度A—摩尔分数 x 关系图

从图6-8中看出，当金属离子的浓度较高而配体L的浓度较低或金属离子的浓度较低而配体L的浓度较高时，吸光度 A 与 x（L）之间基本符合线性关系。当M和L浓度比接近配合物的配位比时，A 与 x（L）偏离线性关系，即吸光度 A 偏小，原因是配离子有部分解离。如果配离子不解离，L和M全部配合，最大吸光度应为 D 点，其吸光度值为 A_1。配离子的部分解离使其浓度要小些，所以实验测得的最大吸光度为 E 点，其值为 A_2。配离子的解离度 α：

$$\alpha\% = \frac{A_1 - A_2}{A_1} \times 100\%$$

对于1：1组成的配合物，配位反应：

$$M + L = ML$$

平衡浓度：

$$c\alpha \quad c\alpha \quad c(1-\alpha)$$

$$K = \frac{[ML]}{[M][L]} = \frac{1-\alpha}{c\alpha^2}$$

式中 c 是相应于E点时溶液中M的初始浓度。

需要指出的是，本实验得到的是表观稳定常数。如果要得到热力学稳定常数 K，还需要控制溶液的温度，考虑溶液的离子强度 I 以及 Fe^{3+} 的水解等因素。

四、实验用品

1. 仪器

722S型分光光度计，容量瓶，吸量管，烧杯，洗耳球

2. 试剂

$HClO_4$（0.01 $mol \cdot L^{-1}$），硫酸铁铵（0.010 $mol \cdot L^{-1}$），磺基水杨酸（0.010 $mol \cdot L^{-1}$）

五、实验步骤

1. 配制溶液

（1）配制 0.0010 mol·L⁻¹ 磺基水杨酸 H_3L 溶液

用移液管准确移取 10.00 mL 0.010 mol·L⁻¹ 磺基水杨酸 H_3L 溶液，加入到 100 mL 容量瓶中，用 0.01 mol·L⁻¹ $HClO_4$ 溶液稀释至刻度，摇匀备用。

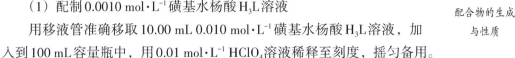
配合物的生成
与性质

（2）配制 0.0010 mol·L⁻¹ Fe^{3+} 溶液

同上，用移液管准确移取 10.00 mL 0.010 mol·L⁻¹ Fe^{3+} 溶液，加入到 100 mL 容量瓶中，用 0.01 mol·L⁻¹ $HClO_4$ 溶液稀释至刻度，摇匀备用。

（3）配制系列待测溶液

准备 11 个洗净干燥的 50 mL 小烧杯，编号 1～11 号。按表 6-14 数据，用 3 支 10 mL 的移液管，分别准确移取 0.01 mol·L⁻¹ $HClO_4$ 溶液、0.0010 mol·L⁻¹ 磺基水杨酸 H_3L 溶液和 0.0010 mol·L⁻¹ Fe^{3+} 溶液，加入到准备好的小烧杯中，轻轻摇匀。

2. 测定系列溶液的吸光度

以蒸馏水为参比，设定波长于 500 nm 处，用分光光度计测定系列溶液的吸光度 A，填入表 6-14。

表6-14　系列溶液配制及其吸光度

编号	$HClO_4$/ mL	H_3L/ mL	Fe^{3+}/ mL	H_3L摩尔分数 x	吸光度 A
1	10.0	0.0	10.0	0.00	
2	10.0	1.0	9.0	0.10	
3	10.0	2.0	8.0	0.20	
4	10.0	3.0	7.0	0.30	
5	10.0	4.0	6.0	0.40	
6	10.0	5.0	5.0	0.50	
7	10.0	6.0	4.0	0.60	
8	10.0	7.0	3.0	0.70	
9	10.0	8.0	2.0	0.80	
10	10.0	9.0	1.0	0.90	
11	10.0	10.0	0.0	1.00	

六、数据处理

以吸光度 A 为纵坐标，以摩尔分数 x（L）为横坐标作图，从图中找出最大吸收峰，求配合物的组成、解离度和稳定常数。

【思考题】

1. 为什么说溶液中金属离子的物质的量与配体物质的量之比恰好与配离子的组成相同时，配离子的浓度为最大？

2. 在等摩尔系列法测定配合物的组成时，会出现金属离子过量的吸光度比对应的配体过量的吸光度略大些，试分析是什么原因。

3. 实验中，每一个样品溶液的pH值是否一样？可以用H_2SO_4代替$HClO_4$控制溶液的pH值吗？为什么？

实验16 碘三离子解离平衡常数的测定

一、实验目的

1. 测定碘三离子的解离平衡常数，进一步理解化学平衡的原理。
2. 巩固滴定操作和滴定管、移液管的使用。

二、预习要点

1. 滴定管的使用。
2. 移液管、吸量管的使用。
3. 滴定的基本操作。

三、实验原理

碘溶于碘化钾溶液中形成I_3^-，并建立如下平衡：

$$I_3^- \rightleftharpoons I_2 + I^-$$

在一定温度下，其平衡常数可表示为：

$$K = \frac{a_{I_2} a_{I^-}}{a_{I_3^-}} = \frac{\gamma_{I_2} \gamma_{I^-}}{\gamma_{I_3^-}} \cdot \frac{[I_2][I^-]}{[I_3^-]} \tag{1}$$

式中，a为活度，γ为活度系数，$[I_2]$、$[I^-]$、I_3^-为各物质的平衡浓度。在离子强度不大的溶液中，由于$\dfrac{\gamma_{I_2} \gamma_{I^-}}{\gamma_{I_3^-}} \approx 1$，（1）式变为：

$$K \approx \frac{[I_2][I^-]}{[I_3^-]} \tag{2}$$

为了测定$I_3^- \rightleftharpoons I_2 + I^-$平衡体系中各组分的平衡浓度，可将已知初始浓度$c_0$的KI溶液与过量固态碘一起摇荡，待达到平衡后，取其上层清液，用标准$Na_2S_2O_3$溶液滴定，$Na_2S_2O_3$溶液的滴定反应如下：

$$2Na_2S_2O_3+I_2=2NaI+Na_2S_4O_6$$

由于平衡移动，所以得到的是进入 KI 溶液中碘的总浓度 $c_总$，即：

$$c_总 = [I_2] + [I_3^-] \tag{3}$$

其中，$[I_2]$ 可用通过测定过量固体碘与水处于平衡时溶液中的碘的浓度来代替：将过量碘与蒸馏水一起摇荡，平衡后取其上层清液，用标准 $Na_2S_2O_3$ 溶液滴定，就可以确定平衡时水中 $[I_2]$。

同时也确定了 $[I_3^-]$，即由（3）式得：

$$[I_3^-] = c_总 - [I_2]$$

由于形成一个 I_3^- 需要一个 I^-，所以平衡时 I^- 的浓度为：

$$[I^-] = c_0 - [I_3^-]$$

式中，c_0 为 KI 溶液的起始浓度。

将得到的 $[I_2]$、$[I_3^-]$ 和 $[I^-]$ 代入（2）式中，即可求得此温度下反应的平衡常数 K。

四、实验用品

1. 仪器

电子天平，量筒，碘量瓶（100 mL、250 mL），移液管（10 mL、25 mL），滴定管（50 mL），锥形瓶（250 mL），吸耳球，磁力搅拌器

2. 试剂

固体试剂：固态碘；液体试剂：KI 溶液（0.0100 mol·L^{-1}、0.0200 mol·L^{-1}），$Na_2S_2O_3$ 标准溶液（0.0050 mol·L^{-1}），淀粉溶液（质量分数为 0.2%）

五、实验步骤

（1）取两只干燥的 100 mL 碘量瓶和 1 只 250 mL 碘量瓶，分别标记为 1、2 和 3 号。用量筒分别量取 80.0 mL 0.0100 mol·L^{-1} KI 溶液注入 1 号瓶；量取 80.0 mL 0.0200 mol·L^{-1} KI 溶液注入 2 号瓶，量取 180.0 mL 蒸馏水注入 3 号瓶，最后，在每个瓶中各加入 0.5 g 研细的固态碘，盖好瓶塞。

（2）将三只碘量瓶在室温下在磁力搅拌器上搅拌 30 min 后，静置 10 min，直到过量的固态碘完全沉于瓶底后，才可移取上层清液进行滴定。

（3）用移液管吸取 1 号瓶中上层清液 10.00 mL 于 250 mL 锥形瓶中，加入 40 mL 蒸馏水（为什么要加水？），用标准 $Na_2S_2O_3$ 溶液滴定至淡黄色时，加入 4 mL 0.2% 淀粉溶液，继续滴定至蓝色刚好消失，记下消耗 $Na_2S_2O_3$ 溶液的体积 V_1，再次吸取 1 号瓶内上层清液 10 mL，重复同样操作，记下消耗 $Na_2S_2O_3$ 溶液的体积 V_2，直到两次所用 $Na_2S_2O_3$ 溶液的体积相差不超过 0.05 mL 为止。

用同样的方法滴定2号瓶的上清液。

（4）用50 mL移液管移取50.00 mL 3号瓶上清液，用标准Na₂S₂O₃溶液滴定，按（3）中的方法平行滴定两份，记录数据。

六、数据处理

将实验数据填入表6-15。

表6-15　实验数据记录

瓶号		1	2	3
取样体积/mL				
Na₂S₂O₃溶液的体积/mL	V_1			
	V_2			
	$V_{平均}$			
Na₂S₂O₃标准溶液的浓度/mol·L⁻¹				
[I₂]+[I₃⁻]的总浓度 $c_总$/mol·L⁻¹				—
水溶液中碘的平衡浓度[I₂]/mol·L⁻¹		—	—	
平衡时的I₃⁻浓度[I₃⁻]/mol·L⁻¹				—
KI的起始浓度 c_0/mol·L⁻¹				—
平衡时的I⁻浓度[I⁻]/mol·L⁻¹				—
K				
$K_{平均}$				

用标准Na₂S₂O₃溶液滴定时，相应的碘的浓度计算方法如下：

$$c = \frac{c_{Na_2S_2O_3}V_{Na_2S_2O_3}}{2V_样}$$

式中 $c_{Na_2S_2O_3}$ 为Na₂S₂O₃标准溶液的浓度，$V_{Na_2S_2O_3}$ 为消耗Na₂S₂O₃标准溶液的体积，$V_样$ 为移取的KI-I₂或H₂O-I₂待测溶液的体积。

本实验测定的K值在$1.0×10^{-3}$～$2.0×10^{-3}$范围内为合格（文献值$K=1.5×10^{-3}$）。

【注意事项】

1. 碘易升华，实验中在不吸取溶液时要将碘量瓶的瓶塞塞上。

2. 吸取溶液时要待碘沉降下去后再吸取，以防止把未溶解的固体碘吸入移液管。

3. 滴定时不要将淀粉溶液加入得过早，否则褪色会延迟，影响终点的观察。

【思考题】

1. 由于碘具有挥发性，故在实验中操作时应注意什么？

2. 为什么刚开始滴定时要到溶液显示淡黄色时才加入淀粉溶液？

3. 如果碘量瓶没有充分振荡，对实验结果有什么影响？

4. 为什么碘必须过量？

5. 试讨论实验得到的结果与理论值产生误差的主要原因有哪些。

实验17　硫酸铜结晶水的测定

一、实验目的

1. 了解结晶水合物中结晶水含量的测定原理和方法。

2. 熟练掌握分析天平的使用。

3. 学习和掌握研钵、干燥器等仪器的使用和沙浴加热、恒重等基本操作。

二、预习要点

1. 硫酸铜结晶水的测定原理。

2. 恒重技术。

3. 实验成功的关键。

三、实验原理

　　很多离子型的盐类化合物在溶液中结晶析出时，晶体常含有一定量的结晶水。在晶体受热的情况下晶体中的结晶水可以部分或全部脱去。对于热稳定性高的结晶水合物，测定其结晶水时，可将一定量的结晶水合物（不含吸附水）置于已灼烧至恒重的坩埚中，加热至较高温度（温度不高于被测定物质的分解温度）下进行脱水反应。然后把坩埚移入干燥器中，冷却至室温，再取出用分析天平称量，重复加热至脱水温度以上，冷却、称量，直至恒重。这样由结晶水合物脱水前、后的质量，可测出单位物质的量的该结晶水合物所含结晶水的物质的量，从而确定出结晶水合物的化学式。

　　结晶水合物的结晶水测定中，坩埚恒重及脱水是否完全是实验成功的关键。所谓恒重是指两次称量所得质量之差不得超过一定的允许误差。在重量分析法中，经烘干或灼烧的坩埚或沉淀，前后两次称重之差小于 0.2 mg（中国药典规定为 0.3 mg），则认为达到了恒重。重复加热时，采用干燥法恒重的第二次及以后各次称重均应在规定条件下继续干燥 1 h 后进行；采用炽灼法恒重的第二次称重应在继续炽灼 30 min 后进行。在每次烘干或灼烧后应立即取出放入干燥器中（若炽灼应在高温炉内降温至 300 ℃左右时取出放干燥器中），待冷却至室温后称量。

　　五水硫酸铜晶体受热时，在不同的温度下，按下列反应逐步脱水：

$$CuSO_4 \cdot 5H_2O \xrightarrow{48℃} CuSO_4 \cdot 3H_2O + 2H_2O$$

$$CuSO_4 \cdot 3H_2O \xrightarrow{99℃} CuSO_4 \cdot H_2O + 2H_2O$$

$$CuSO_4 \cdot H_2O \xrightarrow{218℃} CuSO_4 + H_2O$$

$$CuSO_4 \xrightarrow[SO_2]{650℃} CuO + SO_2 \uparrow$$

硫酸铜晶体颜色随着结晶水含量的不同逐渐由蓝色变为浅蓝色，最后变为白色或灰白。

本实验测定水合硫酸铜晶体所含结晶水。将一定质量 m_1 的水合硫酸铜加热，称出完全脱水后的无水硫酸铜质量 m_2，则 $m_1 - m_2$ 即为结晶水的质量。假设硫酸铜晶体的化学式为 $CuSO_4 \cdot xH_2O$，根据：

$$\frac{m_2}{M_{CuSO_4}} : \frac{m_1 - m_2}{M_{H_2O}} = 1 : x$$

可计算得到 x 值，从而得到水合硫酸铜所含结晶水的分子数目。

四、实验用品

1. 仪器

电沙浴，温度计（300 ℃），坩埚，坩埚钳，干燥器，电子分析天平（0.1 mg），酒精喷灯，泥三角，三脚架

2. 试剂

固体试剂：$CuSO_4 \cdot 5H_2O$（A.R），$CaCl_2$；液体试剂：工业酒精

3. 材料

细河沙，滤纸

五、实验内容

1. 恒重坩埚

将洗净的坩埚置于泥三角上，小火烘干后，用氧化焰灼烧至红热。稍冷后用干净的坩埚钳将其移入干燥器中，冷却至室温（注意：热坩埚放入干燥器后，一定要在短时间内将干燥器盖子打开 1～2 次，以免内部压力降低，盖子不易打开）。用坩埚钳取出，用电子分析天平称量。重复加热至脱水温度以上，冷却、称重，直至恒重（本实验要求前后两次称重之差小于 1 mg）。

2. 水合硫酸铜脱水

（1）称取研细的水合硫酸铜晶体约 1.0～1.2 g，加入到已恒重的坩埚内，铺成均匀的一层，然后在分析天平上准确称量坩埚及水合硫酸铜的总量，减去已恒重坩埚的质量，即为水合硫酸铜的质量。

（2）将装有水合硫酸铜的坩埚置于沙浴盘中。将其四分之三体积埋入沙内，在靠近坩埚的沙浴内插入一支温度计（300 ℃），其末端应与坩埚底部基本处于同一水平。加热沙浴至约 210 ℃，然后缓慢升温至 280 ℃左右，控制沙浴温度在 280 ℃～300 ℃之间。晶体完全变为白色时，将坩埚移入干燥器内，冷却至室温。将坩埚外壁用滤纸揩干净

后，在天平上称量（坩埚+无水硫酸铜）的总质量。计算硫酸铜的质量。重复加热10～15 min，冷却、称量，直至达到恒重。实验后将硫酸铜倒入回收瓶中。

（3）将实验数据记录在表6-16中，并进行处理，计算1 mol $CuSO_4$所含结晶水的物质的量。

表6-16 硫酸铜结晶水的测定

		第一次称量	第二次称量	平均值
坩埚质量 m_0/g				
（坩埚+水合硫酸铜晶体）总质量 m_1/g				
水合硫酸铜晶体	硫酸铜晶体质量/g			
	硫酸铜晶体的物质的量/mol			
（坩埚+硫酸铜）总质量 m_2/g				
无水硫酸铜	硫酸铜质量/g			
	硫酸铜的物质的量/mol			
结晶水	结晶水质量/g			
	结晶水的物质的量/mol			
单位物质的量的 $CuSO_4$ 的结晶水				
水合 $CuSO_4$ 晶体化学式				

【注意事项】

1. 水合硫酸铜晶体要研细，以使其受热均匀，防止迸溅。

2. 本实验中沙浴的温度控制在280～300 ℃之间，沙浴加热过程中，加坩埚盖防止沙粒或杂质落入坩埚，还能起到保温的作用，不加坩埚盖相当于加热温度降低20℃。

3. 坩埚必须冷却至室温才能从干燥器中取出称量，否则坩埚吸湿变重。

4. 热坩埚必须稍冷后才能放入干燥器中冷却。

5. 称取的 $CuSO_4 \cdot 5H_2O$ 的质量不要超过1.2 g，否则粉末层太厚，影响水汽散失，延长脱水时间。

6. 防止电沙浴烫伤。温度计水银球不能接触沙浴加热盘。

7. 不能用玻璃棒搅拌硫酸铜。

【思考题】

1. 在水合硫酸铜结晶水的测定中，为什么要用沙浴加热并控制温度在280 ℃左右？

2. 加热后的坩埚能否未经冷却至室温就去称量？加热后的坩埚为什么要放在干燥器内冷却？

3. 什么叫恒重？为什么要进行重复的灼烧操作？

4. 结合实验结果进行误差分析。

第7章 验证性实验

实验18 电离平衡和沉淀—溶解平衡

一、实验目的

1. 理解电离平衡、沉淀平衡和同离子效应的基本原理。
2. 学习缓冲溶液的配制方法并试验其性质。
3. 掌握沉淀的生成、溶解和转化的条件。
4. 掌握离心机的使用及pH试纸的使用方法。

二、预习要点

1. 同离子效应。
2. 缓冲溶液的配制及pH值的计算。
3. 溶度积规则、分步沉淀、沉淀的溶解和转化。

三、实验原理

弱电解质在水溶液中都会发生部分电离，电离出来的离子与未电离的分子处于平衡状态。例如

$$HAc \rightleftharpoons H^+ + Ac$$

$$K_a = \frac{\left[H^+\right]\left[Ac^-\right]}{\left[HAc\right]}$$

若在此平衡系统中加入含有相同离子的强电解质，就会使电离平衡向左移动，醋酸电离程度降低，这种作用称为同离子效应。

在H^+浓度（$mol \cdot L^{-1}$）小于1的溶液中，其酸度常用pH表示，其定义为：

$$pH = -lg\left[H^+\right]$$

在中性溶液或纯水中，$\left[H^+\right] = \left[OH^-\right] = 10^{-7} mol \cdot L^{-1}$，即$pH = pOH = 7$，在碱性溶液中，$pH > 7$，在酸性溶液中$pH < 7$。

如果溶液中同时存在着弱酸以及它的盐,例如 HAc 和 NaAc,这时加入少量的酸可被 Ac⁻结合为电离度很小的 HAc 分子,加入少量的碱则被 HAc 所中和,溶液的 pH 值始终改变不大,这种溶液称为缓冲溶液。同理,弱碱及其盐也可组成缓冲溶液。缓冲溶液具有抵抗外来的少量酸、碱或稀释的影响,而保持其溶液的 pH 值基本不变。

缓冲溶液的 pH 值(以 HAc 和 NaAc 为例)为:

$$pH = pK_a - \lg \frac{[酸]}{[碱]} = pK_a - \lg \frac{[HAc]}{[Ac^-]}$$

盐类在水溶液中会发生水解,盐类水解是酸碱中和反应的逆反应,水解后溶液的酸碱性决定于盐的类型。盐类水解程度的大小主要与盐类的本性有关,此外还受温度、浓度和酸度的影响。盐类的水解过程是吸热过程,升高温度可促进水解;加水稀释溶液,也有利于增进水解;如果水解产物中有沉淀或气体产生,则水解程度更大。例如 BiCl₃ 的水解:

$$BiCl_3 + H_2O \rightleftharpoons BiOCl \downarrow + 2HCl$$

根据同离子效应,往溶液中加入含有被水解离子的盐,可以阻止盐的水解。在盐类水溶液中加入酸或碱,则有抑制水解或促进水解的作用,上例中如加入 HCl,可抑制 BiCl₃ 的水解,平衡向左移动,使沉淀消失。

在一定温度下,难溶电解质的饱和溶液中,难溶电解质离子浓度计量系数次幂的乘积是一个常数,简称溶度积。例如在碘化铅饱和溶液中,建立起下列平衡:

$$PbI_2(s) \rightleftharpoons Pb^{2+} + 2I^-$$

溶度积常数(K_{sp})的表达式为:

$$K_{sp} = [Pb^{2+}][I^-]^2$$

将任意状况下离子浓度计量系数次幂的乘积(离子积)与溶度积比较,则可以判断沉淀的生成或溶解,称为溶度积规则。在已生成沉淀的系统中,加入某种能降低离子浓度的试剂,使离子积小于溶度积时可使沉淀溶解。

如果溶液中同时存在数种离子,且都能与同一种试剂(沉淀剂)作用产生沉淀,当向溶液中逐渐加入此沉淀剂时,某种难溶电解质的离子浓度次幂的乘积先达到它的溶度积时,先沉淀出来,后达到溶度积的后产生沉淀,这种先后沉淀的行为称为分步沉淀。

将一种沉淀转化为另一种沉淀的过程,称为沉淀的转化。对于相同类型难溶电解质之间转化的难易,可以通过比较它们溶度积的大小来判断。

四、实验用品

1.仪器

试管,离心试管,电动离心机,点滴板,表面皿,电子天平

2.试剂

固体试剂:醋酸钠,醋酸铵,硝酸铁,三氯化锑;液体试剂:HCl(0.1 mol·L⁻¹,

6 mol·L⁻¹），HNO₃（6 mol·L⁻¹），HAc（0.1 mol·L⁻¹，0.2 mol·L⁻¹），NaOH（0.1 mol·L⁻¹），
NH₃·H₂O（0.1 mol·L⁻¹，6 mol·L⁻¹），PbI₂（饱和），NaCl（0.1 mol·L⁻¹，1 mol·L⁻¹），
NH₄Cl（0.1 mol·L⁻¹），KI（0.1 mol·L⁻¹，0.001 mol·L⁻¹），Na₂S（0.1 mol·L⁻¹，1 mol·L⁻¹），
Na₂SO₄（饱和），Pb(NO₃)₂（0.1 mol·L⁻¹，0.001 mol·L⁻¹），AgNO₃（0.1 mol·L⁻¹），甲基橙
（0.1%），NaH₂PO₄（0.1 mol·L⁻¹），Na₂HPO₄（0.1 mol·L⁻¹），Na₃PO₄（0.1 mol·L⁻¹），NaAc
（0.1 mol·L⁻¹，0.2 mol·L⁻¹），NH₄Ac（0.1 mol·L⁻¹），K₂CrO₄（0.5 mol·L⁻¹，0.05 mol·L⁻¹），
酚酞（1%）

3.材料

pH试纸

五、实验内容

1.同离子效应

（1）弱电解质的同离子效应和电离平衡

①取0.1 mol·L⁻¹HAc溶液1 mL，加1滴甲基橙，观察溶液的颜色，然后再加少量固
体NaAc，振荡使其溶解，观察溶液的颜色变化并解释之。

②参照上述步骤，自行设计简单实验，证实弱碱溶液中的同离子效应。

（2）同离子效应与沉淀平衡

在试管中加饱和PbI₂溶液1 mL，然后滴加0.1 mol·L⁻¹KI溶液4～5滴，振荡试管，观
察现象并解释之。

2.缓冲溶液的配制和性质

（1）在一支试管中加入4 mL蒸馏水，以pH试纸测其pH值；然后滴入1滴
0.2 mol·L⁻¹HAc，摇匀后测其pH值；将溶液分成两等份，一份滴入1滴0.1mol·L⁻¹HCl，
另一份滴入1滴0.1 mol·L⁻¹NaOH溶液，分别测其pH值。

（2）在一支试管中加入2 mL 0.2 mol·L⁻¹HAc和2 mL 0.2 mol·L⁻¹NaAc溶液，摇匀后测
其pH值。将溶液分成两等份，一份滴入1滴0.1 mol·L⁻¹HCl，另一份滴加1滴0.1 mol·L⁻¹NaOH
溶液，再分别测定所得溶液的pH值。

（3）取一支试管依次滴入0.2 mol·L⁻¹HAc和0.2 mol·L⁻¹NaAc溶液各10滴，加蒸馏水
至10 mL，测定其pH值。

分析上述三组实验结果，对缓冲溶液的性质作出结论。

3.盐类水解

（1）用pH试纸测定浓度为0.1 mol·L⁻¹的表中各溶液的pH值，将实验测定值与计算
值填入表中，写出其离子方程式并解释之。

表7-1 各溶液的pH值

pH值	NH₄Cl	NH₄Ac	NaAc	NaCl	Na₂S	NaH₂PO₄	Na₂HPO₄	Na₃PO₄
实验测定值								
计算值								

（2）称取 0.5 g 固体 $Fe(NO_3)_3$，加 3 mL 蒸馏水使其溶解，观察溶液的颜色。将溶液分成三等份，一份留作参比，一份滴入 2～3 滴 6 mol·L⁻¹ HNO_3，另一份在火上加热煮沸，写出反应方程式，解释实验现象。

（3）称取 0.5 g 固体 $SbCl_3$ 溶解在 3 mL 蒸馏水中，观察现象并测定溶液的 pH 值。然后逐滴加入 6 mol·L⁻¹ HCl，振荡试管至溶液澄清。取澄清的 $SbCl_3$ 溶液 1 mL，加入 2 mL 水，观察现象，写出反应方程式并解释实验现象。由此了解实验室如何配制 $SbCl_3$、$BiCl_3$、$SnCl_2$ 等易水解盐类的溶液。

4.沉淀平衡

（1）沉淀溶解平衡

在离心试管中加 10 滴 0.1 mol·L⁻¹ $Pb(NO_3)_2$ 溶液，然后加 5 滴 1 mol·L⁻¹ NaCl 溶液，振荡试管，待沉淀完全后，离心分离。在分离的溶液中加 2 滴 0.5 mol·L⁻¹ K_2CrO_4 溶液，观察现象并解释之。

（2）溶度积规则应用

①在试管中加入 5 滴 0.1 mol·L⁻¹ $Pb(NO_3)_2$ 和 10 滴 0.1 mol·L⁻¹ KI 溶液，观察现象。

②在另一支试管中加入 5 滴 0.001 mol·L⁻¹ $Pb(NO_3)_2$ 和 10 滴 0.001 mol·L⁻¹ KI 溶液，观察现象，试用溶度积规则解释之。

（3）分步沉淀

①在试管中加入 2 滴 0.1 mol·L⁻¹ $AgNO_3$ 和 5 滴 0.1 mol·L⁻¹ $Pb(NO_3)_2$ 于试管中，加 2 mL 水稀释。摇匀后，逐滴加入 0.05 mol·L⁻¹ K_2CrO_4 溶液，并不断振荡试管，观察沉淀的颜色。继续加入 0.05 mol·L⁻¹ K_2CrO_4 溶液，沉淀颜色有何变化？根据沉淀颜色的变化和溶度积的计算，判断哪一种难溶物质先沉淀。

②在试管中加入 2 滴 0.1 mol·L⁻¹ Na_2S 和 5 滴 0.05 mol·L⁻¹ K_2CrO_4 溶液，加 2 mL 水稀释，逐滴加入 0.1 mol·L⁻¹ $Pb(NO_3)_2$ 溶液，观察首先生成的沉淀是黑色还是黄色？沉降后，再向清液中滴加 0.1 mol·L⁻¹ $Pb(NO_3)_2$ 溶液，会出现什么颜色的沉淀？用溶度积规则解释实验现象。

5.沉淀的溶解和转化

（1）取四支试管分别加入 0.5 mL 0.1 mol·L⁻¹ $AgNO_3$ 溶液，再各加入 0.5 mL 0.1 mol·L⁻¹ NaAc 溶液，观察现象。往四支试管的沉淀中分别加入以下试剂，观察现象并解释之。

表7-2　不同试剂与AgNO₃溶液作用结果

试管编号	加入的试剂	观察结果	反应的离子方程式和沉淀溶解原因
1	10 mL 蒸馏水		
2	6 mol·L⁻¹ HNO₃		
3	6 mol·L⁻¹ NH₃·H₂O		
4	1 mL 0.1 mol·L⁻¹ KI		

（2）在离心试管中，加5滴 $0.1\ mol\cdot L^{-1}$ $Pb(NO_3)_2$ 溶液，加3滴 $1\ mol\cdot L^{-1}$ NaCl溶液，待沉淀完全后，离心分离，用 0.5 mL 蒸馏水洗涤一次。在 $PbCl_2$ 沉淀中，加3滴 $0.1\ mol\cdot L^{-1}$ KI溶液，观察沉淀的转化和颜色的变化。按上述操作先后加入10滴饱和 Na_2SO_4 溶液、5滴 $0.5\ mol\cdot L^{-1}$ K_2CrO_4 溶液、5滴 $1\ mol\cdot L^{-1}$ Na_2S 溶液，每加入一种新的溶液后，都必须观察沉淀的转化和颜色的变化。用上述生成物溶解度数据解释实验中出现的各种现象，总结沉淀转化的条件。

【思考题】

1. 现有下列几种酸及其对应的盐类，欲配制pH=2、pH=6、pH=10、pH=12的各种缓冲溶液，选择哪种缓冲剂较好？

H_3PO_4、$(NH_4)_3PO_4$、$(NH_4)_2HPO_4$、$NH_4H_2PO_4$、Na_2HPO_4、NaH_2PO_4；$H_2C_2O_4$、$(NH_4)_2C_2O_4$、$NH_4HC_2O_4$；H_2CO_3、$(NH_4)_2CO_3$、NH_4HCO_3、$NaHCO_3$、Na_2CO_3；HF、NH_4F、HAc、NH_4Ac、NaAc。

2. 沉淀氢氧化物是否一定要在碱性条件下进行？是不是溶液的碱性越强（即加的碱越多），氢氧化物就沉淀得越完全？

3. 有两种 Fe^{3+} 盐溶液，它们的初始浓度分别为 $1\ mol\cdot L^{-1}$ 和 $0.1\ mol\cdot L^{-1}$，现在试验两种溶液生成 $Fe(OH)_3$ 的条件，问：

（1）开始生成 $Fe(OH)_3$ 沉淀时，两种溶液的pH值是否相同？

（2）$Fe(OH)_3$ 完全沉淀时，两种溶液的pH值是否相同？

4. 如何把 $BaSO_4$ 转化为 $BaCO_3$？与 Ag_2CrO_4 转化为AgCl相比，哪一种转化比较容易，为什么？

实验19　氧化还原反应和电化学

一、实验目的

1. 理解氧化型、还原型物种的浓度、介质酸度对氧化还原电对电极电势的影响。
2. 理解反应物的浓度、介质酸度对氧化还原的方向、速率及产物的影响。
3. 学会组装原电池和测量原电池的电动势。
4. 了解电解原理。

二、预习要点

1. 电极电势与物种的氧化还原性质。
2. 氧化还原反应方向的判断。
3. 能斯特方程。
4. 原电池、电解原理。

三、实验原理

1. 电极电势与氧化还原反应

电极电势表示氧化还原电对中物种的氧化还原能力的强弱，所以，在标准状态下，氧化还原反应发生的方向是：

$$强氧化型_I + 强还原型_{II} = 弱还原型_I + 弱氧化型_{II} \tag{1}$$

将氧化还原反应设计成原电池，原电池电动势与电池反应的标准摩尔吉布斯自由能变 $\Delta_r G_m$ 有如下关系：

$$\Delta_r G_m^0 = -nFE^0 \tag{2}$$

式中，n 为电池反应中转移的电子数，F 为法拉第常数。在标准状态下，当 $E^0 > 0$ 时，氧化还原反应能正向自发进行，当 $E^0 < 0$ 时，氧化还原反应正向不能自发进行，当 $E^0 = 0$ 时，氧化还原反应达到平衡状态。如果在水溶液体系中同时存在多种氧化剂（或还原剂），都能与加入的还原剂（或氧化剂）发生氧化还原反应且反应速率很快，则反应的次序应首先是 E^0 最大的两个电对的氧化剂与还原剂之间发生反应。

2. 影响电极电势的因素

通常当氧化还原反应的原电池电动势较大（$E^0 > 0.2\ V$）时，可以直接用原电池电动势 E^0 判断氧化还原反应能否自发进行。当氧化还原反应的原电池电动势较小（$E^0 < 0.2\ V$）时，则应考虑浓度对氧化还原电对电极电势的影响。影响电极电势的因素有温度、浓度（或气体的压力），从电极反应的能斯特方程就可以看出温度、浓度对电极电势的影响，并且浓度的影响更大一些。

$$\varphi = \varphi^0 + \frac{0.059\,2V}{n} \lg \frac{[氧化型]}{[还原型]} \tag{3}$$

可见当氧化型物种或还原型物种的浓度改变（如氧化型物种或还原型物种生成弱电解质、沉淀或配离子）时，电对的电极电势必发生改变，电动势也必将随之发生改变，从而可能改变氧化还原反应的方向。有些反应（如有 H^+ 或 OH^- 参与），介质的酸度也会对 φ 产生影响，如含氧酸根离子参加的氧化还原反应中经常有 H^+ 参加，增大 H^+ 浓度，电对的电极电势增大，含氧酸根离子的氧化性增强。介质酸度还会影响氧化还原反应的速率和产物，如铜与浓硝酸的反应比与稀硝酸的反应更剧烈；又如 MnO_4^- 在酸性介质中

的还原产物是 Mn^{2+}，在中性或弱碱性介质中生成 MnO_2，而碱性介质中则生成 MnO_4^{2-}。

3. 原电池电动势的测定

测定原电池的电动势通常用补偿法（也称对消法），较粗略地测原电池电动势时可用伏特计或酸度计，因为伏特计或酸度计的内阻很大，测量时回路中的电流极小，内压降近似为零，因而测出的外压降可近似作为原电池的电动势。

4. 电解原理

将电能转化为化学能的装置叫电解池。电解池是由分别浸没在含有正、负离子的溶液中的阴、阳两个电极构成。电解时在直流电作用下，电解质溶液中的阳离子向阴极移动，在阴极得到电子，发生还原反应；阴离子向阳极移动，在阳极失去电子，被氧化。如在水电解过程中，OH^- 在阳极失去电子，被氧化成氧气放出；H^+ 在阴极得到电子，被还原成氢气放出。电解是一种非常强有力的促进氧化还原反应的手段，电解广泛应用于冶金、化工工业中。

四、实验用品

1. 仪器

伏特计，水浴锅，量筒，小烧杯，试管，U形管，表面皿

2. 试剂

固体试剂：锌片，铜片，锌粒；液体试剂：$FeCl_3$（$0.1\,mol\cdot L^{-1}$），KI（$0.1\,mol\cdot L^{-1}$），KBr（$0.1\,mol\cdot L^{-1}$），H_2SO_4（$1\,mol\cdot L^{-1}$），H_2O_2（3%），$KMnO_4$（$0.01\,mol\cdot L^{-1}$），$FeCl_3$（$0.1\,mol\cdot L^{-1}$），NH_4F（饱和），$ZnSO_4$（$0.1\,mol\cdot L^{-1}$），$CuSO_4$（$0.1\,mol\cdot L^{-1}$），$(NH_4)_2Fe(SO_4)_2$（$1\,mol\cdot L^{-1}$），$K_2Cr_2O_7$（$0.4\,mol\cdot L^{-1}$），$NaOH$（$6\,mol\cdot L^{-1}$），KIO_3（$0.1\,mol\cdot L^{-1}$），Na_2SO_3（$0.1\,mol\cdot L^{-1}$），HAc（$1\,mol\cdot L^{-1}$，$6\,mol\cdot L^{-1}$），$Pb(NO_3)_2$（$1\,mol\cdot L^{-1}$，$0.5\,mol\cdot L^{-1}$），Na_2SiO_3（$0.5\,mol\cdot L^{-1}$），HNO_3（浓，$1\,mol\cdot L^{-1}$），饱和 $NaCl$，饱和 KCl，$SnCl_2$（$0.1\,mol\cdot L^{-1}$），$KSCN$（$0.1\,mol\cdot L^{-1}$），浓氨水，$H_2C_2O_4$（$0.1\,mol\cdot L^{-1}$），CCl_4，酚酞指示剂（0.1%）

3. 材料

导线，脱脂棉，滤纸，红色石蕊试纸（或pH试纸），碳棒，砂纸

五、实验内容

1. 电极电势与氧化还原反应

（1）在试管中加入2滴 $0.1\,mol\cdot L^{-1}$ $FeCl_3$ 和5滴 $0.1\,mol\cdot L^{-1}$ KI 溶液，振荡后观察溶液颜色，再加5滴 CCl_4 充分振荡，放置观察 CCl_4 层的颜色。解释现象，写出离子反应方程式。

（2）用 $0.1\,mol\cdot L^{-1}$ KBr 溶液代替 $0.1\,mol\cdot L^{-1}$ KI 溶液，重复上述(1)操作。

根据(1)、(2) 实验结果，定性比较 $\varphi(Br_2/Br^-)$，$\varphi(I_2/I^-)$，$\varphi(Fe^{3+}/Fe^{2+})$ 的相对高低。查看各电对标准电极电势表与实验结果是否一致，并指出最强的氧化剂和还原剂。

（3）在盛有4滴 $0.1\,mol\cdot L^{-1}$ $FeCl_3$ 溶液和2滴 $0.01\,mol\cdot L^{-1}$ $KMnO_4$ 溶液的试管中，边振

荡边逐滴加入 $0.1\ mol\cdot L^{-1}SnCl_2$ 溶液。待溶液 $KMnO_4$ 的紫红色消失时，即刻滴加1滴 $0.1\ mol\cdot L^{-1}KSCN$ 溶液，观察现象。继续滴加 $0.1\ mol\cdot L^{-1}SnCl_2$ 溶液，观察溶液颜色变化。比较各电对的标准电极电势，解释氧化还原反应的次序，写出有关离子反应方程式。

2.酸度、浓度对电极电势的影响

（1）电动势的测定

利用两个 50 mL 的小烧杯、锌片、铜片、$0.1\ mol\cdot L^{-1}ZnSO_4$、$0.1\ mol\cdot L^{-1}CuSO_4$、饱和 KCl-琼脂盐桥（可用一缕脱脂棉浸吸饱和 KCl 溶液后代替）、导线，组装铜-锌原电池（见图7-1），再将锌片、铜片上导线分别与伏特计的负极、正极相接，测量原电池的电动势，并记录数据。

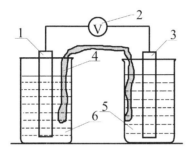

1.锌片 2.伏特计 3.铜片 4.脱脂棉（浸吸饱和 KCl 溶液） 5.CuSO₄溶液 6.ZnSO₄溶液

图7-1 脱脂棉原电池装置示意图

（2）浓度的影响

在上述铜-锌原电池的 $CuSO_4$ 溶液中加入浓氨水，搅拌至沉淀完全溶解，生成深蓝色溶液。观察伏特计指针变化情况，记录数据。再往 $ZnSO_4$ 溶液中加入浓氨水，搅拌至沉淀完全溶解。观察伏特计指针变化情况，记录数据。利用能斯特方程解释原电池电动势的变化，写出有关离子反应方程式。保留原电池装置，电解实验备用。

（3）酸度的影响

利用两个 50 mL 的小烧杯，$1\ mol\cdot L^{-1}(NH_4)_2Fe(SO_4)_2$ 溶液、$0.4\ mol\cdot L^{-1}K_2Cr_2O_7$ 溶液、铁片、碳棒、饱和 KCl 盐桥、导线，组装原电池，再将铁片、碳棒的导线分别与伏特计的负极、正极相接，测量原电池的电动势，并记录数据。

在 $K_2Cr_2O_7$ 溶液中逐滴滴加 $1\ mol\cdot L^{-1}H_2SO_4$ 溶液，观察伏特计指针变化情况。再往 $K_2Cr_2O_7$ 溶液中逐滴滴加 $6\ mol\cdot L^{-1}NaOH$ 溶液，观察伏特计指针有何变化。利用能斯特方程解释原电池电动势的变化，写出有关离子反应方程式。

3.酸度、浓度对氧化还原反应方向的影响

（1）酸度的影响

在试管中加入5滴 $0.1mol\cdot L^{-1}KI$ 溶液和2滴 $0.1\ mol\cdot L^{-1}KIO_3$ 溶液，再滴加5滴 CCl_4，振荡后观察现象。然后滴加2滴 $1\ mol\cdot L^{-1}H_2SO_4$ 溶液，振荡后观察有无变化。最后滴加 $6\ mol\cdot L^{-1}NaOH$ 溶液至呈碱性，观察又有何变化。解释现象，并写出有关离子反应方程式。

（2）浓度的影响

①在试管中加入 H_2O、CCl_4、$0.1\,mol\cdot L^{-1}\,FeCl_3$ 溶液各5滴，再加入5滴 $0.1\,mol\cdot L^{-1}\,KI$ 溶液，振荡后观察 CCl_4 层的颜色变化。

②在试管中加入 $1\,mol\cdot L^{-1}\,(NH_4)_2Fe(SO_4)_2$、$CCl_4$、$0.1\,mol\cdot L^{-1}\,FeCl_3$ 溶液各5滴，再加入5滴 $0.1\,mol\cdot L^{-1}\,KI$ 溶液，振荡后观察 CCl_4 层的颜色变化。与实验①对照，CCl_4 层的颜色有何不同？

③在实验①的试管中加入饱和 NH_4F 溶液，振荡溶解，观察 CCl_4 层的颜色变化。

4. 酸度、浓度对氧化还原反应产物的影响

（1）酸度的影响

往白色点滴板的三个孔穴中分别滴加5滴 $0.1\,mol\cdot L^{-1}\,Na_2SO_3$ 溶液，然后再分别加入2滴 $1\,mol\cdot L^{-1}\,H_2SO_4$ 溶液、2滴蒸馏水、2滴 $6\,mol\cdot L^{-1}\,NaOH$ 溶液，最后分别滴入2滴 $0.01\,mol\cdot L^{-1}\,KMnO_4$ 溶液。观察比较实验现象，写出有关离子反应方程式。

（2）浓度的影响

在通风条件下，往两支试管中各加入一粒小小锌片，然后分别滴加5滴浓 HNO_3、5滴 $1\,mol\cdot L^{-1}\,HNO_3$ 溶液，观察试管内现象。反应片刻，用滴管吸取试管中的溶液置于表面皿中心，再滴加 $6\,mol\cdot L^{-1}\,NaOH$ 溶液至呈碱性，将另一粘有湿润红色石蕊试纸或pH试纸的表面皿盖在盛有试液的表面皿上做成"气室"，将此"气室"置于水浴上微热，观察试纸颜色的变化。解释实验现象，写出有关离子反应方程式。

5. 酸度、浓度、温度对氧化还原反应速率的影响

（1）酸度的影响

在两支试管中各加入5滴 $0.1\,mol\cdot L^{-1}\,KBr$ 溶液，然后分别加入2滴 $1\,mol\cdot L^{-1}\,H_2SO_4$ 溶液和 $6\,mol\cdot L^{-1}\,HAc$ 溶液，最后各加入2滴 $0.01\,mol\cdot L^{-1}\,KMnO_4$ 溶液。振荡后观察两支试管中紫红色消失的快慢。写出有关反应方程式。

（2）浓度的影响

在两支各盛有3滴 $0.5\,mol\cdot L^{-1}\,Pb(NO_3)_2$ 溶液和 $1\,mol\cdot L^{-1}\,Pb(NO_3)_2$ 溶液的试管中，分别加入30滴 $1\,mol\cdot L^{-1}\,HAc$ 溶液，摇匀后分别逐滴滴加26～28滴 $0.5\,mol\cdot L^{-1}\,Na_2SiO_3$ 溶液，摇匀后用蓝色石蕊试纸检验溶液呈弱酸性。将两支试管置于 $90\,℃$ 水浴中加热，至试管中形成凝胶，取出试管，冷却至室温。然后在凝胶中同时插入表面积相同的锌片，观察试管中"铅树"生长的快慢。

（3）温度的影响

在两支试管中各加入2滴 $0.01\,mol\cdot L^{-1}\,KMnO_4$ 溶液和2滴 $1\,mol\cdot L^{-1}\,H_2SO_4$ 溶液，将一支试管在水浴中加热几分钟后，同时向两支试管中加入2滴 $0.1\,mol\cdot L^{-1}\,H_2C_2O_4$ 溶液观察两支试管中紫红色消失的快慢。

6. 氧化数居中的物质的氧化还原性

（1）在试管中加入5滴0.1 mol·L^{-1} KI和2滴2mol·L^{-1} H$_2$SO$_4$，再加入1～2滴3% H$_2$O$_2$，观察试管中溶液颜色的变化。

（2）在试管中加入2滴0.01 mol·L^{-1} KMnO$_4$溶液，再加入2滴1 mol·L^{-1} H$_2$SO$_4$溶液，摇匀后滴加2滴3% H$_2$O$_2$，观察溶液颜色的变化。

7. 电解原理

将用饱和NaCl溶液完全润湿的小块滤纸片放在表面皿上，再加入1～2滴酚酞。将铜–锌原电池的两极导线压在滤纸上，使其相距约1 cm，通电几分钟后，观察哪一极导线处出现红色。试解释其中的原理。

【注意事项】

1. 组装铜–锌原电池的铜片、锌片需打磨干净，导线连接要紧密，防止接触不良影响伏特计读数。

2. 也可制作饱和KCl盐桥：在U形管中注满饱和KCl溶液，然后用脱脂棉堵住两端管口即可。

3. 测原电池电动势时伏特表应连接在小量程接线柱上。

4. 锌粒与硝酸的反应须在通风橱中进行。

5. 铜片、锌片、锌粒洗净回收。

6. KI溶液应呈无色，如溶液变成浅黄色则证明I$^-$已被氧化。

【思考题】

1. 举例说明如何判断氧化还原反应发生的方向。

2. 通过本实验归纳总结影响电极电势的因素。

3. 了解常用的化学电源。

4. Fe^{3+}离子能把Cu氧化为Cu^{2+}离子，而Cu^{2+}离子又能把Fe氧化为Fe^{2+}离子，这两个反应相互矛盾吗？为什么？

实验20　配合物的生成与性质

一、实验目的

1. 了解配合物（包括螯合物）的生成和组成。

2. 了解配合物与简单化合物和复盐的区别。

3. 比较不同配合物的相对稳定性。

4. 了解配位平衡与沉淀反应、氧化还原反应、溶液酸碱性的关系。

二、预习要点

1. 配合物的组成、命名与性质。
2. 配位平衡的移动。
3. 配合物的一些实际应用。

三、实验原理

配位化合物（简称配合物）是组成复杂、应用广泛的一类化合物，是由可以给出孤对电子或多个不定域电子的一定数目的离子或分子（称为配体）和具有接受孤对电子或多个不定域电子的空位的原子或离子（统称中心原子）按一定的组成和空间构型所形成的复杂化合物。

配合物和复盐不同，一般说的复盐在水溶液中全部电离为简单离子，如：

$$(NH_4)Fe(SO_4)_2 = NH_4^+ + Fe^{3+} + 2SO_4^{2-}$$

而配合物在水溶液中电离出来的配离子很稳定，只有一部分电离成为简单离子，最终达到配位平衡。如

$$K_3[Fe(CN)_6] = 3K^+ + [Fe(CN)_6]^{3-}$$

$$[Fe(CN)_6]^{3-} \rightleftharpoons Fe^{3+} + 6CN^-$$

因此，配合物溶液中中心离子的浓度较小。配位平衡跟其他平衡一样，也是一种相对平衡状态，当维持平衡的外界条件发生变化时，配位平衡也将被破坏而发生平衡移动。本实验将试验配位平衡同溶液中的pH值、沉淀反应、氧化还原反应等的关系。利用这些关系，可以实现配离子的生成和破坏。

另外，螯合剂能够与中心离子键合而成为具有环状结构的配合物——螯合物。螯合物的稳定性更高，很少有逐级解离现象，且一般有特征颜色，几乎不溶于水，而溶于有机溶剂。利用这些特点可以进行沉淀萃取分离、比色定量分析等方面的工作。本实验将试验EDTA与Fe^{3+}、Cu^{2+}，邻菲罗啉与Fe^{2+}，二乙酰二肟与Ni^{2+}的螯合等反应。

四、实验用品

1. 仪器

试管，点滴板（白色）

2. 试剂

H_2SO_4（$1\ mol \cdot L^{-1}$），$NaOH$（$2\ mol \cdot L^{-1}$、$6\ mol \cdot L^{-1}$），NH_4F（$2\ mol \cdot L^{-1}$），$NH_3 \cdot H_2O$（$0.1\ mol \cdot L^{-1}$、$6\ mol \cdot L^{-1}$），$BaCl_2$（$1\ mol \cdot L^{-1}$），KBr（$0.1\ mol \cdot L^{-1}$），KI（$0.1\ mol \cdot L^{-1}$），$Na_2S_2O_3$（$0.1\ mol \cdot L^{-1}$），Na_2S（$0.1\ mol \cdot L^{-1}$），$CuSO_4$（$1\ mol \cdot L^{-1}$），$(NH_4)_2Fe(SO_4)_2$（$0.1\ mol \cdot L^{-1}$），$(NH_4)Fe(SO_4)_2$（$0.1\ mol \cdot L^{-1}$），$NiSO_4$（$0.2\ mol \cdot L^{-1}$），$Na_3[Co(NO_2)_6]$（$0.1\ mol \cdot L^{-1}$），$KSCN$

$(0.1 \ mol \cdot L^{-1})$，$FeCl_3(0.1 \ mol \cdot L^{-1})$，$AgNO_3(0.1 \ mol \cdot L^{-1})$，$(NH_4)_2C_2O_4$(饱和)，$K_3[Fe(CN)_6]$ $(0.1 \ mol \cdot L^{-1})$，$EDTA(0.1 \ mol \cdot L^{-1})$，邻菲罗啉(0.25%)，二乙酰二肟(1%)，无水乙醇，CCl_4

3. 材料

红色石蕊试纸，pH试纸

五、实验内容

1. 配合物的生成和组成

（1）在两支试管中各加入 10 滴 1 $mol \cdot L^{-1}$ $CuSO_4$ 溶液，然后分别加入 2 滴 1 $mol \cdot L^{-1}$ $BaCl_2$ 和 2 $mol \cdot L^{-1}$ NaOH 溶液，观察现象。

（2）另取一支试管，加入 1 mL 1 $mol \cdot L^{-1}$ $CuSO_4$ 溶液后，逐滴加入 6 $mol \cdot L^{-1}$ $NH_3 \cdot H_2O$，至产生沉淀后仍继续滴加 $NH_3 \cdot H_2O$，直至生成的沉淀全部消失后，再多加 4～5 滴 $NH_3 \cdot H_2O$。观察溶液的颜色，将此溶液分为三份，在一、二两份中分别滴加 2 滴 2 $mol \cdot L^{-1}$ NaOH 和 1 $mol \cdot L^{-1}$ $BaCl_2$ 溶液，有何现象？将此现象与上面的实验现象进行比较，解释这些现象，写出反应方程式。

在第三份中加入 2 mL 无水乙醇，摇匀后静置片刻，观察硫酸四氨合铜晶体的析出。根据上面实验的结果，说明 $CuSO_4$ 和 NH_3 所形成的配位化合物的组成。

在 $CuSO_4$ 溶液中，Cu^{2+} 与 H_2O 分子结合成 $[Cu(H_2O)_4]^{2+}$ 水合离子，这实际就是配合物，但一般习惯把水溶液中的水合离子仍当作简单离子。

2. 配合物与简单化合物和复盐的区别

（1）配合物与简单化合物的区别

①在一支试管中滴入 5 滴 0.1 $mol \cdot L^{-1}$ $FeCl_3$ 溶液，加入 1 滴 0.1 $mol \cdot L^{-1}$ KSCN 溶液，观察现象，写出反应方程式。保留溶液供实验 3.（1）使用。

②以 $K_3[Fe(CN)_6]$ 代替 $FeCl_3$，做同样的试验，观察溶液是否呈血红色。根据实验说明配合物和简单化合物有何区别。

（2）配合物与复盐的区别

在三支试管中各滴入 10 滴 0.1 $mol \cdot L^{-1}$ $(NH_4)Fe(SO_4)_2$ 溶液，分别检验其中所含的 NH_4^+、Fe^{3+} 和 SO_4^{2-} 离子，写出有关的反应方程式。

比较前一实验与本实验的结果，说明配合物与复盐有何区别。

3. 配位平衡的移动

（1）配离子之间的转化

在实验 2.（1）①保留的溶液中逐滴加入 2 $mol \cdot L^{-1}$ NH_4F 溶液至溶液变为无色，再滴加 $(NH_4)_2C_2O_4$ 溶液至溶液变为黄绿色（$[Fe(C_2O_4)_3]^{3-}$ 离子的颜色），写出反应方程式。从溶液颜色的变化比较这几种 Fe（Ⅲ）配离子的稳定性，并说明这些配离子之间的转化条件。

在Fe^{3+}离子溶液中，加入NH_4F溶液后，可形成$n=1\sim6$的多种配离子：

$$Fe^{3+} + nF^- \rightleftharpoons [FeF_n]^{3-n}$$

如果加入的NH_4F较多，则主要形成$[FeF_6]^{3-}$离子。由于$(NH_4)_3[FeF_6]$的溶解度很小，这时会有沉淀析出，即：

$$Fe^{3+} + 6F^- + 3NH_4^+ = (NH_4)_3[FeF_6]\downarrow（白色）$$

（2）配位平衡与沉淀溶解平衡

在试管中注入10滴0.1 mol·L^{-1} $AgNO_3$溶液，滴入0.1 mol·L^{-1} KBr溶液，有什么现象？再注入2 mL 0.1mol·L^{-1} $Na_2S_2O_3$溶液，有什么现象？再向试管中滴入0.1 mol·L^{-1} KI溶液，又有什么现象？再向试管中滴入0.1 mol·L^{-1} Na_2S溶液，又出现什么现象？

根据难溶物的溶度积和配离子稳定常数解释上述一系列现象，并写出有关的离子反应方程式。

（3）配位平衡和氧化还原平衡

取两支试管，各加入10滴0.1 mol·L^{-1} $FeCl_3$溶液，然后向一支试管中加入10滴饱和$(NH_4)_2C_2O_4$溶液，另一试管中加10滴蒸馏水，再向两支试管中各加10滴0.1 mol·L^{-1} KI和0.5 mL CCl_4，摇动试管，观察两支试管中CCl_4层的颜色。从配离子形成时电极电势的改变解释实验现象。

（4）配位平衡和酸碱反应

①在自制的$[Cu(NH_3)_4]SO_4$溶液中，逐滴加入1 mol·L^{-1} H_2SO_4溶液，溶液的颜色有什么变化？是否有沉淀生成？继续加入H_2SO_4至溶液呈酸性，又有什么变化？

②取10滴$Na_3[Co(NO_2)_6]$溶液，逐滴加入6 mol·L^{-1} NaOH溶液，振荡试管，观察$[Co(NO_2)_6]^{3-}$离子的被破坏和$Co(OH)_3$沉淀的生成。由以上实验解释溶液的酸碱性对配位平衡的影响。

4. 螯合物的形成

（1）Fe^{3+}、Cu^{2+}与EDTA的反应

分别在10滴硫氰酸铁溶液和10滴$[Cu(NH_3)_4]^{2+}$溶液（自配）中滴加0.1 mol·L^{-1} EDTA溶液，各有何现象产生？解释发生的现象。

EDTA能与许多金属离子形成稳定的螯合物。一般情况下，这些螯合物多为1∶1的配合物，且与无色的金属离子生成的螯合物也无色，与有色的金属离子生成颜色相近且更深的螯合物。

（2）硬水软化

往两个100 mL烧杯中各盛入50 mL自来水（用井水效果更明显），向一烧杯中加入3~5滴0.1 mol·L^{-1} EDTA溶液。然后将两个烧杯中的水加热煮沸10 min，观察两个烧杯中的水有何变化？解释现象。

（3）Fe^{2+}离子与邻菲罗啉在微酸性溶液中的反应

在白瓷点滴板上滴1滴0.1 mol·L^{-1} $(NH_4)_2Fe(SO_4)_2$溶液和2~3滴0.25%邻菲罗啉

溶液，观察橘红色溶液的生成。反应的方程式为：

$$Fe^{2+} + 3 \text{(phen)} = \left[Fe(\text{phen})_3 \right]^{2+}$$

（3）Ni^{2+}离子与二乙酰二肟的反应

在白色点滴板上滴1滴0.2 mol·L^{-1} NiSO$_4$溶液，1滴0.1 mol·L^{-1} NH$_3$·H$_2$O和1滴1%二乙酰二肟溶液，观察鲜红色沉淀的生成。反应的方程式为：

$$Ni^{2+} + 2 \begin{matrix} CH_3-C=NOH \\ | \\ CH_3-C=NOH \end{matrix} = \text{[Ni complex]} \downarrow + 2H^+$$

H$^+$浓度过大不利于Ni^{2+}离子生成内络盐，而OH$^-$离子浓度也不易太高，否则会生成Ni(OH)$_2$沉淀，合适的pH值为5～10。

【注意事项】

1. AgBr与Na$_2$S$_2$O$_3$溶液反应时，后者的浓度不能太大，否则使生成的AgI也溶解。一般情况下，1 mol·L^{-1}以下的Na$_2$S$_2$O$_3$溶液不会使AgI溶解，2 mol·L^{-1}的Na$_2$S$_2$O$_3$溶液会部分溶解，饱和Na$_2$S$_2$O$_3$会使AgI全部溶解。

2. 进行生成沉淀的实验时，溶液必须逐滴加入，且边加边振荡，生成的沉淀量要少，即到刚生成沉淀为宜。凡是使沉淀溶解的步骤，加入溶液的量以能使沉淀刚溶解为宜。若试管中溶液量太多，可在生成沉淀后，先离心分离弃去清液，再继续进行实验。

【思考题】

1. 总结本实验中所观察到的现象，说明有哪些因素影响配位平衡。

2. 利用配位反应，设计分离Ag$^+$、Cu^{2+}、Al^{3+}离子混合溶液的方案，画出分离过程示意图。

3. 实验中所用的EDTA是什么物质？它与金属离子生成的配离子有什么特点？写出Fe^{3+}与EDTA形成配离子的结构式。

实验21　p区非金属元素(一)(卤素、氧、硫)

一、实验目的

1. 掌握卤素单质的氧化性；了解卤化氢的制备方法并比较它们的还原性、稳定性；掌握次氯酸盐、氯酸盐、溴酸盐、碘酸盐的强氧化性。

2. 掌握过氧化氢、硫化氢的性质及S^{2-}离子的鉴定方法。

3. 掌握亚硫酸盐、硫代硫酸盐的性质及SO_3^{2-}、$S_2O_3^{2-}$离子的鉴定方法。

4. 了解单质氯、溴及固体氯酸钾的安全操作。

二、预习要点

1. p区非金属元素的通性。

2. 卤素。

3. 氧族元素。

三、实验原理

1. 卤素

氟、氯、溴、碘是第ⅦA族元素，它们原子的价电子构型为ns^2np^5，因此元素的氧化数通常是-1，但在一定条件下，也可以形成氧化数为+1、+3、+5、+7的化合物。

卤素单质在化学性质上表现为强氧化性，其还原性较弱（主要是I_2，可被HNO_3氧化为HIO_3）。氧化性按下列顺序变化：$F_2>Cl_2>Br_2>I_2$。

氯气的水溶液叫作氯水，在氯水中存在下列平衡：

$$Cl_2 + H_2O \rightleftharpoons HCl + HClO$$

卤化氢皆为无色有刺激性气味的气体。其热稳定性为$HF>HCl>HBr>HI$。其还原性为$HI>HBr>HCl>HF$。如HI可将浓硫酸还原为H_2S，HBr可将浓硫酸还原为SO_2，而HCl则不能还原浓硫酸。

卤素的含氧酸有如下多种形式：HXO、HXO_2、HXO_3、HXO_4（X=Cl、Br、I）。随着卤素氧化数的升高，其热稳定性增大，酸性增强，氧化性减弱。如氯酸盐在中性溶液中没有明显的氧化性，但在酸性介质中表现有强氧化性。

2. 氧族元素

氧、硫属ⅥA族元素，价电子构型ns^2np^4。

氧能形成两种氢化物H_2O和H_2O_2，H_2O_2远不如H_2O稳定，加热、光照或有催化剂时都会促使其分解。H_2O_2在水中呈弱酸性，其中氧呈-1氧化态，故H_2O_2既有氧化性又有还原性，分别生成 H_2O 和 O_2。

硫化氢中硫的氧化数为-2，它是强还原剂。但 H_2S 为有恶臭的剧毒气体，硫代乙酰胺在酸性（产生 H_2S）或碱性条件下可水解（产生 S^{2-}），因此可作为 H_2S 的代用品。

硫能形成种类繁多的含氧酸及其盐。亚硫酸盐中硫的氧化数为+4，故既有氧化性又有还原性，但以还原性为主。硫代硫酸盐中硫的平均氧化数为+2，是一种中等强度的还原剂，与碘反应时，它被氧化为连四硫酸钠，与氯、溴等反应时被氧化为硫酸盐。

四、实验用品

1. 仪器

铁架台，石棉网，三脚架，烧杯，试管，酒精灯，白色点滴板，圆底烧瓶，分液漏斗，洗气瓶。

2. 药品

固体试剂：$KMnO_4$，$NaCl$，$NaBr$，NaI，Na_2SO_3，MnO_2；液体试剂：HCl（2 mol·L^{-1}、浓），H_2SO_4（1 mol·L^{-1}），$NaOH$（40%、2 mol·L^{-1}、6 mol·L^{-1}），KBr（0.1 mol·L^{-1}），KI（0.1 mol·L^{-1}），$KClO_3$（饱和），$KBrO_3$（饱和），KIO_3（饱和），$NaClO$（稀），H_2O_2（3%），$MnSO_4$（0.1 mol·L^{-1}），$NaHSO_3$（0.1 mol·L^{-1}），$Na_2S_2O_3$（0.1 mol·L^{-1}），硫代乙酰胺（5%），Na_2S（0.1 mol·L^{-1}），$KMnO_4$（0.1 mol·L^{-1}），$K_2Cr_2O_7$（0.01 mol·L^{-1}），$AgNO_3$（0.1 mol·L^{-1}），$Na_2[Fe(CN)_5NO]$（1%），H_2O_2（30%），CCl_4，氯水，淀粉溶液，无水乙醇，乙醚，碘水，品红。

3. 材料

pH试纸，KI-淀粉试纸，$Pb(Ac)_2$试纸，蓝色石蕊试纸。

五、实验内容

1. 卤素单质的氧化性

在试管中加入10滴0.1 mol·L^{-1} KBr溶液，2滴0.01 mol·L^{-1} KI溶液（用0.1 mol·L^{-1} 的自配）和0.5 mL CCl_4，混匀，逐滴加入氯水，每加一滴振荡一次试管，仔细观察 CCl_4 层中先后出现的颜色变化，直至 CCl_4 层呈无色。

根据标准电极电势数据及氯气的氧化性解释 CCl_4 层中出现的紫红色→无色→橙色→浅黄色→无色的颜色变化，并写出反应的方程式。

通过以上实验总结卤素单质的氧化性及递变。

2. 卤化氢的还原性

取三支试管，分别加入少量（黄豆般大小）$NaCl$、$NaBr$、NaI，再各加入2～3滴浓 H_2SO_4，微热，观察每支试管中的颜色变化。分别用湿的 pH试纸、KI-淀粉试纸和 $Pb(Ac)_2$试纸检验各试管中产生的气体。

比较卤化氢的还原性，写出反应的方程式。

3. 卤素含氧酸盐的性质

（1）次氯酸钠的氧化性

①在试管中加入 5 滴浓 HCl，10 滴 NaClO 溶液，微热，用湿的 KI-淀粉试纸检验放出的气体。

②在试管中加入 2～3 滴 0.1 mol·L⁻¹ MnSO₄，10 滴 NaClO 溶液，振荡，观察现象。反应方程式为：

$$NaClO + MnSO_4 + 2NaOH = MnO_2 \downarrow + Na_2SO_4 + NaCl + H_2O$$

③在试管中加入 2 滴品红溶液，再逐滴滴入 NaClO 溶液，振荡，观察溶液是否褪色。

根据以上实验，对于 NaClO 的性质，你能得出什么结论？写出相应的反应方程式。并用标准电极电势解释之。

（2）氯酸钾的氧化性

①在试管中加入 10 滴饱和 KClO₃ 溶液中，然后加入 2～3 滴浓 HCl，微热，验证所产生的气体。

②在试管中加入 10 滴 0.1 mol·L⁻¹ KI 溶液，10 滴饱和 KClO₃ 溶液，振荡，观察现象；再逐滴加入 6 mol·L⁻¹ H₂SO₄，并不断振荡试管，观察到溶液先呈黄色（I_3^-）后变为紫黑色（I_2 析出），最后变成无色（IO_3^-）。

写出各步反应的离子方程式，根据现象比较 HIO_3 和 $HClO_3$ 的氧化性强弱。

（3）溴酸钾的氧化性

在试管中加入 10 滴 0.1 mol·L⁻¹ KI 溶液和 1 mL 6 mol·L⁻¹ H₂SO₄ 溶液，然后逐滴加入饱和 KBrO₃ 溶液中，记录实验现象并做出解释。

（4）碘酸钾的氧化性

在 1 滴 0.1 mol·L⁻¹ NaHSO₃ 溶液中，加入 1 滴 1 mol·L⁻¹ H₂SO₄ 和 1 滴可溶性淀粉溶液，然后逐滴加入 KIO₃ 饱和溶液，边加边振荡，直至有深蓝色出现。解释实验现象，写出有关的反应方程式。

4. 水溶液中单线态氧的生成*

向 H₂O₂ 的 NaOH 溶液通入 Cl₂，就会发出鲜红色的光。实验原理：Cl₂ 遇到 H₂O₂ 强碱溶液中的过氧离子 O_2^{2-} 发生氧化还原反应，O_2^{2-} 失去 1 个电子得到超氧离子 O_2^-，O_2^- 再失去 1 个电子有 3 种可能性，其中 2 种是激发态氧分子 O_2^*，另一种是基态氧 O_2，即三线态氧，符号为 $^1\sum_g^-(^3O_2)$。激发态氧分子 O_2^* 有两个自旋相反的电子，称为单线态氧，其中一种较低能量的激发态形式比较重要，即单线态氧 $^1\Delta_g(^1O_2)$。由于激发态氧分子 O_2^* 的能量比基态氧分子高，不稳定，放出一个光子转化为基态氧分子，单线态氧 $^1\Delta_g(^1O_2)$ 放出的光子能量相当于可见光谱中的红光。反应历程：$O_2^{2-} \rightarrow O_2^- \rightarrow O_2^*$，逐一失去的电子是它们的分子轨道中最高占有电子的 π* 反键轨道中的电子。

---

* 宋玉民，蔺蝉玉，武承义. 对水溶液中单线态氧的生成实验的一点改进[J]. 化学教育，2001(10)：44.

单线态 O_2 无处不在，它与生物氧化，空气污染的光化学转化有关，还是生命细胞中酶氧化的副产物。在有机体的代谢中会不断地生成和猝灭。由于它有活性，对生物体组织有损害，但它又可用于治疗肿瘤(光动力治疗)。因此单线态氧是人类的朋友和敌人。

实验装置如图 7-2。将 10 mL 30% 的 H_2O_2 倒入反应器 6 中，然后慢慢加入 25 mL 6 mol·L^{-1} NaOH。先关闭 A 夹，打开 B 夹，开启分液漏斗的活塞滴加浓 HCl，使缓冲瓶中的空气由 B 夹处排出。待空气排尽后（用湿润的碘粉–KI 试纸检查缓冲瓶内的空气排完与否），关闭 B 夹，打开 A 夹。开始时以 60 滴·min^{-1} 的速度滴加浓 HCl，通入 Cl_2 2 min 后，改为 30 滴·min^{-1}，2 min 后即可看到反应器 6 中有红色发光的气泡产生。当纯净氯气的鼓入速度很快时，可以看到从反应器内的氯气导管口会喷出一股发着红光的"火焰"。

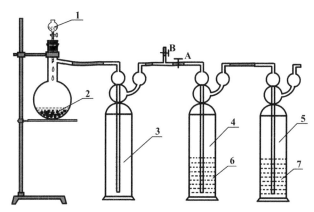

1.浓 HCl　2.$KMnO_4$（s）　3.缓冲瓶　4.反应器　5.尾气吸收瓶　6.H_2O_2 和 NaOH 溶液　7.NaOH 溶液

图7-2　单线态氧生成装置

5.过氧化氢的性质

（1）过氧化氢的酸性

往试管中加入 3 滴 40%NaOH 溶液和 5 滴 3% 的 H_2O_2 溶液，再加入 3 滴无水乙醇（以降低生成物的溶解度），振荡试管，观察白色晶体的生成：

$$2NaOH + H_2O_2 + 6H_2O = Na_2O_2 \cdot 8H_2O \downarrow$$

（2）过氧化氢的氧化性

在试管中加入 2 滴 3%H_2O_2，1 滴 1 mol·L^{-1} H_2SO_4 溶液，再滴加 0.1 mol·L^{-1} KI 溶液，振荡试管，观察现象。写出反应方程式。

（3）过氧化氢的还原性

在试管中加入 2 滴 3%H_2O_2 溶液，加入 1 滴 1 mol·L^{-1} H_2SO_4 溶液，再滴加 0.01 mol·L^{-1} $KMnO_4$溶液，振荡试管，观察溶液颜色的变化，用带余烬的火柴检验放出的气体。解释现象，写出反应方程式。

（4）过氧化氢的催化分解

将盛有 2 mL 3% H_2O_2 的试管微热，有什么现象？用带余烬的火柴放在管口，有何变化？再向试管内加入 0.1 g MnO_2 固体，又有什么变化？再用带余烬的火柴检验气体产物，有什么变化？

比较以上两种情况，说明 MnO_2 对 H_2O_2 的分解反应有何影响，并写出反应方程式。

（5）过氧化氢的鉴定反应

在 2 滴 0.01 $mol \cdot L^{-1}$ $K_2Cr_2O_7$ 溶液中，加入 2 滴 1 $mol \cdot L^{-1}$ H_2SO_4 酸化。加入 5 滴乙醚再加入 1 滴 3% H_2O_2，振荡，观察乙醚层中溶液的颜色。

6. 硫化氢的性质

（1）硫化氢的还原性

①取 10 滴 5% 硫代乙酰胺（简称 TAA）溶液，用 1 $mol \cdot L^{-1}$ H_2SO_4 酸化，水浴加热。此时有气体放出，观察气体的颜色，小心嗅其气味，并检验气体。

②在 10 滴 0.1 $mol \cdot L^{-1}$ $KMnO_4$ 中，加入数滴 1 $mol \cdot L^{-1}$ H_2SO_4 酸化后，加数滴 TAA，水浴加热，离心沉降，观察现象。

（2）S^{2-} 的鉴定

在白色点滴板上加 1 滴 0.1 $mol \cdot L^{-1}$ Na_2S 溶液，再加 1 滴 1% 的 $Na_2[Fe(CN)_5NO]$ 溶液，出现紫红色即表示有 S^{2-}。

7. 亚硫酸盐

（1）亚硫酸盐的还原性

在 2 滴 0.1 $mol \cdot L^{-1}$ $KMnO_4$ 溶液中加入 2 滴 1 $mol \cdot L^{-1}$ H_2SO_4 和少量 Na_2SO_3 固体。观察有何现象。

（2）亚硫酸盐的氧化性

在 5 滴 TAA 溶液中，加入 2 滴 1 $mol \cdot L^{-1}$ H_2SO_4 酸化，水浴加热；然后再加少量 Na_2SO_3 固体。观察现象。

（3）SO_2 的漂白作用（加合性）

在 2 滴品红溶液中，加入 2 滴 1 $mol \cdot L^{-1}$ H_2SO_4 和少量 Na_2SO_3 固体。观察现象。

写出上述各有关的反应方程式。

8. 硫代硫酸盐

（1）$Na_2S_2O_3$ 的还原性

①在 10 滴碘水中逐滴加入 0.1 $mol \cdot L^{-1}$ $Na_2S_2O_3$ 溶液，观察碘水颜色是否褪去。

②在 10 滴 $Na_2S_2O_3$ 溶液中加 2 滴 2 $mol \cdot L^{-1}$ NaOH 溶液，然后滴入新制的氯水，如有沉淀，继续加氯水直至沉淀消失。设法证明有 SO_4^{2-} 离子生成。

（2）$Na_2S_2O_3$ 在酸中的不稳定性

在 10 滴 0.1 $mol \cdot L^{-1}$ $Na_2S_2O_3$ 溶液中，加入 10 滴 2 $mol \cdot L^{-1}$ HCl 溶液，片刻后，观察溶液是否变为浑浊，有无 SO_2 的气味。

（3）$Na_2S_2O_3$的配位性

在试管中加入5滴$0.1\ mol \cdot L^{-1}$ $AgNO_3$溶液，逐滴加入$0.1\ mol \cdot L^{-1}$ $Na_2S_2O_3$溶液，边滴加边振荡试管，有何现象？

总结硫代硫酸盐的性质，写出相应的反应方程式。

（4）$S_2O_3^{2-}$的鉴定

与（3）相反，在试管中加入2滴$0.1\ mol \cdot L^{-1}$ $Na_2S_2O_3$，滴加$0.1\ mol \cdot L^{-1}$ $AgNO_3$，直至产生白色沉淀。然后观察沉淀颜色由白→黄→棕→黑的变化。利用$Ag_2S_2O_3$水解时颜色的变化可以鉴定$S_2O_3^{2-}$的存在。其反应方程式为：

$$2Ag^+ + S_2O_3^{2-} = Ag_2S_2O_3 \downarrow （白）$$
$$Ag_2S_2O_3 + H_2O = H_2SO_4 + Ag_2S \downarrow （黑）$$

9. 过二硫酸盐的氧化性

向装有2滴$0.002\ mol \cdot L^{-1}$ $MnSO_4$溶液的试管中加入约5mL H_2SO_4溶液、2滴$0.1\ mol \cdot L^{-1}$ $AgNO_3$溶液，再加入少量$K_2S_2O_8$固体，水浴加热，溶液的颜色有什么变化？

另取一支试管，不加入$AgNO_3$溶液，进行同样实验。比较上述两个实验的现象有什么不同，为什么？写出反应方程式。

【注意事项】

1. 凡涉及氯气、卤化氢、硫化氢、二氧化硫的实验，均在通风橱中进行。

2. 一种氯水的制备保存方法：将氯气通入装有蒸馏水的试管（0~4 ℃冰盐浴）中一段时间后，试管的水中会有大量的雪花状的水合氯分子（水分子与氯的比例大约6~9∶1）产生，将此试管塞上塞子放入冰箱冷冻保存。配制新鲜氯水时，只需拿出试管，用药勺取一点雪花状水合氯加入水中即可。

3. 固体$KClO_3$是强氧化剂，保存不当容易爆炸，它与硫、磷的混合物是炸药，绝对不允许把它们混在一起，取用时应严格分开药匙。$KClO_3$容易分解，不宜用火烘烤。实验时，撒落的$KClO_3$应及时清除干净，剩下的应放入专用的回收瓶内，不要倒入酸缸中。

【思考题】

1. Br_2能从含有I^-离子的溶液中取代出I_2，而I_2又能从$KBrO_3$的溶液中取代出Br_2，二者有无矛盾？试说明之。

2. 某溶液中含有Cl^-、Br^-、I^-三种离子，怎样分离和检出它们？写出实验步骤、方法和原理。

3. 现有五种溶液：Na_2S、$NaHSO_3$、Na_2SO_4、$Na_2S_2O_3$、$Na_2S_2O_8$，写出鉴定方法和结果。

实验22 P区非金属(二)(氮族、碳、硅、硼)

一、实验目的

1. 试验并掌握几种不同氧化态的氮化合物的主要性质，掌握铵离子、亚硝酸根离子、硝酸根离子的鉴定方法。

2. 试验并掌握磷酸盐的主要性质，掌握磷酸根离子的鉴定方法。

3. 了解活性炭的吸附作用，试验并掌握碳酸盐、硅酸盐、硼酸及其盐的主要性质，练习"硼砂珠实验"的基本操作。

二、预习要点

1. 铵盐、硝酸盐的热分解规律，铵离子、亚硝酸根离子、硝酸根离子的鉴定方法。

2. 磷酸一氢盐、磷酸二氢盐的酸碱性的热力学判断，磷酸根离子的鉴定方法。

3. 硅酸盐的微溶性（水中花园）。

4. 硼酸与甘油的反应过程。

三、实验原理

1. 氮、磷

氮、磷位于元素周期表第VA族，价电子构型 ns^2np^3，主要形成-3、+3、+5的氧化态。

氨极易溶于水，主要形成水合分子 $NH_3 \cdot H_2O$、$2NH_3 \cdot H_2O$，水溶液呈弱碱性。氨分子中氮原子具有孤电子对，容易与其他缺电子的离子或分子形成配合物，如 $[Cu(NH_3)_4]^{2+}$、$[Ag(NH_3)_2]^+$、$[F_3B(NH_3)]$等。

铵盐一般易溶于水，且存在一定程度的水解。固体铵盐受热极易分解，铵盐热分解产物与阴离子对应的酸的氧化性、挥发性有关，也与分解温度有关。若对应的酸有挥发性而无氧化性，则分解产物为 NH_3 和相应的酸，如 NH_4Cl、NH_4HCO_3；若酸无挥发性，则只挥发出 NH_3，而酸或酸式盐留在容器中，如 $(NH_4)_2SO_4$、$(NH_4)_3PO_4$；若对应酸有氧化性，则分解出来的 NH_3 被氧化为氮气或氮氧化物，如 NH_4NO_3、$(NH_4)_2Cr_2O_7$等。

亚硝酸是弱酸，仅存在于冷的稀溶液中，实验室可在冰水条件下，由亚硝酸盐和强酸反应得到。它极不稳定，低温下也可分解，室温下更易发生歧化反应而分解：

$$2HNO_2 = NO_2\uparrow + NO\uparrow + H_2O$$

亚硝酸及其盐既有氧化性也有还原性，其氧化还原性不仅与溶液的酸碱性有关，还与和它反应的氧化剂或还原剂的相对强弱有关。在酸性介质中，遇到强还原剂时显示氧化性，当遇到更强氧化剂时 NO_2^- 就显示还原性：

$$2NO_2^- + 2I^- + 4H^+ = 2NO\uparrow + I_2 + 2H_2O$$

$$2MnO_4^- + 5NO_2^- + 6H^+ = 2Mn^{2+} + 5NO_3^- + 3H_2O$$

硝酸具有强氧化性，几乎可以氧化所有金属，反应程度和金属的氧化产物与硝酸的浓度、金属活泼性有关。浓硝酸受热或光照下容易分解：

$$4HNO_3 \xrightarrow{\text{光}} 4NO_2\uparrow + O_2\uparrow + 2H_2O$$

硝酸盐多数易溶于水，水溶液也无氧化性。固体硝酸盐常温下较稳定，受热时容易分解放出 NO_2 而显示出强氧化性。硝酸盐热分解产物除放出 O_2 外，其他产物与金属活泼性有关。

NO_2^- 的鉴定：在 HAc 酸化的介质中 NO_3^- 与 $FeSO_4$ 反应生成棕色的 $[Fe(NO)]^{2+}$：

$$Fe^{2+} + NO_2^- + 2HAc = Fe^{3+} + NO\uparrow + 2Ac^- + 2H_2O$$

$$Fe^{2+} + NO = [Fe(NO)]^{2+}$$

另一鉴定方法是：NO_2^- 在弱酸性介质中与对氨基苯磺酸和 α-萘胺反应，溶液即显示红色。

NO_3^- 的鉴定：在 H_2SO_4 酸化的介质中 NO_3^- 与 $FeSO_4$ 发生棕色环反应，生成 $[Fe(NO)]^{2+}$：

$$NO_3^- + 3Fe^{2+} + 4H^+ = NO + 3Fe^{2+} + 2H_2O$$

$$Fe^{2+} + NO = [Fe(NO)]^{2+}$$

NO_2^- 的存在干扰 NO_3^- 的鉴定，可加入尿素或固体氨基磺酸除去 NO_2^-。

磷酸是非氧化性的、不挥发性的三元中强酸。纯磷酸加热时逐步脱水生成焦磷酸、偏磷酸。正磷酸可以形成正磷酸盐、磷酸二氢盐和磷酸一氢盐。所有磷酸二氢盐都易溶于水，除了 K^+、Na^+ 和 NH_4^+ 离子的磷酸一氢盐和正盐外，其余盐一般不溶于水。磷酸盐在水中均会发生不同程度的水解，Na_3PO_4 水解溶液显示碱性；Na_2HPO_4 的水解平衡常数 $K_{h1}(HPO_4^{2-}) > K_{a3}(HPO_4^{2-})$ 而显示弱碱性，NaH_2PO_4 的水解平衡常数 $K_{h2}(H_2PO_4^-) < K_{a2}(H_2PO_4^-)$ 而显示酸性。

PO_4^{3-} 在硝酸酸化的 $(NH_4)_2MoO_4$ 溶液中反应生成黄色磷钼酸铵沉淀，此方法也可定性鉴定 PO_4^{3-}：

$$PO_4^{3-} + 3NH_4^+ + 12MoO_4^{2-} + 24H^+ = (NH_4)_3PO_4 \cdot 12MoO_3 \cdot 6H_2O\downarrow + 6H_2O$$

2. 碳、硅

活性炭是用木材、煤、果壳等含碳物质在高温缺氧条件下活化的无定形碳，它具有巨大的比表面积（$500 \sim 1\,700\ m^2 \cdot g^{-1}$），具有很强的吸附性。活性炭广泛用于空气净化、水处理、脱色除臭、物质提纯等方面。

碳酸是二元弱酸，能形成正盐和酸式盐。正盐中只有铵盐和碱金属的盐溶于水，所有的酸式盐都溶于水。正盐和酸式盐在水溶液中均发生水解，产物可能为碳酸盐、碱式碳酸盐或氢氧化物，如金属离子是不水解的 Ca^{2+}、Ba^{2+} 等，则沉淀为碳酸盐；如金属离子水解性极强且氢氧化物的溶度积又小，如 Al^{3+}、Cr^{3+} 和 Fe^{3+} 等，则得到氢氧化物；如金属离子的氢氧化物和碳酸盐的溶解度相差不多，如 Cu^{2+}、Zn^{2+}、Pb^{2+} 和 Mg^{2+} 等，则可能产物是碱式碳酸盐。

硅酸是一种几乎不溶于水的二元弱酸，极容易聚合成凝胶，经干燥脱水成为多孔性的硅胶，常用作干燥剂。

除碱金属外，大多数的硅酸盐难溶或微溶于水。当一些金属盐晶体接触到 Na_2SiO_3 溶液时，在金属盐晶体表面形成一层难溶硅酸盐的半透膜。当水渗入膜内时，使金属盐溶解而撑破硅酸盐膜，当盐溶液遇到硅酸钠时又立即生成一层难溶膜。如此往复进行盐溶解和膜破裂的过程，就形成了漂亮的树枝状的形态——"水中景观"。

3. 硼

硼的价电子构型为 $2s^2 2p^1$，属于缺电子原子，故硼的化学性质主要表现为缺电子特性。

硼酸是典型的一元路易斯弱酸，能与甘油等多羟基化合物作用，生成更稳定的配离子而使其酸性增强。

在浓 H_2SO_4 作用下，硼酸能与甲醇、乙醇等发生酯化反应，生成可燃烧的挥发性的硼酸酯，火焰呈现特有的绿色，以此可鉴别硼化合物。

$$3C_2H_5OH + H_3BO_3 = B(OC_2H_5)_3 + 3H_2O$$

常见的硼酸盐是四硼酸钠（硼砂），熔融状态下能够和一些金属氧化物形成具有特征颜色的硼酸复盐，称为硼砂珠实验，可用以鉴定金属离子。

四、实验用品

1. 仪器

离心机，离心试管，试管，玻璃棒，表面皿，烧杯（50 mL），酒精灯，点滴板。

2. 试剂

固体试剂：硼砂，NH_4Cl，NH_4NO_3，$(NH_4)_2SO_4$，NH_4HCO_3，锌粒，铜片，$FeSO_4$，$CaCl_2$，$CuSO_4$，$Co(NO_3)_2$，$NiSO_4$，$MnSO_4$，$FeCl_3$，Cr_2O_3；液体试剂：浓氨水（浓，$2\ mol \cdot L^{-1}$），硝酸（$1\ mol \cdot L^{-1}$，$6\ mol \cdot L^{-1}$），奈氏试剂，$NaNO_2$（饱和，$0.1\ mol \cdot L^{-1}$），$NaNO_3$（$0.1\ mol \cdot L^{-1}$），H_2SO_4（浓，$1\ mol \cdot L^{-1}$），KI（$1\ mol \cdot L^{-1}$），$KMnO_4$（$0.1\ mol \cdot L^{-1}$），对氨基苯磺酸，α-萘胺，HAc（$2\ mol \cdot L^{-1}$），Na_3PO_4（$0.1\ mol \cdot L^{-1}$），Na_2HPO_4（$0.1\ mol \cdot L^{-1}$），NaH_2PO_4（$0.1\ mol \cdot L^{-1}$），$AgNO_3$（$0.1\ mol \cdot L^{-1}$），$CaCl_2$（$0.1\ mol \cdot L^{-1}$），HCl（浓，$6\ mol \cdot L^{-1}$，$2\ mol \cdot L^{-1}$），$(NH_4)_2MoO_4$（$0.1\ mol \cdot L^{-1}$），$Pb(NO_3)_2$（$0.001\ mol \cdot L^{-1}$），K_2CrO_4（$0.1\ mol \cdot L^{-1}$），$FeCl_3$（$0.1\ mol \cdot L^{-1}$），$BaCl_2$（$0.1\ mol \cdot L^{-1}$），$CuSO_4$（$0.1\ mol \cdot L^{-1}$），$Al_2(SO_4)_3$（$0.1\ mol \cdot L^{-1}$），Na_2CO_3（$0.5\ mol \cdot L^{-1}$），Na_2SiO_3（20%），H_3BO_3，乙醇（95%），甘油

3. 材料

红色石蕊试纸，pH试纸，冰块，活性炭，红（或蓝）墨水，镍铬丝（电炉丝）

五、实验内容

1. 氮

（1）氨的性质

①弱碱性：将湿润红色石蕊试纸粘在玻璃棒上，然后靠近打开的浓氨水试剂瓶口，观察试纸颜色变化。

②加合反应：在表面皿中心滴加 1~2 滴浓氨水，然后将经浓盐酸润湿过内壁的小烧杯倒扣在表面皿上，观察烧杯内壁的变化，解释现象并写出反应式。

（2）铵盐的性质及检验

①铵盐的热分解

在 4 支小试管中分别加入黄豆粒大小的 NH_4Cl、NH_4NO_3、$(NH_4)_2SO_4$、NH_4HCO_3 固体，对试管底部均匀加热，观察试管内的现象，再用湿润的 pH 试纸检验试管口逸出的气体。总结铵盐热分解产物与酸根离子的关系，写出反应方程式。

②铵盐的鉴定

1）气室法（参见实验 19 "氧化还原反应和电化学"）

2）奈氏试剂法：在白色点滴板空穴中加 1 滴铵盐溶液，再加 2 滴奈氏试剂（碱性四碘合汞酸钾溶液），即生成红棕色沉淀，证明有 NH_4^+。其反应方程式为：

$$NH_4^+ + 2[HgI_4]^{2-} + 4OH^- = [OHg_2(NH_2)]I\downarrow + 3H_2O + 7I^-$$

（3）亚硝酸及其盐的性质

①亚硝酸的生成和分解

将两支各盛有 5 滴饱和 $NaNO_2$ 溶液和 5 滴 $1\ mol\cdot L^{-1}\ H_2SO_4$ 溶液的小试管在冰水浴中冷却片刻，然后将 H_2SO_4 溶液与 $NaNO_2$ 溶液混合，继续在冰水中冷却，观察试管内溶液的颜色变化。之后从冰水中取出试管，在常温下观察溶液有何现象？解释现象。写出有关的反应方程式。

②亚硝酸的氧化还原性质

在盛有 2 滴 $0.2\ mol\cdot L^{-1}$ KI 溶液的小试管中加 3 滴饱和 $NaNO_2$ 溶液，观察现象，再滴加 1 滴 $1\ mol\cdot L^{-1}\ H_2SO_4$ 溶液，有何变化？如何检验有碘生成？写出反应方程式。

在 3 滴饱和 $NaNO_2$ 溶液中加入 1 滴 $0.1\ mol\cdot L^{-1}\ KMnO_4$ 溶液，观察有无变化？再加入 1 滴 $1\ mol\cdot L^{-1}\ H_2SO_4$ 溶液，有何现象？写出反应方程式。

③NO_2^- 的鉴定

1）对氨基苯磺酸和 α-萘胺法：在试管中加 1 滴 $0.1\ mol\cdot L^{-1}\ NaNO_2$ 溶液，加入 9 滴蒸馏水稀释，再加 3 滴 $2\ mol\cdot L^{-1}$ HAc 酸化。然后加入 1 滴对氨基苯磺酸和 1 滴 α-萘胺，溶液即显红色，反应方程式如下：

α-萘胺偶氮对苯磺酸

2）棕色反应：在试管中注入5滴0.2 mol·L^{-1} FeSO$_4$溶液和1滴0.1 mol·L^{-1} NaNO$_2$溶液，再加3滴2 mol·L^{-1} HAc酸化。如溶液变成棕色，则表示有NO$_2^-$存在。

（4）硝酸及其盐的性质

①硝酸的强氧化性

1）在试管中加入米粒大小的硫黄粉，然后加入5滴浓硝酸，微热加热，观察有何气体产生？冷却后，取2滴反应溶液加在点滴板空穴中，检验有无SO$_4^{2-}$。

2）在试管中加入一小块铜片，然后加入5滴浓硝酸，观察生成的气体和溶液的颜色变化。

3）用1 mol·L^{-1} HNO$_3$溶液代替浓硝酸重复上述2）实验，观察现象。微热后有何变化？

4）取一小小锌片与5滴1 mol·L^{-1} HNO$_3$反应。放置片刻后，检验溶液中是否存在NH$_4^+$（用气室法或奈氏法）。

归纳硝酸与金属、非金属反应的产物规律，写出上述反应的离子方程式。

②硝酸盐的热稳定性

在三支干燥的试管中，分别加入绿豆大小的固体KNO$_3$、Pb(NO$_3$)$_2$、AgNO$_3$，均匀加热，观察反应情况和产物的颜色，用带火星木条检验气体产物。写出有关反应方程式。依据实验结果归纳硝酸盐热分解产物的规律，并解释其原因。

③NO$_3^-$的鉴定

取2滴0.1 mol·L^{-1} NaNO$_3$溶液于点滴板上，在溶液的中央放一小粒FeSO$_4$晶体，然后在晶体上加一滴浓H$_2$SO$_4$。如果晶体周围有棕色出现，表示有NO$_3^-$存在。

2. 磷酸盐的性质和鉴定

（1）酸碱性

①用广范pH试纸分别测定0.1 mol·L^{-1} Na$_3$PO$_4$、Na$_2$HPO$_4$、NaH$_2$PO$_4$溶液的pH并记录。

②在3支离心试管中分别加入2滴0.1 mol·L^{-1} Na$_3$PO$_4$、Na$_2$HPO$_4$、NaH$_2$PO$_4$溶液，再各滴入7滴的0.1 mol·L^{-1} AgNO$_3$溶液，振荡是否有沉淀产生？将试液进行离心，取上清液再检验其酸碱性有何变化？解释实验结果。写出有关的反应方程式。

（2）溶解性

在3支试管中分别加入3滴0.1 mol·L^{-1} Na$_3$PO$_4$、Na$_2$HPO$_4$、NaH$_2$PO$_4$溶液，各加入等量的0.1 mol·L^{-1} CaCl$_2$溶液，观察有何现象？测定各试液的pH。然后各滴加等量2 mol·L^{-1}氨水溶液，有何变化？再滴加2 mol·L^{-1} HCl溶液，又有何变化？

通过实验比较磷酸钙、磷酸氢钙、磷酸二氢钙的溶解性，说明它们之间相互转化的条件，写出有关反应的方程式。

（3）PO_4^{3-}的鉴定

取5滴0.1 $mol \cdot L^{-1}$ Na_3PO_4溶液于试管中，加5滴6 $mol \cdot L^{-1}$ HNO_3溶液酸化，然后加入5滴0.1 $mol \cdot L^{-1}$ $(NH_4)_2MoO_4$溶液，微热，有黄色沉淀产生表示有PO_4^{3-}。

3. 碳

（1）活性炭的吸附性

①往2 mL水中加入1滴红（或蓝）墨水，再加入黄豆粒大小的活性炭，振荡试管，离心，观察上清液的颜色变化。并加以解释。

②取5滴0.001 $mol \cdot L^{-1}$ $Pb(NO_3)_2$溶液，滴加2滴0.1 $mol \cdot L^{-1}$ K_2CrO_4溶液，观察有何现象。写出离子反应式。

于试管中取10滴0.001 $mol \cdot L^{-1}$ $Pb(NO_3)_2$溶液，加入黄豆粒大小的活性炭。振荡，离心，往上清液中加入4滴0.1 $mol \cdot L^{-1}$ K_2CrO_4溶液，观察现象。对比与未加活性炭的实验现象有何不同？并加以解释。

（2）碳酸盐的性质

在4支试管中分别加入2滴0.1 $mol \cdot L^{-1}$ $FeCl_3$溶液、0.1 $mol \cdot L^{-1}$ $BaCl_2$溶液、0.1 $mol \cdot L^{-1}$ $CuSO_4$溶液、0.1 $mol \cdot L^{-1}$ $Al_2(SO_4)_3$溶液，然后各加入2滴0.5 $mol \cdot L^{-1}$ Na_2CO_3溶液，观察沉淀的颜色和状态。通过实验总结碳酸钠作沉淀剂时会产生哪三种沉淀？写出反应方程式。

4. 硅

（1）往5滴微热的20% Na_2SiO_3溶液中逐滴加入6 $mol \cdot L^{-1}$盐酸溶液，边加边振荡试管，观察凝胶的生成。写出反应方程式。

（2）硅酸盐的水解。

用石蕊试纸（或pH试纸）检验20% Na_2SiO_3溶液的酸碱性。在试管中加入5滴20% Na_2SiO_3溶液，然后往该溶液中加入5滴饱和NH_4Cl溶液，微热，检验气体产物。写出反应方程式。

（3）微溶性硅酸盐的生成——"水中花园"

在50 mL小烧杯中加入30 mL 20% Na_2SiO_3溶液，然后分散投入$CaCl_2$、$CuSO_4$、$Co(NO_3)_2$、$NiSO_4$、$MnSO_4$、$FeCl_3$晶体各一小粒。约1 h后观察现象。

5. 硼

（1）硼酸的生成

往试管中加米粒大小的硼砂固体，加10滴水使其溶解，加入5滴浓H_2SO_4，放在冰水中冷却，观察晶体生成。若无结晶，可用玻璃棒摩擦试管壁。观察晶体的颜色和形态，晶体分离、洗涤，备下，待下面实验使用。写出反应方程式。

（2）硼酸的鉴定

①常规法：取少量硼酸晶体于蒸发皿中，加入 1 mL 95% 乙醇和 3 滴浓 H_2SO_4，搅匀后点燃，观察火焰颜色特征？解释现象，写出反应方程式。

②简易粉笔法：取一截白色粉笔，用药匙挖一凹穴，取米粒大小的硼酸晶体放在空穴中，滴加 5 滴 95% 乙醇和 1 滴浓硫酸，点燃。观察火焰颜色，写出反应方程式。

（3）硼酸的酸性

取米粒大小硼酸固体加 1 mL 蒸馏水溶解，测其 pH。然后加入 2 滴甘油，振荡试管，再测其 pH 有何变化？解释之，并写出反应方程式。

（4）硼砂珠试验

①硼砂珠的制备：用处理过的一端有圆圈的镍铬丝（可用电炉丝代替，处理方法见"注意事项"5）蘸取一些硼砂固体，在氧化焰上灼烧并熔融成圆珠（可多次取硼砂灼烧直至成珠）。观察硼砂珠的颜色和状态。

②硼砂珠试验：用灼热的硼砂珠分别沾上少量 $Co(NO_3)_2$ 和 Cr_2O_3 固体，灼烧使其熔融成圆珠，观察圆珠热和冷时的颜色。反应方程式如下：

$$Na_2B_4O_7 + Co(NO_3)_2 + H_2O = Co(BO_2)_2 \cdot 2NaBO_2（蓝宝石色）+ 2HNO_3$$

$$2Na_2B_4O_7 + Cr_2O_3 + H_2O = 2Cr(BO_2)_3 \cdot 2NaBO_2（草绿色）+ 2NaOH$$

实验完毕后，处理掉硼砂珠（方法见"注意事项"6），镍铬丝处理干净保存。

【注意事项】

1. 因为氨的性质、铵盐和硝酸盐、亚硝酸的热分解实验中会产生有毒、有害的气体，所以必须在通风橱中进行。铵盐、硝酸盐的热分解实验须佩戴护目镜。

2. NH_4^+ 的奈氏试剂检验法存在重金属汞污染环境的缺点。NH_4^+ 检验的国家标准方法是水杨酸法：在碱性介质（pH =11.7）和亚硝基铁氰化钠存在下，水中的氨、铵离子与水杨酸盐和次氯酸离子反应生成蓝色化合物，在 697 nm 处用分光光度计测量吸光度。

3. 硝酸的分解产物多为氮的氧化物，因此，凡涉及硝酸的反应均应在通风橱内进行。另外，反应物的取用量要少。

4. "水中花园"实验中金属盐晶体要分散投放。在景观形成过程中，不要挪动烧杯。实验完毕，立即洗净烧杯，以免溶液腐蚀烧杯。

5. 镍铬丝的处理方法：取一小段电炉丝，中间拉直，两端各留一小圈。点滴板上加几滴 6 mol·L^{-1} 的盐酸溶液，镍铬丝一端的圆圈在氧化焰上灼烧片刻后浸入酸中，取出再灼烧，重复数次即可。

6. 将加热的硼砂珠伸入 6 mol·L^{-1} 硝酸溶液中，利用增大偏硼酸盐的水解程度使硼砂珠溶解。其反应方程式为：

$$H^+ + BO_2^- + H_2O \stackrel{\triangle}{=\!=} H_3BO_3$$

7. 几种金属硼砂珠的颜色见表7-3。

表7-3　几种金属硼砂珠的颜色

金属元素	氧化焰		还原焰	
	热时	冷时	热时	冷时
铬	黄色	黄绿色	绿色	绿色
钼	淡黄色	无色～白色	褐色	褐色
锰	紫色	紫红色	无色～灰色	无色～灰色
铁	黄色～淡褐色	黄色～褐色	绿色	淡绿色
钴	青色	青色	青色	青色
镍	紫色	黄褐色	无色～灰色	无色～灰色
铜	绿色	青绿色～淡青色	灰色～绿色	红色

【思考题】

1. 为什么一般情况下不用硝酸作为酸性反应介质？稀硝酸与金属反应和稀硫酸或稀盐酸与金属反应有何不同？

2. 计算化学平衡常数，说明 Na_3PO_4、Na_2HPO_4、NaH_2PO_4 溶液的酸碱性。

3. 用哪几种方法能将无标签的 Na_3PO_4、Na_2HPO_4、NaH_2PO_4 鉴别出来？

4. 为什么硼酸溶液中加入甘油后酸性会增强？

实验23　主族金属（碱金属和碱土金属、铝、锡、铅、锑、铋）

一、实验目的

1. 比较碱金属和碱土金属的活泼性。

2. 试验并比较碱土金属、铝、锡、铅、锑、铋的氢氧化物和盐类的溶解性。

3. 试验并掌握Sn(Ⅱ)还原性和Pb(Ⅳ)、Bi(Ⅴ)的氧化性。

4. 了解主族金属离子的鉴定方法。

二、预习要点

1. 碱金属、碱土金属的标准电极电势。

2. 本实验中难溶氢氧化物和盐类的溶度积。

3. 氯化亚锡溶液的配制方法。

4. $6s^2$ 电子的惰性电子对效应。

三、实验原理

1. 碱金属、碱土金属

碱金属和碱土金属属于周期表 s 区，电子构型分别为 ns^1、ns^2，在酸性溶液中，它们的标准电极电势都是负值，属于活泼性很强的金属。在同一族中，金属活泼性由上至下逐渐增强；在同一周期中，金属性从左至右逐渐减弱。例如，钾与水的反应比钠更容易、更剧烈；而同周期的钠、镁与水反应，钠比镁更容易、更剧烈。再如，碱金属与空气中氧气的反应，钠、钾在空气中稍微加热即可燃烧生成过氧化物和超氧化物（如 Na_2O_2 和 KO_2），铷、铯室温时接触空气即发生燃烧生成超氧化物（MO_2）。碱土金属活泼性略差，室温下碱土金属表面会被缓慢氧化，加热时都可燃烧。

碱金属和碱土金属的氧化物，除 Li_2O、BeO 外，其余都是典型的碱性氧化物。氢氧化物除 $Be(OH)_2$ 现两性外，其余均显碱性，且同族自上而下碱性增强，同周期从左到右碱性减弱。碱金属氢氧化物的溶解度一般很大，而碱土金属氢氧化物的溶解度都很小。

碱金属盐类绝大多数易溶于水并在水中能完全解离，极少数大阴离子盐是微溶的，如六羟基锑（V）酸钠（$Na[Sb(OH)_6]$）、酒石酸氢钾（$KHC_4H_4O_6$）、六硝基合钴（III）酸钠钾（$K_2Na[Co(NO_2)_6]$）、$KClO_4$ 等。利用钠、钾的这些大阴离子微溶盐可以鉴定钠、钾离子。

碱土金属盐类除氯化物、硝酸盐、硫酸镁、铬酸镁、铬酸钙易溶于水外，碳酸盐、硫酸盐、草酸盐、磷酸盐、铬酸盐等都是难溶于水的。硫酸钡既难溶于水又难溶于酸，常用来鉴定 SO_4^{2-} 或 Ba^{2+} 离子。

碱金属离子、碱土金属离子在高温火焰中灼烧时发生焰色反应，火焰呈现特定的颜色，可以用于定性鉴别金属元素。

2. 铝

铝的价电子构型为 $3s^2 3p^1$，常见氧化态为+3，是典型的两性金属。铝、γ-Al_2O_3、新制氢氧化铝既溶于酸，又溶于碱。铝盐溶液常易发生水解而呈酸性。

$$Al^{3+} + 3H_2O \underset{H^+}{\overset{OH^-}{\rightleftharpoons}} Al(OH)_3 \underset{H^+}{\overset{OH^-}{\rightleftharpoons}} [Al(OH)_4]^-$$

3. 锡、铅、锑、铋的氢氧化物

锡、铅是 IVA 金属，价电子构型为 $ns^2 np^2$，是中等活泼的金属，氧化态有+II 和+IV。锡、铅的（II）和（IV）的氢氧化物均是白色沉淀，具有两性，且高氧化态的氢氧化物的酸性强，从锡到铅，相同氧化态的氢氧化物的碱性增强。

$$Sn(OH)_2 + 2HCl = SnCl_2 + 2H_2O$$

$$Sn(OH)_2 + 2NaOH = Na_2[Sn(OH)_4]$$

$$Pb(OH)_2 + 2HNO_3 = Pb(NO_3)_2 + 2H_2O$$

$$Pb(OH)_2 + NaOH \overset{\triangle}{=\!=} Na[Pb(OH)_3]$$

锑、铋是ⅤA金属，价电子构型为ns^2np^3，是中等活泼的金属，氧化态有+3和+5。$Sb(OH)_3$两性偏碱性，既溶于酸也溶于碱；$Bi(OH)_3$呈弱碱性，易溶于酸而难溶于碱。$Sb(OH)_3$、$Bi(OH)_3$不能从对应的氧化物水合物制得，只能从可溶性盐加碱得到。

$$Sb(OH)_3 + 3OH^- = [Sb(OH)_6]^{3-}$$

4. 锡、铅、锑、铋的氧化还原性质

$Sn(Ⅳ)$较稳定，$Sn(Ⅱ)$具有较强还原性。$SnCl_2$是常用的还原剂，可将$FeCl_3$还原为$FeCl_2$；可将$HgCl_2$还原为Hg_2Cl_2，$SnCl_2$过量进一步将Hg_2Cl_2还原为Hg。该反应应用于鉴定$Sn(Ⅱ)$或$Hg(Ⅱ)$。

$$SnCl_2(适量) + 2HgCl_2 = SnCl_4 + Hg_2Cl_2 \downarrow (白色)$$

$$SnCl_2(过量) + 2HgCl_2 = SnCl_4 + Hg \downarrow (黑色)$$

碱性介质中，$Sn(Ⅱ)$可还原$Bi(Ⅲ)$为黑色单质Bi，该反应可鉴定$Sn(Ⅱ)$或$Bi(Ⅲ)$。

$$3[Sn(OH)_4]^{2-} + 2Bi^{3+} + 6OH^- = 3[Sn(OH)_6]^{2-} + 2Bi \downarrow (黑色)$$

受$6s^2$电子的惰性电子对效应的影响，$Pb(Ⅱ)$、$Bi(Ⅲ)$的化合物较稳定，$Pb(Ⅳ)$、$Bi(Ⅴ)$化合物具有强的氧化性，酸性介质中都能把Mn^{2+}氧化为MnO_4^-。该反应可用来鉴定Mn^{2+}。

$$5PbO_2 + 2Mn^{2+} + 4H^+ = 2MnO_4^- + 5Pb^{2+} + 2H_2O$$

$$5NaBiO_3 + 2Mn^{2+} + 14H^+ = 2MnO_4^- + 5Bi^{3+} + 5Na^+ + 7H_2O$$

5. 锡盐、铅盐、锑盐、铋盐的水解和铅的难溶盐

$Sn(Ⅱ)$、$Pb(Ⅱ)$的强酸盐容易水解，$Sn(Ⅱ)$的强酸盐生成相应的碱式盐沉淀，溶液呈酸性：

$$Sn^{2+} + Cl^- + H_2O = Sn(OH)Cl \downarrow + H^+$$

$Sb(Ⅲ)$、$Bi(Ⅲ)$的卤化物遇水都会强烈水解，生成难溶的酰基盐：

$$SbCl_3 + H_2O = SbOCl \downarrow + 2HCl$$

$$BiCl_3 + H_2O = BiOCl \downarrow + 2HCl$$

除$Pb(Ac)_2$、$Pb(NO_3)_2$外，其余$Pb(Ⅱ)$的盐大多都难溶于水。$PbCl_2$为白色沉淀，微溶于水，易溶于热水，在浓盐酸中形成配合物$H_2[PbCl_4]$而溶解。PbI_2为金黄色丝状有亮光的沉淀，易溶于沸水，与I^-形成配合物$K_2[PbI_4]$而溶解于KI溶液中。$PbCrO_4$为难溶的黄色沉淀，溶于硝酸和较浓的碱。$PbSO_4$为白色沉淀，能溶于饱和NH_4Ac溶液。

$$PbCl_2 + 2HCl = H_2[PbCl_4]$$

$$PbI_2 + 2KI = K_2[PbI_4]$$

四、实验用品

1. 仪器

坩埚，酒精灯，烧杯，锥形漏斗，镊子，小刀

2. 试剂

固体试剂：金属钠，钾，镁，铝，$NaBiO_3$，PbO_2；液体试剂：H_2SO_4（6 mol·L^{-1}，2 mol·L^{-1}），$NaOH$（6 mol·L^{-1}，2 mol·L^{-1}），HCl（浓，6 mol·L^{-1}），$NH_3·H_2O$（2 mol·L^{-1}），$K_2Cr_2O_7$（0.5 mol·L^{-1}），$MgCl_2$（0.5 mol·L^{-1}），$CaCl_2$（0.5 mol·L^{-1}），$BaCl_2$（0.5 mol·L^{-1}），$LiCl$（1 mol·L^{-1}），KCl（1 mol·L^{-1}），$SrCl_2$（1 mol·L^{-1}），$NaCl$（1 mol·L^{-1}），$AlCl_3$（0.5 mol·L^{-1}），$SnCl_2$（0.5 mol·L^{-1}），$SbCl_3$（0.5 mol·L^{-1}），$FeCl_3$（0.1 mol·L^{-1}），KI（0.1 mol·L^{-1}），$Pb(NO_3)_2$（0.5 mol·L^{-1}），$Bi(NO_3)_3$（0.5 mol·L^{-1}），$AgNO_3$（0.1 mol·L^{-1}），NH_4Cl（饱和），$NaAc$（饱和），H_2O_2（3%），$MnSO_4$（0.1 mol·L^{-1}），$NaClO$（稀），乙醚，酚酞

3. 材料

滤纸，pH试纸，护目镜，砂纸，淀粉KI试纸，镍铬丝（或铂丝），白色粉笔

五、实验内容

1. 钠与空气中氧气的作用

用镊子取绿豆大小的金属钠，用滤纸吸干其表面的煤油，立即放在坩埚中加热。当开始燃烧时停止加热。观察燃烧情况和产物的颜色、状态。待坩埚冷却后，往其中加入2 mL蒸馏水，搅拌使产物溶解，然后将溶液转移至试管中，测定溶液的pH。再滴加5滴2 mol·L^{-1} H_2SO_4酸化，滴加2滴0.5 mol·L^{-1} $K_2Cr_2O_7$溶液和5滴乙醚。振荡试管，观察水层和乙醚层颜色变化。检验水溶液中是否存在H_2O_2，判断钠在空气中燃烧的产物。写出有关反应方程式。

2. 钠、钾、镁、铝与水的作用

①取一小块绿豆大小的金属钠，用滤纸吸干其表面煤油，将其投入盛有半杯水的烧杯中，立即用倒置漏斗覆盖在烧杯口上，观察反应现象。反应完后，滴入1～2滴酚酞指示剂，观察溶液颜色有何变化？

②用金属钾重复上述①实验。根据反应现象，比较钠、钾的金属活泼性。写出反应方程式。

③取一段镁条，用砂纸擦去其表面的氧化膜，分成两半，分别放入两支盛有少量冷水和沸水的试管中，对照观察反应情况。然后各滴入1～2滴酚酞指示剂，观察溶液颜色变化。

④用铝片重复上述③实验。根据反应现象，比较镁、铝的金属活泼性。写出反应方程式。

3. 镁、钙、钡、铝、锡、铅、锑、铋的氢氧化物的溶解性

（1）取八支小试管，分别加入2滴浓度均为0.5 mol·L^{-1} $MgCl_2$溶液、$CaCl_2$溶液、$BaCl_2$溶液、$AlCl_3$溶液、$SnCl_2$溶液、$Pb(NO_3)_2$溶液、$SbCl_3$溶液、$Bi(NO_3)_3$溶液，再分别加入5滴新配制的2 mol·L^{-1} $NaOH$溶液，观察是否有沉淀的生成，并写出反应方程式。

把以上沉淀分成两份，分别加入6 mol·L^{-1} $NaOH$溶液和6 mol·L^{-1} HCl溶液，观察沉

淀的溶解情况。写出反应方程式，总结各氢氧化物的酸碱性。保留 $Na_2[Sn(OH)_4]$ 试液备用。

（2）在两支试管中，分别加入2滴浓度均为 $0.5\ mol \cdot L^{-1}$ 的 $MgCl_2$ 溶液、$AlCl_3$ 溶液，加入等体积 $0.5\ mol \cdot L^{-1}\ NH_3 \cdot H_2O$，观察现象。往有沉淀的试管中加入饱和 NH_4Cl 溶液，振荡，沉淀是否溶解？为什么？写出有关反应方程式。

4. 锡盐、铅盐、锑盐、铋盐的水解性

测 $0.5\ mol \cdot L^{-1}\ SbCl_3$ 溶液的pH。取1滴 $0.5\ mol \cdot L^{-1}\ SbCl_3$ 溶液，加水稀释，观察现象。逐滴滴加 $6\ mol \cdot L^{-1}\ HCl$ 溶液，沉淀是否溶解？再用水稀释又有什么变化？

按上述操作，分别试验 $0.5\ mol \cdot L^{-1}\ SnCl_2$、$0.5\ mol \cdot L^{-1}\ Pb(NO_3)_2$ 和 $0.5\ mol \cdot L^{-1}$ $Bi(NO_3)_3$ 溶液的水解情况（**注意：$Pb(NO_3)_2$ 和 $Bi(NO_3)_3$ 的水解试验中用 $6\ mol \cdot L^{-1}\ HNO_3$ 溶液代替 HCl 溶液**）。试用盐类水解原理解释上述现象，写出相应的离子反应方程式。

5. 铅的难溶盐

（1）取10滴 $0.5\ mol \cdot L^{-1}\ Pb(NO_3)_2$ 溶液，再滴加3～5滴 $2\ mol \cdot L^{-1}\ HCl$ 溶液，观察沉淀的颜色。试验它在热水和冷水中的溶解情况。离心分离，试验沉淀在浓 HCl 中的溶解情况。解释上述现象，写出离子反应方程式。

（2）取5滴 $0.5\ mol \cdot L^{-1}\ Pb(NO_3)_2$ 溶液，滴加几滴 $0.1\ mol \cdot L^{-1}\ KI$ 溶液，观察沉淀的生成和颜色。试验它在热水和过量 KI 溶液中的溶解情况。解释上述现象，写出离子反应方程式。

（3）取5滴 $0.5\ mol \cdot L^{-1}\ Pb(NO_3)_2$ 溶液，再滴加几滴 $0.1\ mol \cdot L^{-1}\ K_2CrO_4$ 溶液，观察沉淀的生成和颜色。将沉淀分两份，分别试验其在 $6\ mol \cdot L^{-1}\ HNO_3$ 溶液和 $6\ mol \cdot L^{-1}\ NaOH$ 溶液中的溶解情况，写出相应的离子反应方程式。

（4）取5滴 $0.5\ mol \cdot L^{-1}\ Pb(NO_3)_2$ 溶液，再滴加几滴 $0.1\ mol \cdot L^{-1}\ Na_2SO_4$ 溶液，观察沉淀的生成和颜色。离心分离，试验沉淀在饱和 NaAc 溶液中的溶解情况。写出相应的离子反应方程式。

6. 锡、铅、锑、铋的氧化还原性质

（1）Sn（Ⅱ）的还原性

取2滴 $0.5\ mol \cdot L^{-1}\ SnCl_2$ 溶液，加入2滴 $0.1\ mol \cdot L^{-1}\ FeCl_3$ 溶液，有何现象？写出反应式。

取几滴实验2.(1)的 $Na_2[Sn(OH)_4]$ 试液，加入2滴 $0.5\ mol \cdot L^{-1}\ BiCl_3$ 溶液，有何现象？写出反应方程式。

（2）Sb（Ⅲ）的还原性

取少量 $0.5\ mol \cdot L^{-1}\ SbCl_3$ 溶液，逐滴滴加 $6\ mol \cdot L^{-1}\ NaOH$ 溶液，至生成的沉淀溶解为止。另取少量 $0.1\ mol \cdot L^{-1}\ AgNO_3$ 溶液，然后加入 $2\ mol \cdot L^{-1}\ NH_3 \cdot H_2O$ 至生成的沉淀刚好溶解。将两支试管的溶液混合，观察现象。写出对应的离子反应方程式。

取2滴 $0.5\ mol \cdot L^{-1}\ SbCl_3$ 溶液，逐滴滴加 $6\ mol \cdot L^{-1}\ NaOH$ 溶液至生成的沉淀完全溶解为止，然后加入5滴 $3\%\ H_2O_2$ 溶液，观察新生成的沉淀（保留备用）。写出反应方程式。

（3）Bi(Ⅲ)的还原性

在一支试管中加入10滴0.5 mol·L⁻¹ BiCl₃溶液，逐滴加入6 mol·L⁻¹ NaOH溶液，至生成沉淀，再滴加NaClO溶液使白色沉淀变成黄色沉淀，离心分离，弃去清液，用去离子水洗涤沉淀2～3次。加入数滴浓HCl，用淀粉KI试纸检验生成的气体。写出有关的反应方程式。

（4）铅(Ⅳ)的氧化性

在试管中加5滴0.1 mol·L⁻¹ MnSO₄溶液和1 mL 6 mol·L⁻¹ HNO₃溶液，再加少量PbO₂固体，水浴加热，观察溶液颜色变化。

（5）Na[Sb(OH)₆]的氧化性

将上述实验6.(2)保留的沉淀，用去离子水洗涤1～2次（洗掉过量的H₂O₂），在沉淀上滴加0.1 mol·L⁻¹ KI溶液，并以6 mol·L⁻¹ HCl溶液酸化，振荡使之充分反应，观察溶液颜色有无变化。写出离子反应方程式。

（6）铋酸钠的氧化性

取1～2滴0.1 mol·L⁻¹ MnSO₄溶液，并加入约1 mL 6 mol·L⁻¹ HNO₃溶液酸化，再加入少许固体NaBiO₃，振荡试管，水浴加热，观察溶液颜色的变化。

根据实验6的结果，归纳锡、铅、锑、铋的氧化还原性质。

7. IA、IIA元素的焰色反应

（1）常规法

取一根镍铬丝（或铂丝），蘸以点滴板的凹槽内6 mol·L⁻¹ HCl，在氧化焰中烧至近无色。再蘸以1 mol·L⁻¹ LiCl（放在点滴板的凹槽内）在氧化焰中灼烧，观察火焰颜色。试验完毕，再蘸以盐酸，并灼烧至近无色，以同法试验KC1、CaCl₂、SrCl₂、BaCl₂、NaCl等溶液的焰色反应。在试验钾盐的焰色时要借助一块紫色的钴玻璃片观察。

（2）简易粉笔法

取一截白色粉笔，用药匙挖一凹穴，取米粒大小的上述氯化物固体于凹穴中，滴加5滴95%的工业酒精，点燃，观察现象。

【注意事项】

1. 试验钠、钾、镁、铝的性质时佩戴护目镜。金属钠、钾试剂瓶远离自来水龙头。

2. 加热试管中的液体时管口不能对着人。

3. 未反应完的镁条、铝片回收。

4. 实验6(3)有氯气生成，应在通风橱中进行。

5. Sb、Bi、Pb及其化合物都是有毒物质。因此，实验用到这些物质时取用量要少，切勿与伤口接触。实验后，废液应倒入指定的回收瓶中统一处理，并立刻洗手。若不慎中毒应立即就医。有效的砷的解毒剂是服用新配制的氧化镁与硫酸铁溶液强烈摇动后形成的氢氧化铁悬浮液，或用乙二硫醇（HS-CH_2-CH_2-SH）解毒。铅化合物中毒可用 $Na_2S_2O_3$（一般是静脉注射10%$Na_2S_2O_3$溶液）或KI等物解毒，反应方程式为：

$$Pb^{2+} + S_2O_3^{2-} = PbS_2O_3$$
$$PbS_2O_3 + H_2O = PbS + H_2SO_4$$
$$Pb^{2+} + 2I^- = PbI_2$$

【思考题】

1. 钠、镁的标准电极电势数值较接近，为什么二者与水反应的程度却差别很大？

2. 如何解释镁、钙、钡的氢氧化物和其碳酸盐的溶解性的变化规律？

3. 若实验室中发生镁燃烧的事故，应选用哪种灭火器灭火？

4. 怎样用平衡移动的原理解释 $MgCl_2$ 溶液中加入氨水有沉淀产生，再加入 NH_4Cl 固体沉淀又溶解的现象？

5. 将擦净的镁条投入滴有酚酞的水中，开始见镁条表面有红色，加热后红色消失，试解释原因。

6. 实验室如何配置氯化亚锡溶液？为什么要加入锡粒？

7. 设计实验，鉴别 PbO_2 分别与浓 HCl 和浓 H_2SO_4 反应生成的气体。

实验24　ds区金属元素（铜、银、锌、镉、汞）

一、实验目的

1. 掌握铜、银、锌、镉、汞的氢氧化物和氧化物的性质。
2. 掌握 Cu(I)与Cu(II)、Hg(I)和Hg(II)之间的转化反应及其条件。
3. 掌握铜、银、锌、镉、汞的硫化物的生成与溶解性。
4. 学习 Cu^{2+}、Ag^+、Zn^{2+}、Cd^{2+}、Hg^{2+} 的鉴定方法。

二、预习要点

1. 铜分族、锌分族单质及化合物的性质。
2. 铜分族、锌分族的配合物。
3. Cu(I)与Cu(II)、Hg(I)和Hg(II)之间的转化。
4. 镉、汞重金属离子废水处理。

三、实验原理

ds区元素包括周期系ⅠB族的 Cu、Ag、Au 和ⅡB族的 Zn、Cd、Hg 六种元素，价电子构型为$(n-1)d^{10}ns^1{\sim}^2$，它们的许多性质与d区元素相似，而与相应的主族ⅠA和ⅡA族比较，除了形式上均可形成氧化数为+1和+2的化合物外，更多地呈现较大的差异性。

Cu(OH)$_2$以碱性为主，溶于酸，又有微弱的酸性，能溶于较浓的 NaOH(6 mol·L^{-1})溶液中。AgOH 为白色沉淀，在水中极易脱水迅速转变为棕黑色 Ag$_2$O，它能溶于硝酸和氨水。Zn(OH)$_2$为两性，Cd(OH)$_2$两性偏碱性，Hg(OH)$_2$、Hg$_2$(OH)$_2$不稳定，极易脱水转变为相应的氧化物，而 Hg$_2$O 不稳定，易歧化为 HgO 和 Hg。HgO 不溶于过量碱中。

某些 Cu(II)、Ag(I)、Hg(II) 的化合物具有一定的氧化性。例如 Cu^{2+}能与 I$^-$反应生成白色的 CuI 沉淀：

$$2Cu^{2+}+4I^- = 2CuI\downarrow + I_2$$

[Cu(OH)$_4$]$^{2-}$和[Ag(NH$_3$)$_2$]$^+$都能被醛类或某些糖类还原，分别生成 Ag 和 Cu$_2$O：

$$2[Cu(OH)_4]^{2-} + C_6H_{12}O_6 \stackrel{\Delta}{=\!=} Cu_2O\downarrow（暗红色）+ C_6H_{12}O_7 + 4OH^- + 2H_2O$$

$$2[Ag(NH_3)_2]^+ + C_6H_{12}O_6 + 3OH^- = 2Ag\downarrow + C_6H_{11}O_7^- + 4NH_3 + 2H_2O$$

在水溶液中 Cu$^+$不稳定，易歧化为 Cu^{2+}和 Cu。CuCl 和 CuI 等 Cu(I) 的卤化物难溶于水，通过加合反应可分别生成相应的配离子：[CuCl$_2$]$^-$和[CuI$_2$]$^-$等，它们在水溶液中较稳定。CuCl$_2$溶液与铜屑及浓 HCl 混合后加热可制得[CuCl$_2$]$^-$，加水稀释会析出 CuCl 沉淀。

$$Cu^{2+} + Cu + 4Cl^- \stackrel{加热}{=\!=} 2[CuCl_2]^-$$

$$2[CuCl_2]^- \stackrel{H_2O}{=\!=} 2CuCl\downarrow（白色）+ 2Cl^-$$

在 CuCl、CuI 沉淀中加入氨水，生成无色的[Cu(NH$_3$)$_2$]$^+$，其很快被空气中的氧氧化为深蓝色[Cu(NH$_4$)$_2$]$^{2+}$：

$$CuCl + 2NH_3 \rightleftharpoons [Cu(NH_3)_2]^+（无色）+ Cl^-$$

$$4[Cu(NH_3)_2]^+ + O_2 + 8NH_3 + 2H_2O \rightleftharpoons 4[Cu(NH_3)_4]^{2+}（蓝色）+ 4OH^-$$

Cu^{2+}与 K$_4$[Fe(CN)$_6$]在中性或弱酸性溶液中反应，生成红棕色的 Cu$_2$[Fe(CN)$_6$]沉淀，此反应用于鉴定 Cu^{2+}，Cu$_2$[Fe(CN)$_6$]在碱性溶液中能被分解：

$$2Cu^{2+} + [Fe(CN)_6]^{4-} \rightleftharpoons Cu_2[Fe(CN)_6]\downarrow（红棕色）$$

Ag$^+$与稀 HCl 反应生成 AgCl 沉淀，AgCl 溶于 NH$_3$·H$_2$O 溶液生成[Ag(NH$_3$)$_2$]$^+$，再加入稀 HNO$_3$又生成 AgCl 沉淀，利用此系列反应可以鉴定 Ag$^+$。

$$AgCl + 2NH_3·H_2O \rightleftharpoons [Ag(NH_3)_2]^+ + Cl^-$$

$$[Ag(NH_3)_2]^+ + Cl^- + 2H^+ \rightleftharpoons AgCl\downarrow（白色）+ 2NH_4^+$$

铜、银、锌、镉、汞的硫化物是具有特征颜色的难溶物。白色的 ZnS 难溶于 HAc 而溶于稀 HCl。黄色的 CdS 难溶于稀 HCl 而易溶于 6mol·L^{-1} HCl。通常利用 Cd^{2+}与 H$_2$S 反应生成 CdS 来鉴定 Cd^{2+}。黑色的 Ag_2S 溶于浓硝酸，黑色的 HgS 只能溶于王水和浓 Na_2S 溶液中：

$$3Ag_2S + 2NO_3^- + 8H^+ = 6Ag^+ + 2NO\uparrow + 3S\downarrow + 4H_2O$$

$$3HgS + 12HCl + 2HNO_3 \rightleftharpoons 3H_2[HgCl_4] + 3S\downarrow + 2NO\uparrow + 4H_2O$$

$$HgS + S^{2-} \rightleftharpoons [HgS_2]^{2-}$$

Cu^{2+}、Cu^+、Ag^+、Zn^{2+}、Cd^{2+}、Hg^{2+} 与过量氨水反应都能生成氨合物。$[Cu(NH_3)_2]^+$ 是无色的易被空气中的氧氧化为深蓝色的 $[Cu(NH_3)_4]^{2+}$。但是 Hg^{2+} 和 Hg_2^{2+} 与过量氨水反应时，在没有大量 NH_4^+ 存在的情况下并不生成氨配离子：

$$HgCl_2 + 2NH_3 = HgNH_2Cl\downarrow(白色) + NH_4Cl$$

$$Hg_2Cl_2 + 2NH_3 = HgNH_2Cl\downarrow(白色) + Hg\downarrow(黑色) + NH_4Cl$$

$$2Hg(NO_3)_2 + 4NH_3 + H_2O = HgO\cdot HgNH_2NO_3\downarrow(白色) + 3NH_4NO_3$$

$$2Hg_2(NO_3)_2 + 4NH_3 + H_2O = HgO\cdot HgNH_2NO_3\downarrow(白色) + 2Hg\downarrow(黑色) + 3NH_4NO_3$$

Hg^{2+} 和 Hg_2^{2+} 与 I^- 作用，分别生成难溶于水的 HgI_2 和 Hg_2I_2 沉淀。红色 HgI_2 易溶于过量 KI 中生成 $[HgI_4]^{2-}$：

$$HgI_2 + 2KI \rightleftharpoons K_2[HgI_4]$$

黄绿色 Hg_2I_2 与过量 KI 反应时，发生歧化反应生成 $[HgI_4]^{2-}$ 和 Hg：

$$Hg_2I_2 + 2KI \rightleftharpoons K_2[HgI_4] + Hg$$

$HgCl_2$ 与 $SnCl_2$ 反应生成白色 Hg_2Cl_2，Hg_2Cl_2 又与过量 $SnCl_2$ 生成黑色 Hg，此可用于鉴定 Hg^{2+} 或 Sn^{2+}：

$$Sn^{2+} + 2HgCl_2 + 4Cl^- \rightleftharpoons Hg_2Cl_2\downarrow(白色) + [SnCl_6]^{2-}$$

$$Sn^{2+} + Hg_2Cl_2 + 4Cl^- \rightleftharpoons 2Hg\downarrow(黑色) + [SnCl_6]^{2-}$$

Zn^{2+} 在碱性条件下，与二苯硫腙反应生成粉红色的螯合物，此反应用于鉴定 Zn^{2+}。

四、实验用品

1. 仪器

离心机，水浴锅

2. 药品

固体试剂：铜屑；液体试剂：HCl 溶液（$2\ mol\cdot L^{-1}$、$6\ mol\cdot L^{-1}$、浓），H_2SO_4 溶液（$2\ mol\cdot L^{-1}$），HNO_3 溶液（$2\ mol\cdot L^{-1}$、浓），HAc 溶液（$2\ mol\cdot L^{-1}$），NaOH 溶液（$2\ mol\cdot L^{-1}$、$6\ mol\cdot L^{-1}$、40%），$NH_3\cdot H_2O$ 溶液（$2\ mol\cdot L^{-1}$、浓），Na_2S 溶液（$0.1\ mol\cdot L^{-1}$），$CuSO_4$ 溶液（$0.1\ mol\cdot L^{-1}$），$ZnSO_4$ 溶液（$0.1\ mol\cdot L^{-1}$），$AgNO_3$ 溶液（$0.1\ mol\cdot L^{-1}$），$CdSO_4$ 溶液（$0.1\ mol\cdot L^{-1}$），$CuCl_2$ 溶液（$1\ mol\cdot L^{-1}$），$Hg(NO_3)_2$ 溶液（$0.1\ mol\cdot L^{-1}$），$Na_2S_2O_3$ 溶液

（0.5 mol·L^{-1}），K$_4$［Fe（CN）$_6$］溶液（0.1mol·L^{-1}），NH$_4$Cl 溶液（1 mol·L^{-1}），SnCl$_2$ 溶液（0.1 mol·L^{-1}），10%葡萄糖溶液，二苯硫腙的四氯化碳溶液

五、实验步骤

1. 铜、银、锌、镉、汞的氢氧化物或氧化物的生成和性质

（1）铜、锌、镉的氢氧化物

向三支离心试管中分别加入 3 滴 0.1 mol·L^{-1} CuSO$_4$ 溶液、ZnSO$_4$ 溶液、CdSO$_4$ 溶液，然后滴加 2 mol·L^{-1} NaOH 溶液，观察溶液颜色变化及沉淀的生成。离心分离并洗涤沉淀，将各试管中的沉淀分为两份，一份加 2 mol·L^{-1} H$_2$SO$_4$，另一份继续滴加 2 mol·L^{-1} NaOH 溶液。观察沉淀的溶解情况，写出有关反应方程式。

（2）银、汞的氧化物

①氧化银

取 0.5 mL 0.1mol·L^{-1} AgNO$_3$ 溶液，滴加 2 mol·L^{-1} NaOH 溶液，观察 Ag$_2$O 的生成、颜色和状态。离心分离并洗涤沉淀，将沉淀分成两份，一份加入 2 mol·L^{-1} HNO$_3$，另一份滴加 2 mol·L^{-1} NH$_3$·H$_2$O，观察沉淀的溶解情况。写出有关反应方程式。

②氧化汞

取 0.5 mL 0.1mol·L^{-1} Hg（NO$_3$）$_2$ 溶液，滴加 2 mol·L^{-1} NaOH 溶液，观察沉淀的生成和颜色。离心分离并洗涤沉淀，将沉淀分成两份，一份加入 2 mol·L^{-1} HNO$_3$，另一份滴加 40% NaOH 溶液。观察沉淀的溶解情况。写出有关反应方程式。

2. Cu(I)化合物的生成和性质

（1）在两支离心试管中各加入 3 滴 0.1 mol·L^{-1} CuSO$_4$ 溶液，滴加 6 mol·L^{-1} NaOH 溶液至过量，边加边振荡试管，观察现象。再加入 0.5 mL 10%葡萄糖溶液，振荡，在水浴中加热几分钟，观察现象。离心分离，将沉淀洗涤后分为两份：

一份加入 1 mL 1 mol·L^{-1} H$_2$SO$_4$ 溶液，用玻璃棒轻轻搅动沉淀，使其充分反应，静置片刻，注意观察沉淀和溶液有何变化。

另一份加入 1 mL 浓 NH$_3$·H$_2$O，振荡后静置一段时间，观察溶液的颜色。放置一段时间后，观察溶液颜色有何变化？解释实验现象，写出有关反应方程式。

（2）取 2 mL 1 mol·L^{-1} CuCl$_2$ 溶液，加 1mL 浓盐酸和少量铜屑，加热沸腾至溶液呈棕黄色（绿色完全消失），取 2 滴上述溶液加入 5mL 去离子水中，如有白色沉淀产生，则迅速将溶液全部倒入盛有 20 mL 去离子水的小烧杯中（将铜屑水洗后回收），观察现象。离心分离，将沉淀洗涤两次后分为两份，一份加入浓 HCl，另一份加入浓 NH$_3$·H$_2$O，观察有何变化。写出有关反应方程式。

（3）取一支试管加入 5 滴 0.1 mol·L^{-1} CuSO$_4$ 溶液，边滴加 0.1 mol·L^{-1} KI 溶液边振荡，溶液变为棕黄色（CuI 为白色沉淀，I$_2$ 溶于 KI 呈黄色）。再滴加适量的 0.5 mol·L^{-1} Na$_2$S$_2$O$_3$ 溶液，以除去反应中生成的碘。观察产物的颜色和状态，写出反应方程式。

3. 银镜反应

在一支干净的试管中加入 1 mL 0.1 mol·L^{-1} AgNO$_3$ 溶液，滴加 2 mol·L^{-1} NH$_3$·H$_2$O 溶液至生成的沉淀刚好溶解，加 2 mL 10% 的葡萄糖溶液，放在水浴锅中加热片刻，观察现象。然后倒掉溶液，加 2 mol·L^{-1} HNO$_3$ 溶液使银溶解。写出反应方程式。

4. 铜、银、锌、镉、汞的硫化物的生成和性质

在六支干净的离心试管中分别加入 2 滴 0.1 mol·L^{-1} CuSO$_4$、AgNO$_3$、ZnSO$_4$、CdSO$_4$、Hg(NO$_3$)$_2$ 和 Hg$_2$(NO$_3$)$_2$ 溶液，再各滴加 0.1 mol·L^{-1} Na$_2$S 溶液，观察现象，离心分离，试验 CuS 和 Ag$_2$S 在浓 HNO$_3$ 中、ZnS 在稀盐酸中、CdS 在 6 mol·L^{-1} HCl 溶液中、HgS 在王水（自配）中的溶解性。

5. 铜、银、锌、汞的氨合物的生成

往四支试管中分别加入 2 滴 0.1 mol·L^{-1} CuSO$_4$、AgNO$_3$、ZnSO$_4$、Hg(NO$_3$)$_2$ 溶液，然后再各逐滴加入 2 mol·L^{-1} NH$_3$·H$_2$O 溶液，观察沉淀的生成，继续加入过量的 2 mol·L^{-1} NH$_3$·H$_2$O，又有何现象发生，写出有关反应方程式。

6. 汞盐与 KI 的反应

（1）取 2 滴 0.1 mol·L^{-1} Hg(NO$_3$)$_2$ 溶液，逐滴加入 0.1 mol·L^{-1} KI 溶液，观察沉淀的生成和颜色的变化。继续滴加 0.1 mol·L^{-1} KI 溶液至沉淀刚好消失，然后加几滴 6 mol·L^{-1} NaOH 溶液和 1 滴 1 mol·L^{-1} NH$_4$Cl 溶液，观察有何现象。写出有关反应方程式。

（2）取 2 滴 0.1 mol·L^{-1} Hg$_2$(NO$_3$)$_2$ 溶液，逐滴加入 0.1 mol·L^{-1} KI 溶液至过量，观察现象。写出有关反应方程式。

7. Cu^{2+} 的鉴定

在点滴板上加 1 滴 0.1 mol·L^{-1} CuSO$_4$ 溶液，再加 1 滴 2 mol·L^{-1} HAc 溶液和 1 滴 0.1 mol·L^{-1} K$_4$[Fe(CN)$_6$] 溶液，观察现象。写出反应方程式。

8. Zn^{2+} 的鉴定

取 2 滴 0.1 mol·L^{-1} ZnSO$_4$ 溶液于试管中，加 5 滴 6 mol·L^{-1} NaOH 溶液，再加 0.5 mL 二苯硫腙的 CCl$_4$ 溶液，摇荡试管，观察水溶液层和 CCl$_4$ 层颜色的变化。写出反应方程式。

9. Hg^{2+} 的鉴定

取 2 滴 0.1 mol·L^{-1} Hg(NO$_3$)$_2$ 溶液，滴加 0.1 mol·L^{-1} SnCl$_2$ 溶液，先加适量后过量，观察现象。写出反应方程式。

【注意事项】

1. 本次实验中用到的是重金属离子，实验完后立即洗手。

2. 汞、浓氨水、浓盐酸的安全使用。浓氨水、浓盐酸的有关操作须在通风橱中进行。

3. 汞和镉的废液要收集处理，不可倒入下水道。

【思考题】

1. 总结铜、银、锌、镉、汞的氢氧化物的酸碱性和稳定性。

2. 在制备 CuI 时，加入硫代硫酸钠的作用是什么？若硫代硫酸钠加入过量，会有什么现象产生？为什么？

3. 现有三瓶已失去标签的硝酸汞、硝酸亚汞和硝酸银溶液，至少用两种方法鉴别之。

4. 用 $K_4[Fe(CN)_6]$ 鉴定 Cu^{2+} 的反应在中性或弱酸性溶液中进行，若加入 $NH_3·H_2O$ 或 NaOH 溶液会发生什么反应？

5. 总结 Cu^{2+}、Ag^+、Zn^{2+}、Cd^{2+}、Hg^{2+}、Hg_2^{2+} 与 $NH_3·H_2O$ 的反应。

6. 总结铜、银、锌、镉、汞的硫化物的溶解性。

7. $AgCl$、$PbCl_2$、Hg_2Cl_2 都不溶于水，如何将它们分离开？

实验25　第一过渡系元素(一)(钛、钒、铬、锰)

一、实验目的

1. 了解钛、钒化合物的性质。
2. 掌握铬、锰化合物的重要性质及各种氧化态之间相互转化的条件。

二、预习要点

1. 钛的化合物、钒的化合物的性质。
2. 铬单质及其化合物的性质。
3. 锰单质及其化合物的性质。

三、实验原理

1. 钛

Ti 是第 ⅣB 族元素，以 +Ⅳ氧化态最稳定。纯 TiO_2 为白色粉末，不溶于水、不易溶于浓碱，但能溶于热硫酸中。

在 Ti(Ⅳ)盐的溶液中加入碱，得到 α 型钛酸，α 型 $Ti(OH)_4$ 活性大，具有两性，既溶于酸也能溶于浓碱中。用锌处理 Ti(Ⅳ)盐的酸性溶液，可以得到紫色的 Ti(Ⅲ)的化合物：

$$2TiO^{2+} + Zn + 4H^+ = 2Ti^{3+} + Zn^{2+} + 2H_2O$$

Ti^{3+} 具有还原性，遇 $CuCl_2$ 等发生氧化还原反应：

$$2Ti^{3+} + 2Cu^{2+} + 2Cl^- + 2H_2O = 2CuCl\downarrow + 2TiO^{2+} + 4H^+$$

2. 钒

V 是第 ⅤB 族元素，主要氧化数为 +5。V_2O_5 是 V 的重要化合物之一，可由偏钒酸铵（NH_4VO_3）加热分解制得：

$$2NH_4VO_3 \stackrel{\Delta}{=\!=\!=} V_2O_5 + 2NH_3\uparrow + H_2O$$

V_2O_5呈橙色至深红色，微溶于水，是两性偏酸性的氧化物，易溶于碱，能溶于强酸：

$$V_2O_5 + 6NaOH = 2Na_3VO_4 + 3H_2O$$

$$V_2O_5 + H_2SO_4 = (VO_2)_2SO_4 + H_2O$$

V_2O_5与浓HCl反应，V(V)被还原成V(Ⅳ)，有Cl_2生成：

$$V_2O_5 + 6HCl = 2VOCl_2 + Cl_2\uparrow + 3H_2O$$

3. 铬

Cr是第ⅥB族元素，常见氧化数是+3和+6。Cr(Ⅲ)盐溶液与氨水或氢氧化钠溶液反应可制得氢氧化铬沉淀。$Cr(OH)_3$具有两性，既溶于酸又溶于碱：

$$Cr^{3+} + 3OH^- = Cr(OH)_3\downarrow（灰蓝色胶状）$$

$$Cr(OH)_3 + 3H^+ = Cr^{3+} + 3H_2O$$

$$Cr(OH)_3 + OH^- = CrO_2^- + 2H_2O$$

在碱性溶液中Cr(Ⅲ)有较强的还原性，易被氧化：

$$2CrO_2^- + 3H_2O_2 + 2OH^- = 2CrO_4^{2-} + 4H_2O$$

铬酸盐和重铬酸盐在水溶液中存在下列平衡：

$$2CrO_4^{2-} + 2H^+ \rightleftharpoons Cr_2O_7^{2-} + H_2O$$

除加酸、加碱条件下可使平衡发生移动，此外，如向溶液中加入Ba^{2+}、Pb^{2+}或Ag^+，由于生成溶度积较小的铬酸盐，也能使平衡向左移动。所以，向重铬酸盐溶液中加入这些金属离子生成的也是铬酸盐沉淀：

$$Cr_2O_7^{2-} + 2Ba^{2+} + H_2O = 2H^+ + 2BaCrO_4\downarrow$$

重铬酸盐在酸性溶液中是强氧化剂，其还原产物都是Cr^{3+}的盐：

$$Cr_2O_7^{2-} + 3SO_3^{2-} + 8H^+ = 2Cr^{3+} + 3SO_4^{2-} + 4H_2O$$

$$Cr_2O_7^{2-} + 6Fe^{2+} + 14H^+ = 2Cr^{3+} + 6Fe^{3+} + 7H_2O$$

4. 锰

Mn是第ⅦB族元素，常见氧化数是+2、+4、+6和+7。

Mn^{2+}在酸性介质中比较稳定，在碱性介质中易被氧化：

$$Mn^{2+} + 2OH^- = Mn(OH)_2\downarrow$$

$$2Mn(OH)_2 + O_2 = 2MnO(OH)_2$$

$$Mn(OH)_2 + ClO^- = MnO(OH)_2 + Cl^-$$

$Mn(OH)_2$是碱性氢氧化物，溶于酸及酸性盐溶液中，而不溶于碱：

$$Mn(OH)_2 + 2H^+ = Mn^{2+} + 2H_2O$$

$$Mn(OH)_2 + 2NH_4^+ = Mn^{2+} + 2NH_3 + 2H_2O$$

MnO_2是Mn(Ⅳ)的重要化合物，可由Mn(Ⅶ)与Mn(Ⅱ)的化合物作用而得到：

$$2MnO_4^- + 3Mn^{2+} + 2H_2O = 5MnO_2 + 4H^+$$

在酸性介质中，MnO_2是一种强氧化剂：

$$MnO_2 + SO_3^{2-} + 2H^+ = Mn^{2+} + SO_4^{2-} + H_2O$$

$$2MnO_2 + 2H_2SO_4（浓）= 2MnSO_4 + O_2\uparrow + 2H_2O$$

在碱性介质中，有氧化剂存在时，Mn（Ⅳ）能被氧化转变成 Mn（Ⅵ）的化合物：

$$2MnO_2 + 4KOH + O_2 \stackrel{\Delta}{=} 2K_2MnO_4 + 2H_2O$$

Mn（Ⅶ）的化合物中最重要的是高锰酸钾，它是最常用的强氧化剂之一，它的还原产物因介质的酸碱性不同而不同：

酸性介质：$2MnO_4^- + 5SO_3^{2-} + 6H^+ = 2Mn^{2+} + 5SO_4^{2-} + 3H_2O$

中性介质：$2MnO_4^- + 3SO_3^{2-} + H_2O = 2MnO_2\downarrow + 3SO_4^{2-} + 2OH^-$

碱性介质：$2MnO_4^- + SO_3^{2-} + 2OH^- = 2MnO_4^{2-} + SO_4^{2-} + H_2O$

四、实验用品

1. 仪器

离心机，试管，烧杯，洗瓶，蒸发皿，酒精灯

2. 试剂

固体试剂：锌粒，偏钒酸铵，二氧化锰，亚硫酸钠，高锰酸钾，铋酸钠；液体试剂：H_2SO_4 溶液（2 mol·L^{-1}，浓），HCl 溶液（2 mol·L^{-1}，浓），HNO_3 溶液（6 mol·L^{-1}），NaOH 溶液（2 mol·L^{-1}，6 mol·L^{-1}），NH_3（2 mol·L^{-1}），$TiOSO_4$ 溶液（用液体 $TiCl_4$ 和 1 mol·L^{-1}（NH_4）$_2SO_4$ 溶液按 1：1 的比例配成 $TiOSO_4$ 溶液），$CuCl_2$ 溶液（0.2 mol·L^{-1}），$CrCl_3$ 溶液（0.1 mol·L^{-1}），$K_2Cr_2O_7$ 溶液（0.1 mol·L^{-1}），K_2CrO_4 溶液（0.1 mol·L^{-1}），（NH_4）$_2Fe(SO_4)_2$（新制，0.1 mol·L^{-1}），$Pb(NO_3)_2$ 溶液（0.1 mol·L^{-1}），$BaCl_2$ 溶液（0.1 mol·L^{-1}），$AgNO_3$ 溶液（0.1 mol·L^{-1}），$MnSO_4$ 溶液（0.2 mol·L^{-1}），$KMnO_4$ 溶液（0.1 mol·L^{-1}），Na_2SO_3 溶液（新制，0.1 mol·L^{-1}），H_2O_2（新制，3%），戊醇，乙醚

3. 材料

pH试纸

五、实验内容

1. 钛的化合物的重要性质

（1）$Ti(OH)_4$ 的生成和性质

在试管中加入2滴硫酸氧钛 $TiOSO_4$ 溶液，并加入数滴 2 mol·L^{-1} $NH_3·H_2O$ 观察白色沉淀生成。将沉淀分装两支试管，并向两支试管分别加入数滴 2 mol·L^{-1} H_2SO_4 溶液和 6 mol·L^{-1} NaOH 溶液，观察现象。写出有关反应方程式。

（2）钛（Ⅲ）化合物的生成和还原性

在盛有 0.5 mL $TiOSO_4$ 的溶液中，加入一粒锌，观察颜色的变化。把溶液放置几分钟后，滴入几滴 0.2 mol·L^{-1} $CuCl_2$ 溶液，观察现象。由上述现象说明钛（Ⅲ）的还原性。

2. 钒的化合物的重要性质

（1）V_2O_5 的生成

取 0.5 g 偏钒酸铵 NH_4VO_3 固体放入蒸发皿中，小火加热并不断搅拌（不要熔融，以免生成的 V_2O_5 成块状），观察并记录反应过程中固体颜色的变化。写出有关反应方程式。

（2）V_2O_5 的性质

将 NH_4VO_3 分解得到的产物分为四份，分别进行下列实验：

①加入浓 H_2SO_4，振荡，放置。观察溶液的颜色，固体是否溶解？取上层清液于水中稀释，观察稀释前后的颜色变化。

②加入 1 mL 6 mol·L^{-1} NaOH 溶液并水浴加热，观察有何变化？

③加入少量蒸馏水，煮沸，静置，待其冷却后用 pH 试纸测定溶液的 pH 值。

④加入 1 mL 浓 HCl，观察有何变化。微沸，检验气体产物。加入少量蒸馏水稀释，观察溶液颜色的变化。

总结 V_2O_5 的特性。

3. 铬的化合物的重要性质

（1）$Cr(OH)_3$ 的生成和性质

在离心试管中加入少量 $CrCl_3$ 溶液，逐滴滴加 6 mol·L^{-1} NaOH 溶液，观察沉淀的生成。将沉淀离心分离并洗涤干净，观察沉淀的颜色。在沉淀中滴加 NaOH 溶液至沉淀全部溶解，观察溶液的颜色。留下溶液备用。

（2）$Cr(Ⅲ)$ 的还原性

在上面所得溶液中，滴加 3% H_2O_2，水浴加热，观察溶液的颜色变化。

（3）$Cr(Ⅵ)$ 的氧化性

在 0.5 mL 0.1 mol·L^{-1} $K_2Cr_2O_7$ 溶液中加入 2 mol·L^{-1} H_2SO_4 酸化，滴加 $(NH_4)_2Fe(SO_4)_2$ 溶液，观察实验现象。

（4）CrO_4^{2-} 与 $Cr_2O_7^{2-}$ 的相互转化

在 0.5 mL 0.1 mol·L^{-1} K_2CrO_4 溶液中加入数滴 2 mol·L^{-1} H_2SO_4，溶液颜色有何变化？再滴加 6 mol·L^{-1} NaOH 溶液，又有何变化？

（5）难溶铬酸盐

取少量 K_2CrO_4 溶液于 3 支试管中，分别滴加 $Pb(NO_3)_2$、$BaCl_2$、$AgNO_3$ 溶液，观察沉淀的颜色和状态。

以 $K_2Cr_2O_7$ 溶液代替 K_2CrO_4 溶液，同样实验，比较沉淀的颜色和状态。

解释以上实验现象，并写出有关反应方程式。

4. 锰的化合物的重要性质

（1）$Mn(OH)_2$ 的生成和性质

在 3 支试管中各加入 1 mL 0.2 mol·L^{-1} $MnSO_4$ 溶液。

第 1 支试管：滴加 2 mol·L^{-1} NaOH 溶液，观察沉淀的生成和颜色。将沉淀暴露在空气中放置一会，观察沉淀的颜色有何变化。

第2支试管：滴加 2 mol·L^{-1} NaOH 溶液，产生沉淀的同时立刻加入过量的 NaOH 溶液，观察沉淀是否溶解。

第3支试管：滴加 2 mol·L^{-1} NaOH 溶液，产生沉淀后迅速加入 2 mol·L^{-1} HCl 溶液，有何现象发生？

（2）Mn^{2+}的鉴定

取 2 滴 MnSO$_4$ 溶液并用 0.5 mL 6 mol·L^{-1} HNO$_3$ 酸化，再加入少量 NaBiO$_3$ 固体，振荡试管，观察溶液颜色的变化。此反应可用来鉴定 Mn^{2+}。

（3）MnO$_2$的生成和氧化性

①往盛有少量 0.1 mol·L^{-1} KMnO$_4$ 溶液中，逐滴加入 0.2 mol·L^{-1} MnSO$_4$ 溶液，观察沉淀的颜色。往沉淀中加入 2 mol·L^{-1} H$_2$SO$_4$ 溶液和 0.1 mol·L^{-1} Na$_2$SO$_3$ 溶液，沉淀是否溶解？

②在试管中加入少量 MnO$_2$ 粉末（约大米粒大小），小心地加入 1 mL 浓 H$_2$SO$_4$，水浴加热一段时间后，观察溶液的颜色。

（4）KMnO$_4$的性质

在 3 支试管中各加入 2 滴 0.1 mol·L^{-1} KMnO$_4$ 溶液。

①酸性条件下：在第 1 支试管中加入 1 mL 2 mol·L^{-1} H$_2$SO$_4$ 溶液，滴加 0.1 mol·L^{-1} Na$_2$SO$_3$ 溶液，观察溶液的颜色变化。

②中性条件下：在第 2 支试管中加入 1 mL 蒸馏水，滴加 0.1 mol·L^{-1} Na$_2$SO$_3$ 溶液，观察溶液的颜色变化。

③碱性条件下：在第 3 支试管中加入 1 mL 2 mol·L^{-1} NaOH 溶液，滴加 0.1 mol·L^{-1} Na$_2$SO$_3$ 溶液，观察溶液的颜色变化。

解释以上实验现象，并写出有关反应方程式。

【思考题】

1. 结合实验讨论 Cr^{3+} 与 Cr$_2$O$_7^{2-}$ 互相转化的条件，并说明在转化过程中用 H$_2$O$_2$ 作氧化剂时应注意什么。

2. 在 KMnO$_4$ 的性质实验中，加入试剂的先后顺序对实验结果有没有影响？为什么？

3. 现有 Mn^{2+}、Cr^{3+} 和 Al^{3+} 混合溶液，用 NaOH、H$_2$O$_2$ 和 NH$_4$Cl 进行分离。写出实验方案、实验现象和反应方程式。

实验26　第一过渡系元素(二)(铁、钴、镍)

一、实验目的

1. 试验并掌握 +Ⅱ 价铁、钴、镍的还原性和 +Ⅲ 价铁、钴、镍的氧化性。
2. 试验并掌握铁、钴、镍配合物的生成和性质。

二、预习要点

1. 铁、钴、镍的简单化合物的性质。
2. 铁、钴、镍的配位化合物的性质。

三、实验原理

铁、钴、镍是第Ⅷ族元素，价电子构型为 $3d^{6\sim8}4s^2$，常见氧化数是+2和+3。$Fe(OH)_2$ 易被 O_2 氧化，颜色由白色→灰绿→黑色→红棕色；$Co(OH)_2$ 能够缓慢地被 O_2 氧化为棕色的 $Co(OH)_3$，而 $Ni(OH)_2$ 在空气中性质稳定，不能被 O_2 氧化，需要较强的氧化剂。

还原性增强

$\longleftarrow$ ────────────────────────────────────

$Fe(OH)_2$（白色）	$Co(OH)_2$（蓝色→粉红色）	$Ni(OH)_2$（绿色）
$Fe(OH)_3$（红棕色）	$Co(OH)_3$（棕色）	$Ni(OH)_3$（黑色）

──────────────────────────────────── $\longrightarrow$

氧化性增强

$$Fe^{2+} + 2OH^- = Fe(OH)_2\downarrow（白色）$$
$$4Fe(OH)_2 + O_2 + 2H_2O = 4Fe(OH)_3$$
$$Co^{2+} + 2OH^- = Co(OH)_2\downarrow（蓝色）$$
$$4Co(OH)_2 + O_2 + 2H_2O = 4Co(OH)_3（棕色）$$
$$2Co(OH)_2 + H_2O_2 = 2Co(OH)_3$$
$$2Ni(OH)_2 + ClO^- + H_2O = 2Ni(OH)_3 + Cl^-$$

$Fe(OH)_3$ 与浓 HCl 发生中和反应，而 $Co(OH)_3$、$Ni(OH)_3$ 与浓 HCl 发生氧化—还原反应：

$$Fe(OH)_3 + 3HCl = FeCl_3 + 3H_2O$$
$$2Co(OH)_3 + 6HCl = 2CoCl_2 + Cl_2\uparrow + 6H_2O$$
$$2Ni(OH)_3 + 6HCl = 2NiCl_2 + Cl_2\uparrow + 6H_2O$$

铁系元素能形成多种配合物。可用于鉴定 Fe^{2+}、Fe^{3+} 的反应有：

$$3Fe^{2+} + 2[Fe(CN)_6]^{3-} = Fe_3[Fe(CN)_6]_2\downarrow（滕氏蓝）$$
$$4Fe^{3+} + 3[Fe(CN)_6]^{4-} = Fe_4[Fe(CN)_6]_3\downarrow（普鲁士蓝）$$
$$Fe^{3+} + n\,SCN^- = [Fe(SCN)_n]^{3-n}\,(n=1\sim6,血红色)$$

Co^{2+} 与过量的氨水反应生成 $[Co(NH_3)_6]^{2+}$，但是 $[Co(NH_3)_6]^{2+}$ 不稳定，易被空气中的 O_2 氧化为 $[Co(NH_3)_6]^{3+}$：

$$CoCl_2 + NH_3\cdot H_2O = Co(OH)Cl\downarrow（蓝绿色）+ NH_4Cl$$
$$Co(OH)Cl + 7NH_3 + H_2O = [Co(NH_3)_6](OH)_2（土黄色）+ NH_4Cl$$
$$4[Co(NH_3)_6]^{2+} + O_2 + 2H_2O = 4[Co(NH_3)_6]^{3+}（红棕色）+ 4OH^-$$

通常八面体6配位Co(Ⅱ)的颜色为粉红色至紫色，而四面体4配位Co(Ⅱ)的颜色为蓝色。Co^{2+}与SCN^-反应，生成蓝色的配离子$[Co(SCN)_4]^{2-}$，常用丙酮或乙醚萃取：

$$Co^{2+} + 4SCN^- = [Co(SCN)_4]^{2-}（蓝色）$$

$$[Co(H_2O)_6]^{2+}（粉红色）+ 4Cl^- = [CoCl_4]^{2-}（蓝色）+ 6H_2O$$

Ni^{2+}与氨水反应生成蓝色的$[Ni(NH_3)_6]^{2+}$配离子，该配离子不易被氧化，但遇酸、遇碱、遇水稀释、受热均可发生分解反应：

$$[Ni(NH_3)_6]^{2+} + 6H^+ = Ni^{2+} + 6NH_4^+$$

$$[Ni(NH_3)_6]^{2+} + 2OH^- = Ni(OH)_2\downarrow + 6NH_3\uparrow$$

$$2[Ni(NH_3)_6]SO_4 + 2H_2O = Ni_2(OH)_2SO_4\downarrow + 10NH_3\uparrow + (NH_4)_2SO_4$$

四、实验用品

1. 仪器

离心机，试管，烧杯，酒精灯。

2. 试剂

固体试剂：$(NH_4)_2Fe(SO_4)_2\cdot6H_2O(s)$，$KSCN(s)$，$NH_4F(s)$；液体试剂：$H_2SO_4$溶液（$1\ mol\cdot L^{-1}$，$6\ mol\cdot L^{-1}$，浓），$HCl$（浓），$NaOH$溶液（$2\ mol\cdot L^{-1}$，$6\ mol\cdot L^{-1}$），$(NH_4)_2Fe(SO_4)_2$（$0.1\ mol\cdot L^{-1}$），$FeCl_3$溶液（$0.2\ mol\cdot L^{-1}$），$CoCl_2$溶液（$0.1\ mol\cdot L^{-1}$，$2\ mol\cdot L^{-1}$），$NiSO_4$溶液（$0.1\ mol\cdot L^{-1}$），$KI$溶液（$0.1\ mol\cdot L^{-1}$），$K_4[Fe(CN)_6]$溶液（$0.5\ mol\cdot L^{-1}$），$K_3[Fe(CN)_6]$溶液（$0.5\ mol\cdot L^{-1}$），氨水（$6\ mol\cdot L^{-1}$），$NaClO$溶液（稀），$KSCN$溶液（$0.5\ mol\cdot L^{-1}$），$NaNO_3$溶液（$1\ mol\cdot L^{-1}$），$H_2O_2$（3%新制），溴水，$CCl_4$，丁二酮肟（镍试剂），戊醇，乙醚

3. 材料

淀粉-KI试纸

五、实验内容

1. Fe(Ⅱ)、Co(Ⅱ)、Ni(Ⅱ)的还原性

（1）酸性介质

往分别装有0.5mL $(NH_4)_2Fe(SO_4)_2$、$CoCl_2$、$NiSO_4$溶液的试管中滴加溴水，用CCl_4萃取法证明反应是否发生，并根据标准电极电势加以解释。

（2）碱性介质

在试管中放入2 mL蒸馏水和3滴$6\ mol\cdot L^{-1}$ H_2SO_4溶液煮沸，以赶尽溶于其中的空气，然后加入少量硫酸亚铁铵$(NH_4)_2Fe(SO_4)_2$晶体。在另一试管中加入3mL $6\ mol\cdot L^{-1}$ $NaOH$溶液煮沸，冷却后，用一长滴管吸取$NaOH$溶液，插入$(NH_4)_2Fe(SO_4)_2$溶液（直至试管底部），慢慢挤出滴管中的$NaOH$溶液，观察产物颜色和状态。振荡后放置一段时间，观察又有何变化。

往盛有 0.5 mL 0.1 mol·L^{-1} CoCl$_2$ 溶液的试管中滴入稀 NaOH 溶液，观察沉淀的生成和颜色变化（可以加热）。倾去上层清液，将沉淀在空气中放置一段时间（大约 30 min），颜色又有什么变化？

（3）Ni(Ⅱ)的还原性

用 NiSO$_4$ 溶液代替 CoCl$_2$ 进行上述实验，观察现象。

2. Fe(Ⅲ)、Co(Ⅲ)、Ni(Ⅲ)的氧化性

（1）制备 M(OH)$_3$

往分别盛有 1 mL (NH$_4$)$_2$Fe(SO$_4$)$_2$、CoCl$_2$ 溶液的离心试管中滴加适量 NaOH 溶液后，滴加 3%H$_2$O$_2$ 溶液，摇匀，离心分离并洗涤，分别得 Fe(OH)$_3$ 和 Co(OH)$_3$ 沉淀。

在 1 mL NiSO$_4$ 溶液的离心试管中滴加适量 NaOH 溶液，滴加少量溴水（或 NaClO 溶液），离心分离，得 Ni(OH)$_3$ 沉淀。

（2）M(OH)$_3$的氧化性

①将 Fe(OH)$_3$ 沉淀分成两份，向一份中加入浓 HCl 溶解，用湿润的淀粉–KI 试纸检验是否有 Cl$_2$ 生成？往另外一份沉淀中加入 1 mol·L^{-1} H$_2$SO$_4$ 溶液至沉淀溶解，加入 KI 溶液，再加入 CCl$_4$，振荡后观察现象，有没有单质 I$_2$ 生成？

②Co(OH)$_3$ 和 Ni(OH)$_3$

分别往上述得到的 Co(OH)$_3$ 和 Ni(OH)$_3$ 沉淀中加入浓 HCl 溶解，用湿润的淀粉–KI 试纸检验是否有 Cl$_2$ 生成？加少量水稀释后有什么现象？

综合上述实验所观察到的现象，总结+2氧化值的铁、钴、镍化合物的还原性和+3氧化值的铁、钴、镍化合物的氧化性的变化规律。

3. 配合物的生成

（1）Fe(Ⅱ)的配合物

①滕氏蓝反应　往盛有 0.5 mL 铁氰化钾 K$_3$[Fe(CN)$_6$] 溶液的试管中，加入数滴 (NH$_4$)$_2$Fe(SO$_4$)$_2$ 溶液，有何现象发生？此为 Fe^{2+} 的鉴定反应。

②与 NO 生成配合物（棕色环反应）　取 2 滴 1mol·L^{-1} NaNO$_3$ 溶液于点滴板上，在溶液的中央放一小粒 (NH$_4$)$_2$Fe(SO$_4$)$_2$ 晶体，然后在晶体上加 1 滴浓 H$_2$SO$_4$。如果晶体周围有棕色出现，说明有 NO$_3^-$：

$$3Fe^{2+} + NO_3^- + 4H^+ = 3Fe^{3+} + NO + 2H_2O$$
$$Fe^{2+} + NO = [Fe(NO)]^{2+}（棕色）$$

（2）Fe(Ⅲ)的配合物

①普鲁士蓝反应　往盛有 0.5 mL 亚铁氰化钾 K$_4$[Fe(CN)$_6$] 溶液的试管中，加入数滴 FeCl$_3$ 溶液，有何现象发生？此为 Fe^{3+} 的鉴定反应。

②与 SCN$^-$ 生成配合物　取 1 滴 FeCl$_3$ 溶液加少量水稀释后滴加 1 滴 0.5 mol·L^{-1} KSCN 溶液，观察溶液的颜色变化。再加入少量 NH$_4$F 晶体，振荡后观察溶液的颜色变化。根据 $K_{稳}^{\theta}$ 求新的平衡常数，说明变化的原因。

（3）钴的配合物

①氨配合物

往 0.5 mL $CoCl_2$ 溶液中滴加浓氨水，至生成的沉淀刚好溶解为止，观察溶液的颜色。静置一段时间后，再观察溶液的颜色有无变化。

②与 SCN^- 生成配合物

往盛有 1 mL $CoCl_2$ 溶液的试管里加入少量 KSCN 晶体，观察晶体周围的颜色。再加入 0.5 mL 戊醇和 0.5 mL 乙醚，振荡后，观察水相和有机相的颜色，这个反应可用来鉴定 Co^{2+}。

③与 Cl^- 生成配合物

向少量 2 $mol \cdot L^{-1}$ $CoCl_2$ 溶液中滴加浓 HCl，观察蓝色 $[CoCl_4]^{2-}$ 的生成，再加水稀释，溶液的颜色又有什么变化？解释观察到的实验现象。

在试管中加入 2 $mol \cdot L^{-1}$ $CoCl_2$，将试管小火加热，观察溶液的颜色变化，解释实验现象。

（4）镍的配合物

①氨配合物

往盛有 2 mL 0.1 $mol \cdot L^{-1}$ $NiSO_4$ 溶液中滴加 6 $mol \cdot L^{-1}$ 氨水，观察沉淀的颜色，继续滴加氨水使沉淀溶解，静置片刻再观察现象。把溶液分成四份：一份加入 2 $mol \cdot L^{-1}$ NaOH 溶液，一份加入 1 $mol \cdot L^{-1}$ H_2SO_4 溶液，一份加水稀释，一份煮沸，观察有何变化。

②Ni^{2+} 的鉴定

在点滴板中，1 滴 0.1 $mol \cdot L^{-1}$ $NiSO_4$ 中加 1 滴 6 $mol \cdot L^{-1}$ 氨水，然后加 1 滴丁二酮肟（镍试剂）的酒精溶液，观察二丁二酮肟合镍（Ⅱ）沉淀的颜色。

根据实验结果比较 $[Co(NH_3)_6]^{2+}$ 配离子和 $[Ni(NH_3)_6]^{2+}$ 配离子氧化还原稳定性的相对大小及溶液稳定性。

【思考题】

1. 制取 $Co(OH)_3$、$Ni(OH)_3$ 时，为什么要以 Co(Ⅱ)、Ni(Ⅱ) 为原料在碱性溶液中进行氧化，而不用 Co(Ⅲ)、Ni(Ⅲ) 直接制取？

2. 为什么 $[Fe(CN)_6]^{4-}$ 能把 I_2 还原为 I^-，而 Fe^{2+} 则不能？

实验27　常见阴离子的分离与鉴定

一、实验目的

学习和掌握常见阴离子的分离和鉴定方法，以及离子检出的基本操作。

二、预习要点

1. 根据本实验原理，写出混合阴离子初步试验的合理步骤。

2. 写出本实验中初步试验部分的相关反应方程式。

三、实验原理

ⅢA族到ⅦA族的22种非金属元素在形成化合物时常常生成阴离子，阴离子可分为简单阴离子和复杂阴离子，简单阴离子只含有一种非金属元素，复杂阴离子是由两种和两种以上元素构成的酸根或配离子。形成阴离子的元素虽然不多，但是同一元素常常不止形成一种阴离子。例如，由S就可以构成S^{2-}、SO_3^{2-}、$S_2O_3^{2-}$、SO_4^{2-}、$S_2O_8^{2-}$等常见的阴离子；由N也可以构成NO_2^-、NO_3^-，所以报告分析结果时要知道元素及其存在形式。

大多数阴离子在分析鉴定中彼此干扰较少，而且可能共存的阴离子不多，许多阴离子还有特效反应，故常采用分别分析法。只有当先行推测或检出某些离子有干扰时才可适当地进行掩蔽或分离。

在进行混合阴离子的分析鉴定时，一般是利用阴离子的分析特性进行初步试验，确定离子存在的可能范围，然后进行个别离子的鉴定。

四、实验用品

1. 仪器

烧杯，试管，离心试管，点滴板，量筒，离心机

2. 试剂

固体试剂：$FeSO_4$；液体试剂：H_2SO_4溶液（1 mol·L^{-1}，3 mol·L^{-1}，浓），HCl溶液（6 mol·L^{-1}，2 mol·L^{-1}），HNO_3溶液（6 mol·L^{-1}），HAc溶液（6 mol·L^{-1}），$NH_3·H_2O$溶液（6 mol·L^{-1}），$AgNO_3$溶液（0.1 mol·L^{-1}），$KMnO_4$溶液（0.01 mol·L^{-1}），NaCl溶液（0.1 mol·L^{-1}），$BaCl_2$溶液（0.1 mol·L^{-1}），KBr溶液（0.1 mol·L^{-1}），KI溶液（0.1 mol·L^{-1}），Na_2S溶液（0.1 mol·L^{-1}），$(NH_4)_2MoO_4$溶液（0.1 mol·L^{-1}），Na_2CO_3溶液（0.1 mol·L^{-1}），Na_2SO_4溶液（0.1 mol·L^{-1}），Na_2SO_3溶液（0.1 mol·L^{-1}，新制），$Na_2S_2O_3$溶液（0.1 mol·L^{-1}），$NaNO_3$溶液（0.1 mol·L^{-1}），$NaNO_2$溶液（0.1 mol·L^{-1}，新制），Na_3PO_4溶液（0.1 mol·L^{-1}），CCl_4，氨基苯磺酸，α-萘胺，氯水，I_2-淀粉

五、实验内容

1. 阴离子的初步试验

（1）酸碱性试验

对于混合阴离子试液，首先用pH试纸测定其酸碱性，若试液呈强酸性，则低沸点酸或易分解酸的阴离子如CO_3^{2-}、SO_3^{2-}、$S_2O_3^{2-}$、S^{2-}、NO_2^-等不存在。若为中性或弱碱性，则继续以下试验。

（2）挥发性试验

待检阴离子：CO_3^{2-}、SO_3^{2-}、$S_2O_3^{2-}$、S^{2-}、NO_2^-。

在5支试管中分别滴加试液3～4滴，再加入3 mol·L^{-1} H$_2$SO$_4$溶液2滴，用手指轻敲试管的下端，必要时在水浴中微热，观察微小气泡的产生，颜色及溶液是否变浑。如何检验产生的SO$_2$、CO$_2$、H$_2$S和NO$_2$气体，写出反应方程式。由此可判断这些阴离子是否存在。

（3）沉淀试验

①与BaCl$_2$的反应

待检阴离子：CO$_3^{2-}$、SO$_3^{2-}$、S$_2$O$_3^{2-}$、SO$_4^{2-}$、PO$_4^{3-}$。

在5支离心试管中分别滴加CO$_3^{2-}$、SO$_3^{2-}$、S$_2$O$_3^{2-}$、SO$_4^{2-}$、PO$_4^{3-}$的试液3～4滴，然后滴加0.1 mol·L^{-1}的BaCl$_2$溶液3～4滴，观察沉淀的生成。离心分离，试验沉淀在6 mol·L^{-1} HCl溶液中的溶解性。解释现象并写出反应方程式。

②与AgNO$_3$的反应

待检阴离子：Cl$^-$、Br$^-$、I$^-$、CO$_3^{2-}$、SO$_3^{2-}$、S$_2$O$_3^{2-}$、SO$_4^{2-}$、PO$_4^{3-}$

在8支试管中分别滴加Cl$^-$、Br$^-$、I$^-$、CO$_3^{2-}$、SO$_3^{2-}$、S$_2$O$_3^{2-}$、SO$_4^{2-}$、PO$_4^{3-}$的试液3～4滴，再滴加0.1 mol·L^{-1}的AgNO$_3$溶液3～4滴，观察沉淀的生成与颜色的变化（**Ag$_2$S$_2$O$_3$刚生成时为白色，迅速变黄→棕→黑**）。然后用6 mol·L^{-1} HNO$_3$溶液酸化，观察哪些沉淀不溶于HNO$_3$（**若S^{2-}和S$_2$O$_3^{2-}$生成的沉淀不溶解，可加热后再观察**）。写出反应方程式。

（4）氧化还原性的试验

①氧化性试验

待检阴离子：NO$_2^-$、NO$_3^-$。

在2支试管中分别滴加NO$_2^-$、NO$_3^-$试液10滴，用3 mol·L^{-1} H$_2$SO$_4$溶液酸化后，加10滴CCl$_4$和5滴0.1 mol·L^{-1} KI溶液，振荡试管，观察现象，写出反应方程式。

②还原性试验

1）I$_2$-淀粉试验

待检阴离子：SO$_3^{2-}$、S$_2$O$_3^{2-}$、S^{2-}。

在3支试管中分别滴加SO$_3^{2-}$、S$_2$O$_3^{2-}$、S^{2-}的试液3～4滴，用1.0 mol·L^{-1} H$_2$SO$_4$溶液酸化后，滴加I$_2$—淀粉溶液2滴，观察现象，写出反应方程式。

2）KMnO$_4$试验

待检阴离子：Cl$^-$、Br$^-$、I$^-$、SO$_3^{2-}$、S$_2$O$_3^{2-}$、S^{2-}、NO$_2^-$

在7支试管中分别滴加Cl$^-$、Br$^-$、I$^-$、SO$_3^{2-}$、S$_2$O$_3^{2-}$、S^{2-}、NO$_2^-$的试液3～4滴，用1.0 mol·L^{-1} H$_2$SO$_4$溶液酸化后，滴加0.01 mol·L^{-1}的KMnO$_4$溶液2滴，振荡试管，观察现象，写出反应方程式。

根据初步试验结果，可推断出混合液可能存在的离子，然后进行分别鉴定。

2.常见阴离子的鉴定

（1）Cl$^-$的鉴定

在离心试管中加5滴0.1 mol·L^{-1} NaCl溶液，再加入1滴6 mol·L^{-1} HNO$_3$，振荡试管，

加入5滴0.1 mol·L⁻¹ AgNO₃，观察沉淀的颜色。然后离心沉降后，弃去清液，并在沉淀中加入数滴6 mol·L⁻¹ NH₃·H₂O，振荡后，观察沉淀溶解，然后再加入6 mol·L⁻¹ HNO₃，又有白色沉淀析出，就证明Cl⁻的存在。

（2）Br⁻的鉴定：

取2滴0.1 mol·L⁻¹ KBr溶液于试管中，加入1滴1 mol·L⁻¹ H₂SO₄和5滴CCl₄，然后加入氯水，边加边摇，若CCl₄层出现棕色或黄色，表示有Br⁻存在。

（3）I⁻的鉴定

取2滴0.1 mol·L⁻¹ KI溶液于试管中，加入1滴1 mol·L⁻¹ H₂SO₄和5滴CCl₄，然后加入氯水，边加边摇，若CCl₄层出现紫色，再加氯水，紫色褪去，变成无色，表示有I⁻存在。

I₂能与过量氯水反应生成无色溶液，其反应式为：

$$I_2 + 5Cl_2 + 6H_2O = 2HIO_3 + 10HCl$$

（4）S²⁻的鉴定

①取0.1 mol·L⁻¹ Na₂S溶液5滴于试管中，加数滴2.0 mol·L⁻¹ HCl溶液，若产生的气体使Pb(Ac)₂试纸变黑，则表示有S²⁻存在。

②在点滴板上滴2滴0.1 mol·L⁻¹ Na₂S溶液，加2滴亚硝酰铁氰化钠Na₂[Fe(CN)₅NO]溶液，若溶液显示特殊的红紫色，则表示有S²⁻存在。

（5）SO₃²⁻的鉴定

取新制的0.1 mol·L⁻¹ Na₂SO₃溶液5滴于试管中，加3滴I₂—淀粉溶液，用2.0 mol·L⁻¹ HCl溶液酸化，若蓝紫色褪去，则表示有SO₃²⁻存在（**但试液中要保证无S²⁻和S₂O₃²⁻，否则会干扰**）。

（6）S₂O₃²⁻的鉴定

①在点滴板上滴2滴0.1mol·L⁻¹ Na₂S₂O₃溶液，加2～3滴0.1 mol·L⁻¹ AgNO₃溶液，观察沉淀颜色的变化（白色→黄色→棕色→黑色），利用Ag₂S₂O₃水解时颜色的变化可以鉴定S₂O₃²⁻的存在。

②取0.1 mol·L⁻¹ Na₂S₂O₃溶液5滴于试管中，加2.0 mol·L⁻¹ HCl溶液数滴，若溶液变浑浊且有刺激性气体放出（**若现象不明显，可适当加热**），则表示有S₂O₃²⁻存在。

（7）SO₄²⁻的鉴定

取0.1 mol·L⁻¹ Na₂SO₄溶液5滴于试管中，加6.0 mol·L⁻¹ HCl溶液2滴，再加入0.1 mol·L⁻¹ BaCl₂溶液2滴，若有白色沉淀产生，则表示有SO₄²⁻存在。

（8）NO₂⁻的鉴定

取5滴0.1 mol·L⁻¹新制的NaNO₂溶液于试管中，加入几滴6 mol·L⁻¹ HAc，再加入1滴对氨基苯磺酸和1滴α-萘胺，溶液呈粉红色。当NO₂⁻浓度大时，粉红色很快褪去，生成黄色或褐色溶液，则表示有NO₂⁻存在。

（9）NO_3^-的鉴定

取10滴0.1 mol·L^{-1} $NaNO_3$溶液于试管中，加入1～2小粒$FeSO_4$晶体，振荡试管，待固体溶解后，将试管斜持，沿试管内壁加8～10滴浓H_2SO_4（**注意不要摇晃试管**），加入时使液流成线连续加入，以便迅速沉底后分层。观察浓H_2SO_4和溶液两个液层交界处有无棕色环出现。如有棕色环出现，证明有NO_3^-存在。

（10）PO_4^{3-}的鉴定

取含PO_4^{3-}的试液（可以是Na_3PO_4、Na_2HPO_4、NaH_2PO_4、H_3PO_3等溶液）3滴于试管中，加入6滴6 mol·L^{-1} HNO_3溶液和10滴0.1 mol·L^{-1}的（NH_4）$_2MoO_4$溶液，微热（**必要时用玻璃棒摩擦试管壁**），若生成黄色沉淀，表示有PO_4^{3-}存在。

3. 设计混合液中阴离子的鉴定实验

（1）Cl^-、SO_3^{2-}、SO_4^{2-}、S^{2-}的混合液中离子的鉴定。

（2）Br^-、I^-、SO_4^{2-}、PO_4^{3-}的混合液中离子的鉴定。

（3）CO_3^{2-}、SO_3^{2-}、$S_2O_3^{2-}$、PO_4^{3-}的混合液中离子的鉴定。

（4）Cl^-、Br^-、CO_3^{2-}、NO_3^-的混合液中离子的鉴定。

以上几组混合液，由教师分发给学生选做。各组中的阴离子可能全部存在或部分存在，请根据实验室提供的试剂，设计合理方案，将它们一一鉴别出来。

【注意事项】

1.离子鉴定所用试液取量应适当，一般取3～10滴为宜，过多或过少对分离鉴定有一定影响。

2.利用沉淀分离时，沉淀剂的浓度和用量应适量，以保证被沉淀离子沉淀完全。但又不是越多越好，若用量太多，会引起较强的盐效应，反而增大沉淀的溶解度。

3.分离后的沉淀应用去离子水洗涤，以保证分离效果。

【思考题】

1.通过初步试验，还有哪几种阴离子仍不能作出是否存在的肯定性判断？

2.一个能溶于水的混合物，已检出含有Ba^{2+}和Ag^+，下列阴离子Cl^-、I^-、CO_3^{2-}、SO_3^{2-}、SO_4^{2-}、NO_3^-中，哪几种可不必鉴定？

实验28　常见阳离子的分离与鉴定

一、实验目的

1.学会混合离子分离的方法，进一步巩固离子鉴定的条件和方法。

2.熟练运用常见元素（Ag、Hg、Pb、Cu、Fe）的化学性质。

二、预习要点

1.预习镁试剂与铝试剂的结构式及鉴定镁离子、铝离子的方程式。

2.了解常见阳离子混合液的分离和检出的方法以及巩固检出离子的操作。

三、实验原理

离子的分离和鉴定是以各离子对试剂的不同反应为依据的。这种反应常伴随着特殊的现象，如沉淀的生成或溶解，特殊颜色的出现，气体的产生等等。各离子对试剂的作用的相似性和差异性都是构成离子分离与鉴定的基础。也就是说，离子的基本性质是进行分离检出的基础。因而要想掌握分离检出的方法就要熟悉离子的基本性质。

离子的分离和检出是在一定条件下进行。所谓一定的条件主要是指溶液的酸度、反应物的浓度、反应温度、促进或妨碍反应的物质是否存在等。为使反应向期望的方向进行，就必须选择适当的反应条件。

离子混合液中诸组分若对鉴定反应不产生干扰，便可以利用特效反应直接鉴定某种离子。若共存的其他组分彼此干扰，就要选择适当方法消除干扰。通常采用掩蔽剂消除干扰，这是一种比较简单、有效的方法。但在很多情况下没有合适的遮掩剂，就需要将彼此干扰的组分分离。沉淀分离是最经典的分离方法，这种方法是向混合溶液中加入沉淀剂，利用形成的化合物溶解度的差异，使被分离组分与干扰组分分离。常用的沉淀剂有 HCl、H_2SO_4、$NaOH$、$NH_3 \cdot H_2O$、$(NH_4)_2CO_3$ 及 $(NH_4)_2S$。由于元素周期表中的位置使相邻元素在化学性质上表现出相似性，因此一种沉淀剂往往可以使具有相似性质的元素同时产生沉淀。这种沉淀剂称为产生沉淀的元素的组试剂。组试剂将元素划分为不同的组，逐渐达到分离的目的。

四、实验用品

1.仪器

试管，离心试管，烧杯，点滴板，试管架，离心机，电热炉

2.试剂

固体试剂：亚硝酸钠，亚硫酸钠，锌粉，碳酸钠；液体试剂：Ag^+，Hg^{2+}，Pb^{2+}，Cu^{2+}，Fe^{3+}，Al^{3+}，Ba^{2+}混合溶液（七种离子均为硝酸盐，其浓度均为 $10\ mg \cdot mL^{-1}$），HCl（$2\ mol \cdot L^{-1}$，$6\ mol \cdot L^{-1}$，浓），H_2SO_4（$2\ mol \cdot L^{-1}$，$6\ mol \cdot L^{-1}$），HNO_3（$6\ mol \cdot L^{-1}$），HAc（$2\ mol \cdot L^{-1}$，$6\ mol \cdot L^{-1}$），$NaOH$（$2\ mol \cdot L^{-1}$，$6\ mol \cdot L^{-1}$），KOH（$2\ mol \cdot L^{-1}$），$NH_3 \cdot H_2O$（$6\ mol \cdot L^{-1}$），$NaCl$（$1\ mol \cdot L^{-1}$），KCl（$1\ mol \cdot L^{-1}$），KI（$1\ mol \cdot L^{-1}$），$MgCl_2$（$0.5\ mol \cdot L^{-1}$），$CaCl_2$（$0.5\ mol \cdot L^{-1}$），$BaCl_2$（$0.5\ mol \cdot L^{-1}$），$AlCl_3$（$0.5\ mol \cdot L^{-1}$），$SnCl_2$（$0.5\ mol \cdot L^{-1}$），$Pb(NO_3)_2$（$0.5\ mol \cdot L^{-1}$），$HgCl_2$（$0.2\ mol \cdot L^{-1}$），$CuCl_2$（$0.5\ mol \cdot L^{-1}$），$CuSO_4$（$0.2\ mol \cdot L^{-1}$），$AgNO_3$（$0.1\ mol \cdot L^{-1}$），$ZnSO_4$（$0.2\ mol \cdot L^{-1}$），$Al(NO_3)_3$（$0.5\ mol \cdot L^{-1}$），$NaNO_3$（$0.5\ mol \cdot L^{-1}$），$Ba(NO_3)_2$（$0.5\ mol \cdot L^{-1}$），Na_2S（$0.5\ mol \cdot L^{-1}$，$1\ mol \cdot L^{-1}$），H_2S（饱和），$KSb(OH)_6$（饱和），$NaHC_4H_4O_6$（饱和），$NaAc$（$0.2\ mol \cdot L^{-1}$，$1\ mol \cdot L^{-1}$），K_2CrO_4（$1\ mol \cdot L^{-1}$，$2\ mol \cdot L^{-1}$），Na_2CO_3（12%，饱和），NH_4Cl（饱和），NH_4Ac（$2\ mol \cdot L^{-1}$），$(NH_4)_2C_2O_4$（饱和），$K_4[Fe(CN)_6]$（$0.25\ mol \cdot L^{-1}$，

$0.5\ mol\cdot L^{-1}$），硫代乙酰胺（5%），对氨基苯磺酸，镁试剂，0.1%铝试剂，罗丹明B，苯，2.5% 硫脲，$(NH_4)_2[Hg(SCN)_4]$试剂

3. 材料

pH试纸，玻璃棒，镍丝

五、实验内容

1. 碱金属和碱土金属离子的鉴定

（1）Na^+的鉴定

在盛有 0.5 mL 1 $mol\cdot L^{-1}$ NaCl溶液的试管中，加入 0.5 mL 饱和六羟基锑（Ⅴ）酸钾 $K[Sb(OH)_6]$溶液，即有白色沉淀生成。如无沉淀产生，可用玻璃棒摩擦试管内壁，静置片刻。观察现象并写出化学反应方程式。

（2）K^+的鉴定

在盛有 0.5 mL 1 $mol\cdot L^{-1}$ KCl溶液的试管中，加入 0.5 mL 饱和酒石酸氢钠 $NaHC_4H_4O_6$溶液，如有白色沉淀生成，显示有 K^+存在。如无沉淀产生，可用玻璃棒摩擦试管内壁，静置片刻。观察现象并写出化学反应方程式。

（3）Mg^{2+}的鉴定

在盛有 2 滴 0.5 $mol\cdot L^{-1}$ $MgCl_2$溶液的试管中，滴加 6 $mol\cdot L^{-1}$ NaOH溶液，直到产生白色絮状沉淀为止；然后加入一滴镁试剂，搅拌之，生成蓝色沉淀，表示有 Mg^{2+}存在。

（4）Ca^{2+}的鉴定

在盛有 0.5 mL 0.5 $mol\cdot L^{-1}$ $CaCl_2$溶液的离心试管中，滴加 10 滴饱和草酸铵溶液，有白色沉淀生成。离心分离，弃清液。若白色沉淀不溶于 6 $mol\cdot L^{-1}$ HAc溶液而溶于 2 $mol\cdot L^{-1}$ HCl，表示有 Ca^{2+}存在。写出反应方程式。

（5）Ba^{2+}的鉴定

加 2 滴 0.5 $mol\cdot L^{-1}$ $BaCl_2$溶液于离心试管中，加 2 $mol\cdot L^{-1}$ HAc 和 2 $mol\cdot L^{-1}$ NaAc 各 2 滴，然后滴加 2 滴 1 $mol\cdot L^{-1}$ K_2CrO_4，有黄色沉淀生成，表示有 Ba^{2+}存在。写出反应方程式。

2. *p*区和*ds*区部分金属离子的鉴定

（1）Al^{3+}的鉴定

取 5 滴 0.5 $mol\cdot L^{-1}$ $AlCl_3$溶液于小试管中，加 2 滴水，2 滴 2 $mol\cdot L^{-1}$ HAc 及 2 滴 0.1 % 铝试剂，搅拌后，置于水浴上加热片刻，再加入 1~2 滴 6 $mol\cdot L^{-1}$ 氨水，有红色絮状沉淀生成，表示有 Al^{3+}存在。

（2）Sn^{2+}的鉴定

取 5 滴 0.5 $mol\cdot L^{-1}$ $SnCl_2$溶液于小试管中，逐滴加入 0.2 $mol\cdot L^{-1}$ $HgCl_2$，边加边振荡，若产生的沉淀由白色变为灰色，然后变为黑色，表示有 Sn^{2+}存在。

（3）Pb^{2+}的鉴定

取 5 滴 0.5 mol·L^{-1} $Pb(NO_3)_2$ 溶液于小试管中，加 2 滴 1 mol·L^{-1} K_2CrO_4，若有黄色的沉淀产生，在沉淀上滴加数滴 2 mol·L^{-1} NaOH 溶液，沉淀溶解，表示有 Pb^{2+} 存在。

（4）Cu^{2+}的鉴定

取 1 滴 0.5 mol·L^{-1} $CuCl_2$ 溶液于小试管中，加 1 滴 6 mol·L^{-1} HAc 溶液酸化，再加 1 滴 0.5 mol·L^{-1} 亚铁氰化钾 $K_4[Fe(CN)_6]$ 溶液，若有红棕色的 $Cu_2[Fe(CN)_6]$ 沉淀产生，表示有 Cu^{2+} 存在。

（5）Ag^+的鉴定

取 5 滴 0.1 mol·L^{-1} $AgNO_3$ 溶液于小试管中，加 5 滴 2 mol·L^{-1} HCl，产生白色的沉淀，在沉淀上滴加 6 mol·L^{-1} 氨水至沉淀完全溶解。此溶液中再用 6 mol·L^{-1} HNO_3 溶液酸化，产生白色沉淀，表示有 Ag^+ 存在。

（6）Zn^{2+}的鉴定

取 3 滴 0.2 mol·L^{-1} $ZnSO_4$ 溶液于小试管中，加 2 滴 2 mol·L^{-1} HAc 溶液酸化，再加 3 滴硫氰酸汞铵 $(NH_4)_2[Hg(SCN)_4]$ 溶液，摩擦试管内壁，若有白色的沉淀产生，表示有 Zn^{2+} 存在。

（7）Cd^{2+}的鉴定

取 3 滴 0.2 mol·L^{-1} $Cd(NO_3)_2$ 溶液于小试管中，加 2 滴 2 mol·L^{-1} Na_2S 溶液，若有亮黄色的沉淀产生，表示有 Cd^{2+} 存在。

（8）Hg^{2+}的鉴定

取 2 滴 0.2 mol·L^{-1} $HgCl_2$ 溶液于小试管中，逐滴加 0.5 mol·L^{-1} $SnCl_2$ 溶液，边加边震荡，观察沉淀颜色的变化过程，沉淀最后变为灰色，表示有 Hg^{2+} 存在。

3. 部分混合离子的分离和鉴定

Ag^+，Hg^{2+}，Pb^{2+}，Cu^{2+}，Fe^{3+}，Al^{3+}，Ba^{2+} 七种离子混合溶液（七种离子均为硝酸盐，其浓度均为 10 mg·mL^{-1}）。

（1）NO_3^-的鉴定

取 3 滴混合试液于小试管中，加 6 mol·L^{-1} HAc 溶液酸化后用玻璃棒取少量锌粉加入试液，震荡，使溶液中的 NO_3^- 还原为 NO_2^-。加对氨基苯磺酸与 α-苯胺溶液各一滴，观察现象。

取混合溶液 20 滴，放入试管中并按以下试验步骤进行分离和鉴定。

（2）Fe^{3+}的鉴定

取 1 滴试液加在白色点滴板的凹穴，加 1 滴 0.2 mol·L^{-1} $K_4Fe(CN)_6$ 溶液，观察沉淀颜色。

（3）Ag^+、Pb^{2+}的分离和鉴定

向余下的溶液中滴加 4 滴 2 mol·L^{-1} HCl，充分振荡，静置片刻，离心沉降，向上层溶液中加 2 滴 2 mol·L^{-1} HCl 以检查沉淀是否完全。吸出上层清液，编号为溶液 1。用

2 mol·L^{-1} HCl洗涤沉淀，编号为沉淀1。观察沉淀的颜色，写出反应方程式。

①Pb^{2+}的鉴定

向沉淀1中加6滴水，在沸水浴中加热3 min以溶解沉淀，并不时搅动。待沉淀沉降后，趁热取清液3滴于黑色点滴板上，加2 mol·L^{-1} K$_2$CrO$_4$和2 mol·L^{-1} HAc各1滴，有什么生成？加2 mol·L^{-1} NaOH溶液后又怎么样？再加6 mol·L^{-1} HAc溶液又如何？取上清液后所余沉淀编号为沉淀2。

②Ag$^+$的鉴定

向沉淀2中加入少量6 mol·L^{-1}氨水，再加入6 mol·L^{-1} HNO$_3$后沉淀重新生成。观察沉淀的颜色，并写出反应方程式。

（4）Pb^{2+}、Hg^{2+}、Cu^{2+}的分离和鉴定

用6 mol·L^{-1}氨水将溶液1的酸度调至中性（约3～4滴），再加入体积约为此溶液的十分之一的2 mol·L^{-1} HCl溶液（约3～4滴），将溶液的浓度调到0.2 mol·L^{-1}。加15滴5%硫代乙酰胺，混匀后水浴加热15 min。然后稀释一倍再加热数分钟。静置冷却，离心分离沉淀。用饱和NH$_4$Cl溶液洗涤沉淀，所得溶液为溶液2。

①Hg^{2+}和Cu^{2+}、Pb^{2+}的分离

在所得沉淀上加5滴1 mol·L^{-1} Na$_2$S溶液，水浴加热3 min，并不时搅拌。再加3～4滴蒸馏水，搅拌均匀后离心分离。沉淀再用Na$_2$S溶液再处理一次，合并清液，并编号为溶液3。沉淀用饱和NH$_4$Cl溶液洗涤，并编号沉淀3。观察溶液3的颜色，讨论反应历程。

②Cu^{2+}的鉴定

向沉淀3中加入浓硝酸（约4～5滴），加热搅拌，使之完全溶解，所得溶液编号溶液4。用玻璃棒将产物单质S弃去。取1滴溶液4于白色点滴板上，加1 mol·L^{-1} NaAc和0.25 mol·L^{-1} K$_4$[Fe(CN)$_6$]各1滴，观察现象。

③Pb^{2+}的鉴定

取1滴溶液4于黑色点滴板上，加1 mol·L^{-1} NaAc和1 mol·L^{-1} K$_2$CrO$_4$各1滴，观察现象。如果没有变化，用玻璃棒摩擦。加入2 mol·L^{-1} NaOH后，再加6 mol·L^{-1} HAc，观察现象。

④Hg^{2+}的鉴定

向溶液3中逐滴加入6 mol·L^{-1} H$_2$SO$_4$，记下滴数。当滴加至pH 3～5时，再多加一半滴数的H$_2$SO$_4$。水浴加热并充分搅拌。离心分离，用少量的水洗涤沉淀。向沉淀中加5滴1 mol·L^{-1} KI和2滴6 mol·L^{-1} HCl溶液，充分搅拌，加热后离心分离。再用KI和HCl重复处理沉淀。合并两次离心液，往离心液中加1滴0.2 mol·L^{-1} CuSO$_4$和少许Na$_2$CO$_3$固体，有什么生成？说明哪种离子存在？

（5）Al^{3+}、Fe^{3+}、Ba^{2+}的分离和鉴定

往溶液2中逐滴加入6 mol·L^{-1}氨水溶液至碱性，离心分离。把清液转移到另一试管中并编号为溶液5。沉淀编号为沉淀4。

①Al³⁺的鉴定

往沉淀4中加入2 mol·L⁻¹ HAc溶液和2 mol·L⁻¹ NaAc溶液各2滴，再加入2滴铝试剂，搅拌后微热之，产生红色沉淀，表示Al³⁺存在。

②Ba²⁺的鉴定

往溶液5中滴加6 mol·L⁻¹ H₂SO₄溶液至产生白色沉淀，再过量2滴，搅拌片刻，离心分离，弃清液。沉淀用10滴热蒸馏水洗涤，离心分离。在沉淀中加入饱和Na₂CO₃溶液3~4滴，搅拌片刻再加入2 mol·L⁻¹ HAc溶液和2 mol·L⁻¹ NaAc溶液各3滴，搅拌片刻，然后加入1~2滴1 mol·L⁻¹ K₂CrO₄溶液，产生黄色沉淀，表示有Ba²⁺存在。

【思考题】

1. 在未知溶液分析中，当由碳酸盐制备铬酸盐沉淀时，为什么须用醋酸溶液去溶解碳酸盐沉淀，而不用强酸如盐酸去溶解？

2. HgS的沉淀操作中为什么选用H₂SO₄溶液酸化而不用HCl？

3. 汞盐和亚汞盐的性质有何不同？通过实验你可以得到几种区别它们的方法？

实验29 生物体中几种元素的定性鉴定

一、实验目的

1. 通过实验了解植物或动物体内某些重要元素的简单检出方法。
2. 进一步练习溶液配制的操作。

二、预习要点

1. 综合设计实验方案的确定方法。
2. 元素检出方法。
3. 相关文献查阅方法。

三、实验内容

植物或动物体内均含有多种化学元素，这些元素在各类生物体内的含量和所起的作用各不相同。利用无机化学的基础知识，可以从中鉴定和分离某些元素。但由于不同生物体内各种元素存在的多少不同，受实验条件限制，不能把某种生物体内的每一种元素都逐一定性检出。本实验主要检出树叶、棉花、骨头和鸡蛋黄中所含的Ca、P、Fe等元素。实验中首先将原材料进行灰化、硝化、分解等处理，使钙转化成Ca²⁺离子、磷转化成PO₄³⁻离子、铁转化成Fe³⁺离子，然后分别检出。

1. Ca²⁺离子的检出

用（NH₄）₂C₂O₄作试剂，根据生成CaC₂O₄白色沉淀来检出。该反应检出限量1 μg，检出最低浓度20 ppm（检出限量：指在一定条件下，利用某反应能检出某离子的最小量，常用微克μg表示；检出最低浓度：指在一定条件下，被检出离子能得到肯定结果的最低浓度，常用ppm表示）。Ba^{2+}、Sr^{2+}离子也能生成草酸盐沉淀，但BaC_2O_4溶于HAc，SrC_2O_4稍溶于HAc，在HAc介质中，Ba^{2+}离子不干扰反应。

2. PO_4^{3-}离子的检出

用$(NH_4)_2MoO_4$作试剂，根据生成磷钼酸铵的淡黄色晶体而检出。该反应检出限量1μg，最低浓度为20 ppm。其中SiO_3^{2-}、AsO_4^{3-}干扰，可加酒石酸消除，S^{2-}、$S_2O_3^{2-}$、SO_3^{2-}干扰反应，可先用浓硝酸将其氧化。

3. Fe^{3+}离子的检出

用KSCN作试剂，根据生成$[Fe(SCN)_n]^{3-n}$血红色溶液来检出。该反应检出限量为0.25 μg，最低浓度5 ppm。反应必须在酸性溶液中进行，但不能用硝酸，因硝酸有氧化性破坏SCN^-。

也可以用$K_4[Fe(CN)_6]$作试剂，根据生成$KFe[Fe(CN)_6]$蓝色沉淀来检出。该反应检出限量0.05 μg，最低浓度1 ppm。沉淀在强碱中分解为氢氧化铁，故反应需在酸性溶液中进行。许多阳离子都能与$K_4[Fe(CN)_6]$生成有色沉淀，但它们的颜色不及铁蓝鲜明，故不妨碍反应，但如有大量Cu^{2+}、Co^{2+}或Ni^{2+}等离子存在时与试剂生成红棕色或绿色沉淀，影响Fe^{3+}离子的检出。另外为了进一步确定各元素的存在，实验中还应进行对照试验来进一步分析。

【思考题】

1. 参考相关资料，配制实验所用液体药品：$(NH_4)_2MoO_4$溶液、$K_4[Fe(CN)_6]$溶液、KSCN溶液、$(NH_4)_2C_2O_4$溶液。

2. 以树叶、棉花、骨头和鸡蛋黄为材料，设计合理的实验方案经指导老师审核同意后，检出其中的Ca、P、Fe等元素。

实验30　Fe^{3+}、Al^{3+}的分离——液-液萃取与分离

一、实验目的

1. 学习萃取分离法的基本原理。
2. 初步了解铁、铝离子不同的萃取行为。
3. 学习萃取分离和蒸馏分离两种基本操作。

二、预习要点

1. 萃取操作。
2. 蒸馏操作。

3. Al^{3+}和Fe^{3+}鉴定方法。

三、实验原理

在6 mol·L^{-1}HCl溶液中，Fe^{3+}与Cl^-生成了$[FeCl_4]^-$配离子。在强酸–乙醚萃取体系中，乙醚（Et_2O）与H^+结合，生成了𨧀离子（$Et_2O \cdot H^+$）。由于$[FeCl_4]^-$配离子与$Et_2O \cdot H^+$𨧀离子都有较大的体积和较低的电荷。因此，容易形成离子缔合物$Et_2O \cdot H^+ \cdot [FeCl_4]^-$，在这种离子缔合物中，$Cl^-$离子和$Et_2O$分别取代了$Fe^{3+}$和$H^+$的配位水分子，并且中和了电荷，具有疏水性，能够溶于乙醚中。因此，就从水相转移到有机相中了。

Al^{3+}在6 mol·L^{-1}HCl溶液中与Cl^-生成配离子的能力很弱，因此，仍然留在水相中。

将Fe^{3+}由有机相中再转移到水相中去的过程称作反萃取。将含有Fe^{3+}的乙醚相与水相混合，这时体系中的H^+浓度和Cl^-浓度明显降低。𨧀离子（$Et_2O \cdot H^+$）和配离子$[FeCl_4]^-$解离趋势增加，Fe^{3+}又生成了水合铁离子，被反萃取到水相中。由于乙醚沸点较低（35.6 ℃），因此，采用普通蒸馏的方法，就可以实现醚水的分离。这样Fe^{3+}又恢复了初始的状态，达到了Fe^{3+}、Al^{3+}分离的目的。

四、实验用品

1. 仪器

圆底烧瓶（250 mL），直形冷凝器，接液管，吸滤瓶，烧杯，梨形分液漏斗（100 mL），量筒（100 mL），铁架台，铁环

2. 试剂

$FeCl_3$溶液（5%），$AlCl_3$溶液（5%），浓盐酸（化学纯），乙醚（化学纯），$K_4Fe(CN)_6$溶液（5%），NaOH溶液（2 mol·L^{-1}，6 mol·L^{-1}），茜素S酒精溶液

3. 材料

乳胶管，橡胶塞，玻璃弯管，滤纸，pH试纸

五、实验步骤

1. 制备混合溶液

取10 mL 5% $FeCl_3$溶液和10 mL 5% $AlCl_3$溶液混入烧杯中。

2. 萃取

将15 mL混合溶液和15 mL浓盐酸先后倒入分液漏斗中，再加入30 mL乙醚溶液，按照萃取分离的操作步骤进行萃取。

3. 检查

萃取分离后，水相若呈黄色，则表明Fe^{3+}、Al^{3+}没有分离完全。可再次用30 mL乙醚重复萃取，直至水相无色为止。每次萃取分离后的有机相都合并在一起。

4. 安装

按照图 7-3 安装好蒸馏装置。向有机相中加入 30 mL 水，并转移至圆底烧瓶中。整个装置的高度以热源高度为基准，首先固定蒸馏烧瓶的位置，以后再装配其他仪器时，不宜再调整烧瓶的位置。调整铁架台铁夹的位置，使冷凝器的中心线和烧瓶支管的中心线成一直线后，方可将烧瓶与冷凝管连接起来。最后再装上尾接管和接收器，接收器放在冰中或冷水中冷却。

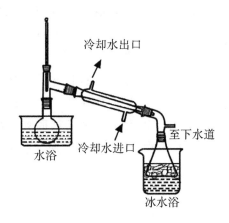

图 7-3　普通蒸馏

5. 蒸馏

打开冷却水，把 80 ℃的热水倒入水槽中，按普通蒸馏操作步骤，用热水将乙醚蒸出。蒸出的乙醚要测量体积并且回收。

6. 分离鉴定

按照离子鉴定的方法（附录 8），分别鉴定未分离的混合液和分离开的 Fe^3、Al^{3+} 溶液，并加以比较。

【注意事项】

1. 本实验中使用沸点低的乙醚，所以实验室要严禁明火。

2. 蒸馏装置不能密封。

3. 乙醚在使用前实验教师要检查是否含有过氧化物。

【思考题】

1. 萃取操作中如何注意安全？

2. 实验室中为什么严禁明火？蒸馏乙醚时，为了防止中毒，应该采取什么措施？

3. 此实验采取了哪两种分离方法？这两种方法各自依据的基本原理是什么？

4. Tl^{3+} 在强酸性条件下，能够与 Cl^- 结合成配离子 $[TlCl_4]^-$。根据这些性质，选择一个离子缔合物体系，将 Al^{3+} 和 Tl^{3+} 混合液分离，并设计分离步骤。

5. Fe^{3+} 和 Al^{3+} 离子的鉴定条件是什么？鉴定 Al^{3+} 离子时如何排除 Fe^{3+} 离子的干扰？

实验31　室温下利用固相反应定性检测金属阳离子

一、实验目的

1. 了解常温下固相反应定性检测金属阳离子的方法。
2. 试验并掌握铁、钴、镍、铜、锌等金属阳离子的固相反应特征。

二、预习要点

1. 配位化学基础。

三、实验原理

传统无机离子的定性检测大都是在溶液中进行的，对于一些难溶性盐和易水解的离子的定性检测存在一些困难；离子在溶液中的检测对于溶液的 pH 及其他条件的要求比较苛刻。随着绿色化学的提出，基于固相反应的分析检测方法，对于处于固态时的离子的定性检测有着省时、节能的明显优势，并可克服液相反应的诸多缺点。

低热固相反应由于其独有的特点，在合成化学中已经得到许多成功的应用，获得了许多新的化合物，有的已经或即将步入工业化的行列，显示出它应有的生机和活力。

四、实验用品

1. 仪器

玛瑙研钵(瓷研钵)，电子天平。

2. 试剂

固体试剂：醋酸镍 NiAc$_2$，硝酸钴 Co(NO$_3$)$_2$，无水三氯化铝 AlCl$_3$，硝酸锌 Zn(NO$_3$)$_2$、硫酸铜 CuSO$_4$，三氯化铁 FeCl$_3$，氯化铋 BiCl$_3$，丁二酮肟 C$_4$H$_8$O$_2$N$_2$，8-羟基喹啉 C$_9$H$_7$NO。

五、实验内容

1. 丁二酮肟与金属盐类的反应

（1）与镍盐的反应

室温下，在电子天平上分别称取 NiAc$_2$ 和丁二酮肟各 0.1 g 左右，并分别置于玛瑙研钵中研磨 15 min，观察颜色变化，然后将两者混合均匀，再将混合物研磨 15 min，观察混合物的颜色变化。

醋酸镍研磨后为淡绿色粉末，丁二酮肟研磨后为白色粉末；将两者混合后反应进行得很快，刚开始生成淡红色的物质，随着反应的进一步进行，混合物的颜色逐渐加深变为红色。表示有 Ni^{2+} 存在。

（2）与钴盐、铋盐的反应

方法同上，依次试验 $Co(NO_3)_2$、$BiCl_3$ 与丁二酮肟的反应，研磨方法亦相同，观察混合物的颜色变化。

硝酸钴研磨后为橘红色粉末。将两者混合后反应进行得很慢，刚开始混合以后橘红色变浅，1h 后混合物出现肉色，橘红色消失。随着反应的进一步进行，10 h 后混合物的颜色逐渐加深变为褐色。表示有 Co^{2+} 存在。

氯化铋研磨后为白色粉末。将两者混合后反应进行得很快，刚开始生成淡黄色的物质，随着反应的进一步进行，混合物的颜色逐渐加深变为黄色（可能是由于铋盐的强烈水解倾向，导致固相反应发生的场所滤纸变湿）。表示有 Bi^{3+} 存在。

2. 8-羟基喹啉与金属盐类的反应

（1）与镍盐的反应

室温下，分别称取 $NiAc_2$ 和 8-羟基喹啉各 0.1 g 左右，研磨方法同上，观察混合物的颜色变化。

醋酸镍研磨后为淡绿色粉末。将两者混合后反应进行得很快，反应进行 10 min 之后立即生成淡绿色物质，随着反应的进一步进行，1 h 后混合物的颜色逐渐加深变为黄绿色。表示有 Ni^{2+} 存在。

（2）与其他盐的反应

方法同上，依次试验 $FeCl_3$、$Zn(NO_3)_2$、$AlCl_3$、$Co(NO_3)_2$、$CuSO_4$、$BiCl_3$ 与 8-羟基喹啉的反应，研磨方法同上，观察混合物的颜色变化。

硝酸钴研磨后为橘红色粉末。将两者混合后橘红色变浅，随后混合物颜色无明显变化。表示有 Co^{2+} 存在。

氯化铋研磨后为白色粉末。将两者混合后反应进行得很快，刚开始生成黄绿色物质，几天后继续观察生成物的颜色没有发生变化（可能是由于铋盐的强烈水解倾向，致使固相反应的场所滤纸变湿）。表示有 Bi^{3+} 存在。

三氯化铁研磨后为黄色粉末。将两者混合后反应进行得很快，刚开始生成墨绿色物质，随着反应的进一步进行，混合物的颜色逐渐变为黑色。表示有 Fe^{3+} 存在。

硫酸铜研磨后为浅蓝色粉末。将两者混合后反应进行得很快，刚开始生成黄绿色物质。表示有 Cu^{2+} 存在。

硝酸锌研磨后为白色粉末。将两者混合后反应进行得十分迅速，刚开始生成淡黄色物质，然后颜色迅速加深变为黄色。表示有 Zn^{2+} 存在。

无水三氯化铝研磨后为白色粉末。将二者混合后反应进行得十分迅速，刚开始生成淡黄色物质，然后颜色迅速加深变为黄色。表示有 Al^{3+} 存在。

金属离子和丁二酮肟及 8-羟基喹啉在液相和固相中反应产物颜色对照如表 7-4、表 7-5 所示。由对照表可以看出，固相生成物和液相生成物的颜色非常接近，由此我们可以由固相反应快速简便地定性检测某些金属离子。

表7-4　丁二酮肟与金属离子反应产物颜色

离子	Ni^{2+}	Co^{2+}	Bi^{3+}
溶液中	红	褐	黄
固相中	红	褐/黄褐	黄

表7-5　8-羟基喹啉与金属离子反应产物颜色

离子	Ni^{2+}	Co^{2+}	Bi^{3+}	Fe^{3+}	Cu^{2+}	Zn^{2+}	Al^{3+}
溶液中	黄绿	肉红	橙黄	暗绿	黄绿	绿黄	黄
固相中	黄绿	肉红	黄	黑	黄绿	黄	黄

【注意事项】

1. 研磨时间的影响。药品研磨的时间越长，研磨后粉末颗粒的粒径越小，固相反应的速率就越快，反应进行得越彻底，产物颜色越深。

2. 在最初反应阶段，颜色变化明显，2 h后颜色变化不再显著。

实验32　无机纸上色谱

一、实验目的

1. 了解纸上色谱法的基本原理和操作技术。
2. 初步学会用纸上色谱法分离与鉴定溶液中的某些离子的方法。

二、预习要点

1. 层析分离法。
2. 纸上色谱法。
3. 展开剂的选择。

三、实验原理

层析分离（又称色谱分离）技术是一种物理分离方法，可以实现物质的分离、定性或者半定量检测和分析等。它的基本原理是混合物中各组分在某一物质中的吸附性、溶解性、亲和性等的差异，使各组分不同程度地分布在固定相和流动相（展开剂或洗脱剂）中，并以不同速度移动，从而使各组分达到分离。流动的混合物溶液称为流动相，又称为展开剂，固定的物质称为固定相。根据载体和操作方式不同，层析法分为柱层析、薄层层析和纸层析等。

纸层析是以滤纸为载体，用一定的溶剂系统展开而达到分离分析目的的层析方法。此法可用于定性、定量，也可用于分离制备（微量方法）。由于滤纸纤维常能吸收20%～25%的水分，而且其中6%～7%的水是以氢键形式与纤维素上的羟基结合，在一般条件下较难脱去。所以纸层析实际上是以水作为固定相，挑选的展开溶剂作为流动相，把待分离的物质加在纸的一端，使流动相经此移动，由于各物质分配系数不同，在固定相中分配系数较大的组分，随流动相移动的速度就慢；反之，在流动相中分配系数较大的组分，移动速度就快。物质在纸上移动的速度可以用比移 R_f（样品某组分移动的距离与展开剂前沿移动的距离的比值）表示。

$$R_f = 斑点中心距横线距离 / 溶剂前沿距横线距离$$

本实验用纸层析法分离鉴定 Fe^{3+}、Co^{2+}、Pb^{2+}、Cu^{2+}。在层析纸下端的原点上用细管滴加含有 Fe^{3+}、Co^{2+}、Pb^{2+}、Cu^{2+} 的试液，以盐酸-丙酮溶液为展开剂，展开剂沿纸上升，流经试液时，试液中的每个组分随之向上移动。展开剂移动足够长的距离后，所有组分可以得到分离，不同组分在不同位置形成斑点。为了使斑点更明显易辨，可使用显色剂与组分形成有色物质。在进行混合离子分离时，需用已知纯组分的 Fe^{3+}、Co^{2+}、Pb^{2+}、Cu^{2+} 作对照，可以更清楚准确地得到鉴定结果。

四、实验用品

1. 仪器

层析缸（可用500 mL带盖广口瓶代替），量筒，烧杯，镊子，点滴板，搪瓷盘，小喷雾器，小刷子

2. 试剂

HCl溶液(浓)，$NH_3 \cdot H_2O$(浓)，$FeCl_3(0.1\ mol \cdot L^{-1})$，$CoCl_2(1.0\ mol \cdot L^{-1})$，$NiCl_2(1.0\ mol \cdot L^{-1})$，$CuCl_2(1.0\ mol \cdot L^{-1})$，$K_4[Fe(CN)_6](0.1\ mol \cdot L^{-1})$，$K_3[Fe(CN)_6](0.1\ mol \cdot L^{-1})$，丙酮，丁二酮肟，去离子水

3. 材料

7.5 cm×11 cm色层滤纸1张，普通滤纸1张，毛细管5根，铅笔，刻度尺

五、实验内容

1. 准备工作

（1）在一个500 mL广口瓶中加入17 mL丙酮，2 mL浓HCl及1 mL去离子水，配制成展开液，盖好瓶盖。

（2）在另一个500 mL广口瓶中放入一个盛有浓 $NH_3 \cdot H_2O$ 的开口小滴瓶，盖好广口瓶。

（3）在长11 cm、宽7.5 cm的滤纸上，用铅笔画4条间隔为1.5 cm的竖线平行于长边，在纸条上端1 cm处和下端2 cm处各画出一条横线，在纸条上端画好的各小方格内标出 Cu^{2+}、Fe^{3+}、Co^{2+}、Ni^{2+}、未知液等5种样品的名称。最后按4条竖线折叠成五棱柱体

（见图7-4）。

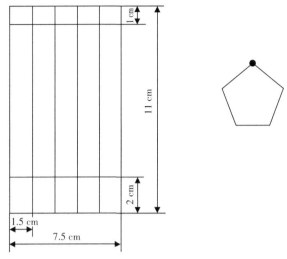

图7-4 纸上色谱用纸的准备方法

（4）在5个干净、干燥的烧杯中分别滴几滴$0.1\ mol\cdot L^{-1}$ $FeCl_3$溶液、$1.0\ mol\cdot L^{-1}$ $CoCl_2$溶液、$1.0\ mol\cdot L^{-1}$ $NiCl_2$溶液、$1.0\ mol\cdot L^{-1}$ $CuCl_2$溶液及未知液（**未知液是由前四种溶液中任选几种，以等体积混合而成**）。再各放入1支毛细管。

2. 加样

（1）加样练习 取一片普通滤纸做练习用。用毛细管吸取溶液后垂直触到滤纸上，当滤纸上形成直径为$0.3\sim0.5\ cm$的圆形斑点时，立即提起毛细管。反复练习几次，直到能做出小于或接近直径为$0.5\ cm$的斑点为止。

（2）按所标明的样品名称，在滤纸下端横线上分别加样。将加样后的滤纸置于通风处晾干。

3. 展开

按滤纸上的折痕重新折叠一次。用镊子将滤纸五棱柱体垂直放入盛有展开液的广口瓶中，盖好瓶盖，观察各种离子在滤纸上展开的速率及颜色。当溶剂前沿接近纸上端横线时，用镊子将滤纸取出，用铅笔标记出溶剂前沿的位置，然后放入大烧杯中，于通风处晾干。

4. 斑点显色

当离子斑点无色或颜色较浅时，常需要加上显色剂，使离子斑点呈现出特征颜色。以上4种离子可采用以下两种方法显色。

（1）将滤纸置于充满氨气的广口瓶上，5 min后取出滤纸，观察并记录斑点的颜色。其中Ni^{2+}的颜色较浅，可用小刷子蘸取丁二酮肟溶液快速涂抹，记录Ni^{2+}所形成斑点的颜色。

（2）将滤纸放在搪瓷盘中，用喉头喷雾器向纸上喷洒$0.1\ mol\cdot L^{-1}$ $K_3[Fe(CN)_6]$溶液与$0.1\ mol\cdot L^{-1}$ $K_4[Fe(CN)_6]$溶液的等体积混合液，观察并记录斑点的颜色。

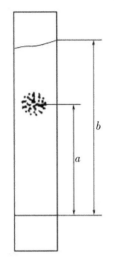

图7-5　R_f值的测定简图

5.确定未知溶液中含有的离子

观察未知液在纸上形成斑点的数量、颜色和位置，分别与已知离子斑点的颜色、位置作对照，便可确定未知液中含有哪几种离子。

6.R_f值的测定

如图7-5所示，分别测量纸上色谱图中物质斑点中心离开原点的距离（a）和溶剂前沿离开原点的距离（b），计算4种离子的R_f。

六、数据记录及处理

1.展开液的组成（体积比）丙酮∶盐酸（浓）∶水=_____。

2.已知离子斑点的颜色和R_f值，将测定实验数据填入表7-6中。

表7-6　无机纸上色谱测定记录

项目		Fe^{3+}	Co^{2+}	Ni^{2+}	Cu^{2+}
斑点颜色	$K_3[Fe(CN)_6]+K_4[Fe(CN)_6]$				
	$NH_3(g)$				
展开液移动的距离（b）/cm					
离子移动的距离（a）/cm					
$R_f=a/b$					

3.未知液中含有的离子为：_____

【注意事项】

1.点样毛细管切口要平。

2.点样不能太多，以免展开后斑点扩散。

3.展开剂液面必须低于基线上样品的斑点。

4.展开结束及时用铅笔画出展开剂前沿线。

【思考题】

1.纸层析的原理是什么？主要步骤如何？

2.什么是辐射法展开？如何进行？

3.氨熏所起的作用是什么？

4.本实验中丁二酮肟起什么作用？

第8章 无机化合物制备实验

实验33 硝酸钾的制备与提纯

一、实验目的

1. 学习用复分解反应制备硝酸钾晶体的原理与方法。
2. 进一步熟悉溶解、过滤、蒸发、结晶等基本操作。
3. 学习热过滤操作。
4. 掌握重结晶法提纯物质的原理和方法。

二、预习要点

1. 复分解反应制备硝酸钾晶体的原理与方法。
2. 溶解、过滤（热过滤、减压过滤）、蒸发、结晶等基本操作。
3. 重结晶法提纯物质的原理和方法。

三、实验原理

硝酸钾是一种常用的化工产品，是最重要的硝酸盐之一，可用于火柴、烟花、火药、药物、陶瓷釉彩、金属处理等。本实验是用$NaNO_3$和KCl制备KNO_3，其反应方程式为：

$$NaNO_3 + KCl = NaCl + KNO_3$$

在$NaNO_3$和KCl的混合液中同时存在Na^+、K^+、Cl^-、NO_3^-四种离子。由这四种离子组成四种盐KNO_3、KCl、$NaNO_3$、$NaCl$，它们同时存在于溶液中。利用四种盐在不同温度下溶解度的差异可制备KNO_3晶体。不同温度下四种盐在水中的溶解度见表8-1。

表8-1 不同温度下四种盐在水中的溶解度

s［单位:g/100 g H_2O］

$t/℃$	0	10	20	30	40	60	80	100
$s(KNO_3)$	13.3	20.9	31.6	45.8	63.9	110.0	169.0	246.0
$s(KCl)$	27.6	31.0	34.0	37.0	40.0	45.5	51.1	56.7

续表8-1

$t/℃$	0	10	20	30	40	60	80	100
$s(NaNO_3)$	73.0	80.0	88.0	96.0	104.0	124.0	148.0	180.0
$s(NaCl)$	35.7	35.8	36.0	36.3	36.6	37.3	38.4	39.8

由表8-1可以看出,NaCl的溶解度随温度变化不大,而KCl、KNO₃、NaNO₃在高温时具有大的溶解度。加热蒸发混合液,使NaCl在较高温度下由于溶解度较小而首先析出,然后趁热滤去,冷却滤液,KNO₃因溶解度急剧下降而大量析出,仅有少量NaCl等杂质随KNO₃一起析出。经重结晶后即可得到较纯净的KNO₃晶体。

四、实验用品

1. 仪器

电子天平,酒精灯,吸滤瓶,布氏漏斗,热过滤漏斗,烧杯,量筒,试管,循环水泵。

2. 试剂

固体试剂:NaNO₃,KCl;液体试剂:AgNO₃(0.1 mol·L⁻¹),HNO₃(2.0 mol·L⁻¹)

3. 材料

滤纸,火柴。

五、实验步骤

1. KNO₃的制备

称取20.0 g NaNO₃和15 g KCl于100 mL的小烧杯中,加35 mL去离子水,用小火加热,同时不断搅拌,使其全部溶解,记下小烧杯中液面的位置。对溶液继续加热并不断搅动,蒸发至原溶液体积的2/3,此时烧杯内有晶体析出(此晶体是什么?),趁热用热滤漏斗过滤,动作要迅速!滤液盛于另一洁净的小烧杯中,小烧杯中预先加入2 mL去离子水,以防降温时NaCl达到饱和而析出。滤液中立即有晶体析出(此晶体又是什么?),观察晶体的形状。

将滤液静置,自然慢慢冷却,待晶体析出完全后减压过滤,将晶体尽量抽干,用滤纸轻压晶体吸干表面水分,称量粗产品,计算产率。

保留少许晶体(约0.02 g)供纯度检验,其余进行下面的重结晶。

2. KNO₃的提纯

按KNO₃与H₂O的质量比2∶1的比例将粗产品溶于去离子水中,加热,搅拌,待溶液刚开始沸腾后即停止加热(若此时晶体还未完全溶解可以加适量水使其刚好溶解)。自然冷却至室温后减压抽滤,水浴烘干,称量。

3. 产品纯度检验

取粗产品和重结晶后的KNO₃晶体各0.02 g,分别置于两支试管中,各加1 mL去离子水配成溶液，然后各加2滴2mol·L⁻¹HNO₃和2滴0.1 mol·L⁻¹AgNO₃观察现象，进行对比。

六、实验数据记录与处理

表8-2　产品纯度检验结果

KNO₃	加入试剂	现象	结论
粗KNO₃溶液	HNO₃+AgNO₃		
提纯后KNO₃溶液	HNO₃+AgNO₃		

根据反应式计算出产品的理论产量，然后根据下式计算产品的产率。

$$产率=实际产量/理论产量\times100\%$$

【注意事项】

1. 蒸发前做好液面和2/3处高度记号。

2. 趁热过滤要迅速！也可提前将布氏漏斗、抽滤瓶在烘箱预热，进行减压过滤。

3. 若溶液总体积已小于2/3，过滤准备工作还未做好，则不能过滤，可在烧杯中加水至2/3以上，再蒸发浓缩至2/3后趁热过滤。

【思考题】

1. 产品中的主要杂质是什么？

2. 实验中为什么在第一次固、液分离时要采用热过滤？还可以采用什么方法？

3. 将热过滤后的滤液冷却时，KCl能否析出？为什么？

4. 能否将除去NaCl后的滤液直接冷却制取KNO₃？

实验34　硫代硫酸钠晶体的制备

一、实验目的

1. 掌握硫代硫酸钠晶体的制备方法，并进一步熟悉有关硫代硫酸钠的性质。

2. 了解硫代硫酸钠含量的测定方法。

3. 熟练一些基本操作。

二、实验原理

硫代硫酸钠的五水化合物（Na₂S₂O₃·5H₂O），俗称海波，又名大苏打，为无色透明单斜晶体，在空气中稳定。329K时溶于其结晶水中，373K时脱水。硫代硫酸钠晶体易溶于水，其水溶液呈弱碱性。

硫代硫酸钠晶体的制备方法有多种，现主要介绍两种（本实验采用第一种方法）：

1.硫黄粉和亚硫酸钠溶液反应制备硫代硫酸钠晶体

工业上或实验室里，可用硫黄粉和亚硫酸钠溶液共煮而发生化合反应：

$$Na_2SO_3 + S = Na_2S_2O_3$$

经过滤、蒸发、浓缩结晶，即可制得 $Na_2S_2O_3 \cdot 5H_2O$ 晶体。硫代硫酸钠溶液在浓缩时能形成过饱和溶液，此时加入几粒晶体（称为晶种），就可有晶体析出。

2.硫化钠法制备硫代硫酸钠晶体

用硫化钠制备硫代硫酸钠的反应一般分三步进行：

（1）碳酸钠与二氧化硫中和而生成亚硫酸钠

$$Na_2CO_3 + SO_2 = Na_2SO_3 + CO_2\uparrow$$

（2）硫化钠与二氧化硫反应生成亚硫酸钠和硫

$$2Na_2S + 3SO_2 = 2Na_2SO_3 + 3S\downarrow$$

（3）亚硫酸钠与硫反应生成硫代硫酸钠

$$Na_2SO_3 + S = Na_2S_2O_3$$

总反应如下：

$$2Na_2S + Na_2CO_3 + 4SO_2 = 3Na_2S_2O_3 + CO_2\uparrow$$

含有硫化钠和碳酸钠的溶液，用二氧化硫气体饱和。反应中碳酸钠用量不宜过少，如用量过少，则中间产物亚硫酸钠的量少，使析出的硫不能全部生成硫代硫酸钠。硫化钠和碳酸钠以2∶1的物质的量比取量较为合适。

反应完毕，过滤得到硫代硫酸钠溶液，然后蒸发、浓缩、冷却，析出 $Na_2S_2O_3 \cdot 5H_2O$ 晶体，干燥后即为产品。

三、实验用品

1.仪器

烧杯，酒精灯，蒸发皿，表面皿，三角烧瓶，碱式滴定管，滴定台，蝴蝶夹，玻璃棒，水浴锅，漏斗，布氏漏斗，吸滤瓶，电子天平，循环水真空泵

2.试剂

固体试剂：硫黄粉(C.P.)，Na_2SO_3(A.R.)，$Na_2S_2O_3 \cdot 5H_2O$(AR)；液体试剂：HAc-NaAc缓冲溶液，碘标准溶液（0.1 mol·L^{-1}），无水乙醇，95%乙醇，乙醚，1%淀粉，酚酞

3.材料

pH试纸，滤纸

四、实验内容

1.硫代硫酸钠晶体（$Na_2S_2O_3 \cdot 5H_2O$）的制备

（1）称取6.3 g Na_2SO_3 置于烧杯中，加入40 mL蒸馏水，用表面皿作盖，加热并不断搅拌使之溶解，继续加热至近沸。

硫代硫酸钠
晶体的制备

（2）称取硫黄粉 2.0 g 放入小烧杯中，加入少量 95% 乙醇（自配），将硫黄粉调成糊状，在搅拌下分次加入近沸的 Na_2SO_3 溶液中，继续加热保持沸腾 1～1.5 h。

> **注意：** 在近沸过程中，要经常搅拌，并将烧杯壁上黏附的硫用少量水冲淋下去，同时补偿水分的蒸发损失。

（3）反应完毕，趁热减压过滤，弃去未反应的硫黄粉。

（4）滤液转入蒸发皿中，并放在石棉网上小火加热蒸发，搅拌，浓缩至溶液连续不断地产生大量小气泡为止。冷却至室温。若无结晶析出，加几粒 $Na_2S_2O_3 \cdot 5H_2O$ 晶体作为晶种。

（5）减压过滤，并用少量无水乙醇洗涤晶体，尽量抽干，用滤纸轻压晶体吸干表面水分。将晶体放入烘箱中，在 40 ℃下干燥 40～60 min。称量，计算产率。

（6）重结晶

按 7.0 g 产品溶于 30 mL 水计算，将产品溶于适量热水中，趁热过滤后，在不断搅拌下冷却到 273 K 以制得较细的结晶。析出的晶体减压过滤后再在同样条件下重结晶一次，所得的产品一般为分析纯品。

2. $Na_2S_2O_3 \cdot 5H_2O$ 含量的测定

准确称取约 0.5 g $Na_2S_2O_3 \cdot 5H_2O$ 样品（精确到 0.0001 g），溶于 35 mL 无 CO_2 的水中，加入 2 滴酚酞，再注入 10 mL HAc–NaAc 缓冲溶液，以确保溶液的弱酸性。然后用 0.1 $mol \cdot L^{-1}$ 的碘标准溶液（已准确标定）滴定，以 1% 淀粉为指示剂，直到 1 min 内溶液的蓝色不褪去为止。平行测定 2～3 次，计算其平均值。

质量分数按下式计算：

$$w\% = \frac{V \times c \times 248.2 \times 2}{m \times 1000} \times 100$$

式中：w 为 $Na_2S_2O_3 \cdot 5H_2O$ 的质量分数（%）；V 为所用碘标准溶液的体积，mL；c 为碘标准溶液的浓度，$mol \cdot L^{-1}$；248.2 为 $Na_2S_2O_3 \cdot 5H_2O$ 的摩尔质量，$g \cdot mol^{-1}$；m 为所取 $Na_2S_2O_3 \cdot 5H_2O$ 样品的质量，g。

五、数据记录与结果

表8-3 实验结果记录

原料	加入量 / g		过剩量 / g	
Na_2SO_3				
S				
产物	产品外观	产品质量 / g	实际产率 / %	质量分数 / %
$Na_2S_2O_3 \cdot 5H_2O$				

【注意事项】

1. 在近沸过程中，要经常搅拌，并将烧杯壁上黏附的硫用少量水冲淋下去，同时补偿水分的蒸发损失。

2. 滤液蒸发至连续不断地产生大量小气泡，且呈现黏稠时，即停止加热。

3. 在影响该制备反应的温度、反应时间和搅拌速度等因素中，温度是影响 $Na_2S_2O_3 \cdot 5H_2O$ 产率和含量的主要因素，应注意控制好温度。

【思考题】

1. 根据制备反应原理，实验中哪种反应物过量？可以倒过来吗？

2. 在蒸发、浓缩的过程中，溶液可以蒸干吗？

3. 产品分析中测定 $Na_2S_2O_3 \cdot 5H_2O$ 质量分数的原理是什么？

实验35　碱式碳酸铜的制备

一、实验目的

1. 了解制备碱式碳酸铜的原理。
2. 通过实验探求反应的最佳条件。
3. 培养学生独立设计实验的能力。

二、预习要点

1. 碱式碳酸铜的制备原理。
2. 正交实验设计法。

三、实验原理

碱式碳酸铜 $Cu_2(OH)_2CO_3$ 呈绿色或淡蓝绿色，是天然孔雀石的主要成分，加热至200 ℃时分解。在水中的溶解度很小，新制备的样品在沸水中很易分解，溶于稀酸和氨水。

$CuSO_4$ 与纯碱作用可制得碱式碳酸铜。因温度和其他沉淀条件不同，或是生成青色的 $2CuCO_3 \cdot Cu(OH)_2$，或是生成绿色的 $CuCO_3 \cdot Cu(OH)_2$。溶液混合时，最初析出青色的胶状沉淀，然后变成组成为 $CuCO_3 \cdot Cu(OH)_2 \cdot xH_2O$ 的绿色结晶。本实验期望得到绿色结晶的碱式碳酸铜。

$$2CuSO_4 + 2Na_2CO_3 + H_2O = Cu(OH)_2 \cdot CuCO_3 \downarrow + 2Na_2SO_4 + CO_2 \uparrow$$

四、实验用品

1. 仪器

研钵，试管，烧杯，酒精灯，洗瓶，布氏漏斗，吸滤瓶，容量瓶（100 mL），恒温

水浴锅，护目镜，温度计

2. 试剂

固体试剂：$Na_2CO_3 \cdot 10H_2O$，$CuSO_4 \cdot 5H_2O$；液体试剂：$BaCl_2$（$0.1\ mol \cdot L^{-1}$）

3. 材料

pH试纸，滤纸

五、实验步骤

1. 反应物溶液的配制

配制 $0.5\ mol \cdot L^{-1}$ $CuSO_4$溶液和 $0.5\ mol \cdot L^{-1}$ Na_2CO_3溶液各 100 mL。

2. 制备反应条件的探求

（1）$CuSO_4$和 Na_2CO_3溶液的最佳配料比

取四支试管均加入 2.0 mL $0.5\ mol \cdot L^{-1}$ $CuSO_4$溶液。另取四支试管编号 1～4，依次加入 1.6 mL、2.0 mL、2.4 mL、2.8 mL $0.5\ mol \cdot L^{-1}$ Na_2CO_3溶液。把 8 支试管同时置于 75 ℃的恒温水浴锅中，轻轻摇晃试管。几分钟后，依次将 $CuSO_4$溶液倒入 Na_2CO_3溶液的试管中，振荡试管，继续保持水浴加热反应一段时间，观察各试管中生成沉淀的速率、沉淀的颜色及量的多少，以此确定最佳反应比例。

（2）反应温度的探求

取三支试管均加入 2.0 mL $0.5\ mol \cdot L^{-1}$ $CuSO_4$溶液。另取三支试管，均加入由（1）实验确定的最佳用量的 $0.5\ mol \cdot L^{-1}$ Na_2CO_3溶液。室温条件下，将一支试管中的 $CuSO_4$溶液倒入另一支 Na_2CO_3溶液的试管中，振荡并观察现象。改变反应温度，试验在 50 ℃、100 ℃恒温水浴后进行反应，确定最佳反应的温度条件。需要注意的是，混合后要继续保持水浴加热反应一段时间，并且不断振荡试管，还需要与 75 ℃恒温水浴条件进行比较。

3. 碱式碳酸铜的制备

取 60.0 mL $0.5\ mol \cdot L^{-1}$ $CuSO_4$溶液，根据上面实验确定的最佳反应比例和最佳反应温度条件制取碱式碳酸铜。待沉淀完全沉降后，用倾析法初步洗涤沉淀数次。减压过滤，用蒸馏水洗涤沉淀至不含 SO_4^{2-}为止（用 $BaCl_2$溶液检验），抽干。

将产品在 80 ℃烘干，待冷至室温后称量，计算产率。

六、数据记录与结果

表8-4　$CuSO_4$和 Na_2CO_3溶液的最佳配料比

编号	1	2	3	4
$0.5\ mol \cdot L^{-1}$ $CuSO_4$/mL	2.0	2.0	2.0	2.0
$0.5\ mol \cdot L^{-1}$ Na_2CO_3/mL	1.6	2.0	2.4	2.8

续表

编号	1	2	3	4
沉淀生成速率				
沉淀的数量				
沉淀的颜色				
反应比例				

结论：最佳配料比：$CuSO_4 : Na_2CO_3 = $ _____。

表8-5　反应温度对产品的影响

	室温	50 ℃	75 ℃	100 ℃
$0.5\ mol \cdot L^{-1}\ CuSO_4 (mL)$				
$0.5\ mol \cdot L^{-1}\ Na_2CO_3 (mL)$				
沉淀生成速率				
沉淀的数量				
沉淀的颜色				

结论：最佳反应温度___℃。

【注意事项】

1. 反应温度不应超过100 ℃，且反应时要恒温；不断搅拌，否则会出现部分颜色变黑的现象。

2. 沉淀要洗涤干净。

3. 反应过程中不可将Na_2CO_3溶液倒入$CuSO_4$溶液中。

【思考题】

1. 反应温度对实验有何影响？

2. 反应在何种温度下进行会出现褐色产物，这种褐色物质是什么？

3. 除了反应比例和温度条件以外，你认为还有哪些因素影响实验结果？

实验36　硫酸亚铁铵的制备及组成分析

一、实验目的

1. 了解复盐硫酸亚铁铵的制备方法和特性。

2.熟练掌握水浴加热、蒸发、结晶和减压过滤等基本操作。

3.掌握高锰酸钾滴定法测定铁(Ⅱ)的方法，并学习产品中杂质Fe^{3+}的限量分析。

二、预习要点

1.复盐硫酸亚铁铵的制备方法和特性。

2.水浴加热、蒸发、结晶和减压过滤等基本操作。

3.铁(Ⅱ)的测定方法；Fe^{3+}的定量分析。

4.目视比色法。

三、实验原理

硫酸亚铁铵是一种复盐，为浅蓝绿色单斜晶体。亚铁盐一般在空气中易被氧化，但形成复盐后比较稳定。

过量的铁与稀硫酸作用生成硫酸亚铁，然后加入等物质的量的硫酸铵得到混合溶液。像所有的复盐一样，由于硫酸亚铁铵在水中的溶解度比组成它的任一组分$FeSO_4$或$(NH_4)_2SO_4$的溶解度都要小（它们在水中不同温度下的溶解度列于表8-6），因此等摩尔的$FeSO_4$和$(NH_4)_2SO_4$在水溶液中相互作用，经蒸发浓缩、冷却结晶可得到摩尔盐晶体。

表8-6　不同温度下三种盐的溶解度

单位：$g/100g\ H_2O$

物质 ＼ 温度/℃	10	20	30	40
$FeSO_4 \cdot 7H_2O$	37.0	48.0	60.0	73.3
$(NH_4)_2SO_4$	73.0	75.4	78.0	81.0
$(NH_4)_2SO_4 \cdot FeSO_4 \cdot 6H_2O$	–	36.5	45.0	53.0

本实验采用铁屑与稀硫酸作用生成硫酸亚铁溶液：

$$Fe + H_2SO_4 = FeSO_4 + H_2（g）$$

然后在硫酸亚铁溶液中加入硫酸铵并使其全部溶解，经蒸发浓缩，冷却结晶，得到$(NH_4)_2Fe(SO_4)_2 \cdot 6H_2O$晶体。

$$FeSO_4 + (NH_4)_2SO_4 + 6H_2O = (NH_4)_2Fe(SO_4)_2 \cdot 6H_2O$$

产品的质量鉴定可以采用高锰酸钾滴定法确定有效成分的含量。在酸性介质中Fe^{2+}被$KMnO_4$定量氧化为Fe^{3+}，$KMnO_4$的颜色变化可以指示滴定终点的到达。

$$5Fe^{2+} + MnO_4^- + 8H^+ = 5Fe^{3+} + Mn^{2+} + 4H_2O$$

产品等级也可以通过测定其杂质Fe^{3+}的质量分数来确定。

四、实验用品

1. 仪器

电子天平，恒温水浴，循环水真空泵，漏斗，漏斗架，布氏漏斗，吸滤瓶，烧杯（150 mL，400 mL），量筒（10 mL，50 mL），锥形瓶（150 mL，250 mL），比色管（25mL），蒸发皿（50 mL），棕色酸式滴定管（50 mL），移液管（10 mL，25 mL），表面皿，称量瓶。

2. 试剂

固体试剂：$(NH_4)_2SO_4$，铁屑；液体试剂：Na_2CO_3（1 mol·L^{-1}），HCl（2 mol·L^{-1}），H_2SO_4（3 mol·L^{-1}），H_3PO_4（浓），KSCN（1 mol·L^{-1}），$KMnO_4$标准溶液（0.1000 mol·L^{-1}），$K_3[Fe(CN)_6]$（0.1 mol·L^{-1}），$BaCl_2$（0.1 mol·L^{-1}），NaOH（2 mol·L^{-1}），无水乙醇，Fe^{3+}标准溶液（0.01 mg·mL^{-1}）。

3. 材料

pH试纸，红色石蕊试纸。

五、实验步骤

1. 硫酸亚铁铵的制备

（1）铁屑的净化（如果用纯还原铁粉，可省略此步骤）　称取2.0 g铁屑于150 mL烧杯中。加入20 mL 1 mol·L^{-1} Na_2CO_3溶液，小火加热约10 min，以除去铁屑表面的油污。用倾析法除去碱液，再用去离子水洗净铁屑。

（2）硫酸亚铁的制备　在盛有洗净铁屑的烧杯中，加入15 mL 3 mol·L^{-1} H_2SO_4溶液，盖上表面皿，放在水浴上加热（在通风橱中进行），温度控制在70～80 ℃直至不再大量冒气泡，表示反应基本完成（**反应过程中要适当添加去离子水，以补充蒸发掉的水分**）。趁热过滤，将滤液转入50 mL蒸发皿中。用去离子水洗涤残渣，用滤纸吸干后称量，从而计算出溶液中所溶解的铁屑的质量。

（3）硫酸亚铁铵的制备　根据$FeSO_4$的理论产量，计算所需$(NH_4)_2SO_4$的用量。称取$(NH_4)_2SO_4$固体，将其加入上述所制得的$FeSO_4$溶液中，在水浴上加热搅拌，使硫酸铵全部溶解，调节pH为1～2，蒸发浓缩至液面出现一层晶膜为止，取下蒸发皿，冷却至室温，使$(NH_4)_2Fe(SO_4)_2·6H_2O$结晶出来。减压抽滤，用少量无水乙醇洗去晶体表面所附着的水分，转移至表面皿上，晾干或真空干燥后称量，计算产率。

2. 产品检验

（1）定性鉴定产品中的NH_4^+，Fe^{2+}和SO_4^{2-}。

（2）$(NH_4)_2Fe(SO_4)_2·6H_2O$质量分数的测定　称取0.8～0.9 g（准确至0.0001 g）产品于250 mL锥形瓶中，依次加入15 mL 3 mol·L^{-1} H_2SO_4，50 mL除氧的去离子水，2 mL浓H_3PO_4，使试样溶解。用$KMnO_4$标准溶液滴定，溶液出现微红后，加热至70～80 ℃，

再继续用$KMnO_4$标准溶液滴定至溶液刚出现微红色（30 s内不消失）为终点。

根据$KMnO_4$标准溶液的用量（mL），按照下式计算产品中$(NH_4)_2Fe(SO_4)_2·6H_2O$的质量分数：

$$w\% = \frac{5c(KMnO_4) \cdot V(KMnO_4) \cdot M \times 10^{-3}}{m} \times 100$$

式中：w为产品中$(NH_4)_2Fe(SO_4)_2·6H_2O$的质量分数；M为$(NH_4)_2Fe(SO_4)_2·6H_2O$的摩尔质量；m为所取产品的质量。

（3）Fe^{3+}的限量分析

目视比色法是确定杂质含量的一种常用方法，在确定杂质含量后便能定出产品的级别。将产品配成溶液，与各标准溶液进行比色，如果产品溶液的颜色比某一标准溶液的颜色浅，就可确定杂质含量低于该标准溶液中的含量，即低于某一规定的限度，所以这种方法又称为限量分析。本实验只针对摩尔盐中Fe^{3+}进行限量分析。

首先配制$0.01\ mg·mL^{-1}\ Fe^{3+}$标准溶液。用移液管吸取该$Fe^{3+}$标准溶液5.00 mL、10.00 mL和20.00 mL分别加入3支25.00 mL比色管中，各加入2.00 mL 2.0 $mol·L^{-1}$ HCl溶液和0.50 mL 1.0 $mol·L^{-1}$ KSCN溶液。用除氧的去离子水将溶液稀释到25.00 mL，摇匀，得到25 mL溶液中分别含Fe^{3+} 0.05 mg、0.10 mg和0.20 mg三个级别的Fe^{3+}标准溶液，它们分别为Ⅰ级、Ⅱ级和Ⅲ级试剂中Fe^{3+}的最高允许含量。

Ⅰ级试剂中Fe^{3+}的质量数为：

$$w(Fe^{3+})\% = \frac{0.05 \times 10^{-3}g}{1.00g} \times 100 = 0.005$$

Ⅱ级和Ⅲ级产品中Fe^{3+}的质量数分别为0.01%和0.02%。

表8-7 硫酸亚铁铵产品等级与Fe^{3+}的质量分数

产品等级	Ⅰ	Ⅱ	Ⅲ
$w(Fe^{3+})\%$	0.005	0.01	0.02

同法配制25.00 mL含1.00 g产品摩尔盐的溶液，摇匀，与上述标准系列溶液目视比色，若溶液颜色与Ⅰ级试剂的标准溶液的颜色相同或略浅，便可确定为Ⅰ级产品。Ⅱ级和Ⅲ级产品以此类推。

【注意事项】

1. 用Na_2CO_3溶液清洗铁屑油污过程中，一定要不断地搅拌防止暴沸，并应补充适量去离子水。

2. 硫酸亚铁溶液要趁热过滤，以免出现结晶。

【思考题】

1. 制备硫酸亚铁铵时为什么要保持溶液呈强酸性？

2. 分析产品中的Fe^{3+}时，为什么要用不含氧的蒸馏水？

实验37　硫酸铜晶体的制备

一、实验目的

1. 了解由金属与酸作用制备盐的方法。
2. 练习和掌握水浴加热、蒸发浓缩、减压过滤及重结晶等基本操作。
3. 掌握硫酸铜晶体（$CuSO_4 \cdot 5H_2O$）质量分数的测定方法。

二、预习要点

1. 硫酸铜晶体的制备原理。
2. 硫酸铜晶体质量分数的测定方法。

三、实验原理

硫酸铜晶体（$CuSO_4 \cdot 5H_2O$）俗称胆矾或蓝矾，它是一种蓝色的斜方晶体，易溶于水，是制备其他铜化合物的重要原料，也是电镀铜和纺织品媒染剂的原料。

硫酸铜溶液具有一定的杀菌能力，加在贮水池或游泳池中可防止藻类的生长。它与石灰乳混合而得到的溶液，称为波尔多液。常用于消灭果树和西红柿等的虫害。

纯铜属不活泼金属，不能溶于非氧化性的酸中。但其氧化物在稀酸中却极易溶解。因此在工业上制备胆矾时，先将铜在空气中煅烧成氧化铜，然后与适当浓度的硫酸作用生成硫酸铜。本实验采用浓硝酸作氧化剂，以废铜屑与硫酸、硝酸作用来制备硫酸铜。反应方程式为：

$$Cu + 2HNO_3 + H_2SO_4 = CuSO_4 + 2NO_2 \uparrow + 2H_2O$$

溶液中除生成硫酸铜外，还含有一定量的硝酸铜和其他一些可溶性或不溶性的杂质。不溶性杂质可通过过滤除去。利用硫酸铜和硝酸铜在水中溶解度的不同可将硫酸铜分离、提纯。

表8-8　硫酸铜和硝酸铜在水中的溶解度

(g/100 g H_2O)

温度/K	273	293	313	333	353
$CuSO_4 \cdot 5H_2O$	23.3	32.3	46.2	61.1	83.8
$Cu(NO_3)_2 \cdot 6H_2O$	81.8	125.1			
$Cu(NO_3)_2 \cdot 3H_2O$			～160	～178.5	～208

由表8-8中数据可知，硝酸铜在水中的溶解度不论在高温或低温下都比硫酸铜大得多。因此当热溶液冷却到一定温度时，硫酸铜首先达到饱和而从溶液中结晶析出，随着

温度的继续下降，硫酸铜不断从溶液中析出，硝酸铜则大部分仍留在溶液中，只有小部分随着硫酸铜析出。这小部分的硝酸铜和其他一些可溶性杂质，可再经重结晶的方法而被除去，最后达到制得纯硫酸铜晶体的目的。

四、实验用品

1. 仪器

烧杯，酒精灯，蒸发皿，玻璃棒，坩埚钳，水浴锅，布氏漏斗，吸滤瓶，真空泵，泥三角，电子天平，碘量瓶，碱式滴定管，滴定台，蝴蝶夹，护目镜，量筒

2. 试剂

固体试剂：铜屑，碘化钾；液体试剂：H_2SO_4（$3.0\ mol\cdot L^{-1}$、20%），HNO_3（浓），淀粉（1%），$Na_2S_2O_3$标准溶液（$0.1000\ mol\cdot L^{-1}$）

3. 材料

滤纸

五、实验内容

1. 硫酸铜晶体的制备

（1）灼烧

称取1.5 g铜屑，放入蒸发皿中，强烈灼烧至表面呈现黑色（**目的在于除去附着在铜屑上的油污**），让其自然冷却。

（2）制备

在灼烧过的铜屑中，加入5.5 mL 3 mol·L⁻¹ H_2SO_4，然后缓慢、分批地加入2.5 mL浓HNO_3（**在通风橱中进行**）。待反应缓和后盖上表面皿，水浴加热。在加热过程中需要补充2.5 mL 3mol·L⁻¹ H_2SO_4和0.5 mL浓HNO_3（由于反应情况不同，补加的酸量根据具体情况而定，在保持反应继续进行的情况下，尽量少加HNO_3）。待铜屑近于全部溶解后，趁热用倾析法将溶液转至小烧杯中，留下不溶性杂质，然后再将溶液转回洗净的蒸发皿中，水浴加热，浓缩至表面有晶体膜出现。取下蒸发皿，使溶液冷却，析出粗的$CuSO_4\cdot 5H_2O$，抽滤，称量。计算产率。

（3）重结晶

将粗产品以每克需1.2 mL水的比例溶于水中。加热使$CuSO_4\cdot 5H_2O$完全溶解，趁热过滤。滤液收集在小烧杯中，让其自然冷却，即有晶体析出（若无晶体析出，可在水浴上再加热蒸发）。完全冷却后，抽滤（回收母液），干燥，称量。

2. $CuSO_4\cdot 5H_2O$质量分数的测定

称取0.8 g样品，精确至0.0001 g。置于碘量瓶中，溶于60 mL水中，加5 mL 20%的H_2SO_4溶液及3 g KI，摇匀。用0.1000 mol·L⁻¹ $Na_2S_2O_3$标准溶液滴定，近终点时，加3 mL淀粉指示剂，继续滴定至溶液蓝色消失。平行测定2～3次，计算其平均值。

质量分数按下式计算：

$$w = \frac{V \times c \times 249.7}{m \times 1000} \times 100$$

式中：w 为 $CuSO_4 \cdot 5H_2O$ 的质量分数，%；V 为 $Na_2S_2O_3$ 标准滴定溶液的体积，mL；c 为 $Na_2S_2O_3$ 标准滴定溶液的实际浓度，$mol \cdot L^{-1}$；249.7 为 $CuSO_4 \cdot 5H_2O$ 的摩尔质量，$g \cdot mol^{-1}$；m 为样品质量，g。

六、数据记录与结果

铜屑_____g，硫酸_____mL，浓硝酸_____mL，

硫酸铜晶体（粗）_____g，硫酸铜晶体（重结晶）_____g

产品外观_____

产率_____%，质量分数_____%

【思考题】

1. 总结和比较倾析法、常压过滤、减压过滤和热过滤等固液分离方法的优缺点，在什么情况下应该采用倾析法、常压过滤、减压过滤和热过滤？

2. 列举从铜制备硫酸铜的其他方法，并加以评述。

实验38 高锰酸钾的制备及含量的测定

一、实验目的

1. 掌握锰的各种氧化态之间的相互转化关系。
2. 掌握碱熔法由二氧化锰制备高锰酸钾的基本原理和操作方法。
3. 熟悉熔融、浸取的操作方法。
4. 巩固过滤、结晶和重结晶等基本操作。

二、预习要点

1. 过滤、结晶和重结晶等基本知识。
2. 碱熔法、熔融、浸取基本知识。
3. 锰的各种氧化态之间的相互转化关系。

三、实验原理

软锰矿的主要成分是二氧化锰。二氧化锰在较强氧化剂（氯酸钾）存在下与碱共熔时，可被氧化成锰酸钾：

$$3MnO_2 + KClO_3 + 6KOH = 3K_2MnO_4 + KCl + 3H_2O$$

熔块由水浸取后，随着溶液碱性降低，水溶液中的MnO_4^{2-}不稳定，发生歧化反应。一般在弱碱性或近中性介质中，歧化反应趋势较小，反应速率也比较慢。但在弱酸性介质中，MnO_4^{2-}易发生歧化反应，生成MnO_4^-和MnO_2。如向含有锰酸钾的溶液中通入CO_2，即可发生如下反应：

$$3K_2MnO_4 + 2CO_2 = 2KMnO_4 + MnO_2\downarrow + 2K_2CO_3$$

经减压过滤除去MnO_2后，将溶液浓缩即可析出暗紫色的针状高锰酸钾晶体。

四、实验用品

1. 仪器

铁坩埚，启普发生器，坩埚钳，泥三角，布氏漏斗，烘箱，蒸发皿，烧杯（250 mL），表面皿，滴定分析配套仪器，护目镜，洗瓶

2. 试剂

固体试剂：二氧化锰，氢氧化钾，氯酸钾，碳酸钙；液体试剂：工业盐酸

3. 材料

pH试纸，8号铁丝，称量纸，橡胶手套，口罩

五、实验内容

1. 二氧化锰的熔融氧化

称取2.5 g氯酸钾固体和5.2 g氢氧化钾固体，放入铁坩埚内，用铁棒将物料混合均匀。将铁坩埚放在泥三角上，用坩埚钳夹紧，小火加热，边加热边用铁棒搅拌，待混合物熔融后，立即将3 g二氧化锰固体分多次小心地加入铁坩埚中，防止火星外溅。随着熔融物的黏度增大，用力加快搅拌以防结块或粘在坩埚壁上。待反应物干涸后，提高温度，强热5 min，得到墨绿色锰酸钾熔融物。用铁棒尽量捣碎。

2. 浸取

待盛有熔融物的铁坩埚冷却后，用铁棒尽量将熔块捣碎，并将其侧放于盛有100 mL蒸馏水的250 mL烧杯中以小火共煮，直到熔融物全部溶解为止，小心用坩埚钳取出坩埚。

3. 锰酸钾的歧化

趁热向浸取液中通二氧化碳气体至锰酸钾全部歧化为止（可用玻璃棒蘸取溶液于滤纸上，如果滤纸上只有紫红色而无绿色痕迹，即表示锰酸钾已歧化完全，pH在10～11之间），然后静止片刻，抽滤。

4. 滤液的蒸发结晶

将滤液倒入蒸发皿中，蒸发浓缩至表面开始析出$KMnO_4$晶膜为止，自然冷却晶体，然后抽滤，将高锰酸钾晶体抽干。

5.高锰酸钾晶体的干燥

将晶体转移到已知质量的表面皿中，用玻璃棒将其分开。放入烘箱中（80 ℃为宜，不能超过240 ℃）干燥0.5 h，冷却后称量，计算产率。

6.纯度分析

实验室备有基准物质草酸、硫酸，设计分析方案，确定所制备的产品中高锰酸钾的含量。

【注意事项】

1.加入MnO_2时，应分几次加入，时间间隔要短，小火加热，并不断搅拌，防止熔融物溅出。

2.锰酸钾的歧化实验操作步骤中，要使用玻璃棒搅拌溶液，而不能用铁棒。

3.通CO_2过多，溶液的pH较低，溶液中会生成大量的$KHCO_3$，而$KHCO_3$的溶解度比K_2CO_3小得多，在溶液浓缩时，$KHCO_3$会和$KMnO_4$一起析出。

4.由于$KMnO_4$溶液紫红色的干扰，溶液pH值可近似测试如下：用洁净玻璃棒取溶液滴到pH试纸上，随着试纸上液体的层析，试纸上红棕色的边缘所显示的颜色，即反映溶液的pH值。

5.最后抽滤产品时，最好用玻璃砂芯漏斗。

【思考题】

1.为什么制备锰酸钾时要用铁坩埚而不用瓷坩埚？实验搅拌时，为什么使用铁棒而不使用玻璃棒搅拌？

2.总结启普发生器的构造和使用方法。

3.为了使K_2MnO_4发生歧化反应，能否用HCl代替CO_2，为什么？

4.由锰酸钾在酸性介质中歧化的方法来得到高锰酸钾的最大转化率是多少？还可采取何种实验方法提高锰酸钾的转化率？

实验39 一种钴(Ⅲ)配合物的制备及组成分析

一、实验目的

1.掌握一种钴(Ⅲ)配合物制备的基本原理和方法。
2.学会利用电导率确定配合物组成的方法。
3.加深理解配合离子的形成对Co^{3+}稳定性的影响。

二、预习要点

1.配位化学基础。
2.电导率仪的使用。

三、实验原理

制备金属配合物常用取代反应和氧化还原反应。取代反应实质是在水溶液中，用适当配位体取代水合配离子中的水分子配位体，形成新的配合物；而氧化还原反应则是在配位体存在的条件下让金属离子发生氧化或还原反应以生成配合物。

溶液中 Co(Ⅱ) 的八面体配合物能很快地进行取代反应，是取代活性配合物；而 Co(Ⅲ) 配合物的取代反应则很慢，是取代惰性配合物。因此，制备 Co(Ⅲ) 的配合物，常以 Co(Ⅱ) 盐为原料，其在水溶液中形成水合配离子，使其与配位体发生快速取代反应，生成 Co(Ⅱ) 配合物，再通过氧化剂使 Co(Ⅱ) 配合物被氧化转变为 Co(Ⅲ) 配合物。

根据标准电极电势 $E^{\ominus}([Co(NH_3)_6]^{3+}/[Co(NH_3)_6]^{2+})=0.1V$ 可知，$[Co(NH_3)_6]^{2+}$ 具有较强的还原性，容易被氧化为 $[Co(NH_3)_6]^{3+}$。

钴(Ⅲ) 与氨可形成多种配合物，随制备条件各不相同生成不同产物，例如：没有活性炭存在时，主要生成 $[Co(NH_3)_5Cl]Cl_2$（紫红色）；有活性炭作催化剂时，主要生成 $[Co(NH_3)_6]Cl_3$（橙黄色）。

本实验利用 H_2O_2 氧化剂与含有氨和氯化铵的 $CoCl_2$ 溶液反应，来制备一种钴(Ⅲ) 的配合物，其反应式为：

$$2CoCl_2 + 8NH_3 \cdot H_2O + 2NH_4Cl + H_2O_2 = 2[Co(NH_3)_5(H_2O)]Cl_3 + 8H_2O$$
　　粉红色　　　　　　　　　　　　　　　　　　　橙黄色

再加入浓 HCl 可生成 $[Co(NH_3)_5Cl]Cl_2$ 紫红色晶体：

$$[Co(NH_3)_5(H_2O)]Cl_3 \xrightarrow{HCl} [Co(NH_3)_5Cl]Cl_2（紫红色）+ H_2O$$

用化学分析方法确定某配合物的内界和外界，通常先确定配合物的外界，然后将配离子破坏再来确定其内界。通常可用加热或改变溶液酸碱性来破坏配离子。

Co^{2+} 在酸性溶液中可与硫氰化钾作用生成蓝色配合物 $[Co(NCS)_4]^{2+}$。因其在水中离解度大，故常加入硫氰化钾浓溶液或固体，并加入戊醇和乙醚以提高稳定性，可用来鉴定 Co^{2+} 的存在，其反应如下：

$$Co^{2+} + 4SCN^- = [Co(NCS)_4]^{2-}（蓝色）$$

游离的 NH_4^+ 可由奈氏试剂来检定，其反应如下：

$$NH_4^+ + 2[HgI_4]^- + 4OH^- = \left[O\!\!\left\langle{}^{Hg}_{Hg}\right\rangle\!NH_2\right]I\downarrow + 7I^- + 3H_2O$$
　　（奈氏试剂）　　　　　　（红褐色）

本实验是初步推断其组成，一般是用定性的分析方法或半定量甚至估量的分析方法。推定配合物的实验式后，可用电导率仪来测定一定浓度配合物溶液的导电性，与已知电解质溶液的导电性进行比对，根据表8-9可确定该配合物化学式中阴阳离子数目之比，进一步确定其化学式。

表8-9　几种不同类型电解质的电导率

电解质	类型(离子数)	电导率 $\kappa/\mu S \cdot cm^{-1}$	
		$0.01\ mol \cdot L^{-1}$	$0.001\ mol \cdot L^{-1}$
KCl	1-1型(2)	1230	133
BaCl$_2$	1-2型(3)	2150	250
K$_3$[Fe(CN)$_6$]	1-3型(4)	3400	420

四、实验用品

1. 仪器

电子天平，烧杯，锥形瓶，量筒，研钵，漏斗，铁架台，酒精灯，试管，试管夹，漏斗架，石棉网，温度计，电导率仪，离心机等。

2. 试剂

固体试剂：NH$_4$Cl，CoCl$_2$，KCNS；液体试剂：NH$_3$·H$_2$O（浓，新开封），HNO$_3$（浓），HCl（浓，6 mol·L^{-1}），H$_2$O$_2$（30%），AgNO$_3$（0.1 mol·L^{-1}），SnCl$_2$（0.5 mol·L^{-1}新配），奈氏试剂，乙醇（或丙酮），乙醚，戊醇

3. 材料

pH试纸，滤纸等。

五、实验步骤

1. Co(Ⅲ)配合物的制备

在锥形瓶中将1.0 g NH$_4$Cl完全溶解于6 mL浓NH$_3$·H$_2$O，然后分数次加入2.0 g CoCl$_2$粉末，边加边振荡，使混合物成棕色稀浆状。往其中滴加2 mL～3 mL 30%H$_2$O$_2$，边加边振荡至固体完全溶解，当溶液中停止起泡时慢慢加入6 mL浓HCl，边加边振荡，之后在水浴中微热10 min～15 min。将混合物冷却至室温，将析出的固体沉淀抽滤，依次用3 mL冷水、3 mL冷6 mol·L^{-1}HCl和少量乙醇（或丙酮）洗涤沉淀。将产物在105 ℃左右烘干，冷却后称量，并计算产率。

2. Co(Ⅲ)配合物的组成的初步推断

（1）取0.1 g所制得的产物置于小烧杯中，加入15 mL蒸馏水，溶解得到Co(Ⅲ)配合物的混合液，用pH试纸检验其酸碱性。

（2）取2 mL上述Co(Ⅲ)配合物溶液于试管中，缓慢滴加0.1 mol·L^{-1} AgNO$_3$溶液并振荡，直至加1滴AgNO$_3$溶液后上部清液没有沉淀生成，即沉淀完全。离心分离出清液，往清液中加1 mL浓HNO$_3$并充分搅动，再往溶液中滴加AgNO$_3$溶液，观察有无沉淀析出，若有，比较沉淀量的多少。

（3）取2 mL Co(Ⅲ)配合物溶液于试管中，加几滴0.5 mol·L^{-1} SnCl$_2$溶液，振荡后加

入一粒绿豆大小的KCNS固体，振荡溶解，再加入1 mL戊醇、1 mL乙醚，振荡后观察上层溶液的颜色。

（4）取2 mL Co(Ⅲ)配合物溶液于试管中，加2滴奈氏试剂并观察现象。

（5）将剩下的配合物溶液加热，仔细观察溶液变化，直至其完全变成棕黑色。冷却后用pH试纸检验溶液的酸碱性，抽滤（**必要时用双层滤纸**）或离心分离。取清液分别做一次（3）、（4）实验。观察现象，与（3）、（4）比较有什么不同。

通过上述实验结果推断出此配合物的组成，写出其化学式。

（6）依据初步推断的化学式，配制50 mL 0.01 mol·L^{-1}、50 mL 0.001 mol·L^{-1}该配合物的溶液，用电导率仪测量其电导率，并与表8-10比对，确定该配合物化学式中所含离子数。

【注意事项】

1. 制备Co(Ⅲ)配合物时要充分振荡以使反应完全，注意控制好水浴温度（不得超过85℃）与时间。

2. 所用容器须用去离子水洗涤干净。

3. 加入6 mL浓HCl一定要慢慢加入，边加边振荡，以得到更多的产品。

4. 测电导率时溶液的浓度要配制准确。

5. 使用浓NH$_3$·H$_2$O、30% H$_2$O$_2$、浓HCl时要注意安全。乙醚、乙醇、丙酮取用后及时盖上瓶盖。浓NH$_3$·H$_2$O的操作须在通风橱中进行。

【思考题】

1. 将氯化钴加入氯化铵与浓氨水的混合液中，生成何种配合物？写出反应方程式。

2. 本实验中加过氧化氢、浓盐酸的作用是什么？如不用过氧化氢还可以用哪些物质，与过氧化氢相比有什么缺点？

3. 分析影响本实验制备产品产率的因素有哪些？

4. 如何用定量方法分析Co(Ⅲ)配合物的组成？

实验40　醋酸铬(Ⅱ)水合物的制备
——易被氧化的化合物的制备

一、实验目的

1. 学习在无氧条件下制备易被氧化的不稳定化合物的原理和方法。

2. 巩固沉淀的洗涤、过滤等基本操作。

二、预习要点

1. 铬的化合物的性质。

2. 滴（分）液漏斗的使用。

3. 惰性气氛条件的维持方法。

三、实验原理

由标准电极电势 $E^{\ominus}(Cr^{3+}/Cr^{2+}) = -0.41\ V$ 可知，Cr^{2+} 具有较强的还原性，化合物极不稳定，通常被空气中的氧气能迅速氧化为 $Cr(\mathrm{III})$。一般只有 $Cr(\mathrm{II})$ 的卤化物、磷酸盐、碳酸盐和醋酸盐可存在于干燥状态。

醋酸铬(II)又称醋酸亚铬，淡红棕色结晶性物质，通常以二水盐的形式存在；微溶于乙醇，不溶于冷水和乙醚，易溶于盐酸，用作氧气吸收剂。醋酸铬(III)为灰色粉末或蓝绿色的糊状晶体，溶于水，不溶于乙醇。

制备容易被氧气氧化的化合物不能在空气气氛中进行，常用化学性质不活泼的气体如 N_2、Ar 作保护气，有时也在还原性气氛下合成。

本实验在封闭体系中利用金属锌作还原剂，将 $Cr(\mathrm{III})$ 还原为 $Cr(\mathrm{II})$，在无氧的氢气气氛下 $Cr(\mathrm{II})$ 与醋酸钠溶液发生复分解反应，析出红色的醋酸亚铬晶体。反应体系中产生的氢气起到隔绝空气使体系保持还原性气氛的作用，同时氢气还增大体系压强，将 $Cr(\mathrm{II})$ 的溶液压进醋酸钠溶液。制备反应的离子方程式如下：

$$2Cr^{3+} + Zn = 2Cr^{2+} + Zn^{2+}$$

$$2Cr^{2+} + 4\ CH_3COO^- + 2H_2O = [Cr(CH_3COO)_2]_2 \cdot 2H_2O \downarrow$$

醋酸铬(II)通常储存于用氮气保护的安瓿中。严格地密封保存的醋酸铬(II)样品可始终保持砖红色。若接触空气，被氧化逐渐变成灰绿色的醋酸铬(III)。

四、实验用品

1. 仪器

电子天平，循环水真空泵，抽滤瓶，滴液漏斗，锥形瓶，烧杯，布氏漏斗，量筒，止水夹（2个），导管，剪刀，橡胶塞，打孔器

2. 药品

固体试剂：锌粒，无水醋酸钠，$CrCl_3 \cdot 6H_2O$；液体试剂：HCl（浓），乙醇（分析纯），乙醚（分析纯）

3. 材料

冰，滤纸，凡士林，橡胶管，一次性橡胶手套

五、实验步骤

1. 配制去氧醋酸钠溶液

称取 5.0 g 无水醋酸钠于锥形瓶中，用 12.0 mL 去氧水（实验前煮沸去氧）配成溶液。

2. 制备醋酸亚铬

装置图见图8-1。在抽滤瓶中放入8.0 g锌和5.0 g三氯化铬固体，加入6.0 mL去氧水，振荡抽滤瓶，得到深绿色混合物。夹住通往醋酸钠溶液的橡胶管，打开滴液漏斗缓慢加入10 mL浓盐酸，并不断振荡抽滤瓶，溶液逐渐变为蓝绿色到亮蓝色。观察氢气产生的速率，当氢气仍然较快放出时，松开右边橡胶管，夹紧左边橡胶管，二氯化铬溶液被压入盛有醋酸钠溶液的锥形瓶中。充分搅拌混合溶液，析出红色醋酸亚铬沉淀。快速进行减压过滤，沉淀依次用去氧水、乙醇和乙醚洗涤，抽干，室温下干燥，称重。

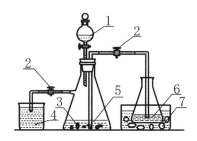

1.浓盐酸　2.止水夹　3.锌粒　4.水封　5.三氯化铬溶液　6.醋酸钠水溶液　7.冰

图8-1　醋酸铬(Ⅱ)制备装置图

【注意事项】

1. 反应物锌应当过量，浓盐酸适量。

2. 滴加盐酸的速率不宜太快，反应时间要足够长（约1 h）。

3. 提前做好减压过滤的准备工作。

3. 产品必须洗涤干净。

4. 应避免皮肤直接接触产品，会引起皮肤刺激、严重的眼睛刺激或可能引起呼吸道刺激。

5. 注意浓盐酸的安全使用。

【思考题】

1. 为什么制备过程中锌要过量？

2. 根据醋酸亚铬(Ⅱ)的性质，该化合物如何保存？

实验41　三草酸合铁(Ⅲ)酸钾的制备、组成测定及表征

一、实验目的

1. 了解配合物制备的一般方法。

2. 掌握用$KMnO_4$法滴定$C_2O_4^{2-}$与Fe^{3+}的原理和方法。

3. 综合训练无机合成、滴定分析的基本操作，掌握确定配合物组成的原理和方法。

4. 了解表征配合物结构的方法。

二、预习要点

1. 配合物制备的一般方法。
2. $KMnO_4$ 法滴定 $C_2O_4^{2-}$ 与 Fe^{3+} 的原理和方法。
3. 无机合成、滴定分析的基本操作，配合物组成的原理和方法。
4. 表征配合物结构的方法。

三、实验原理

1. 制备原理

三草酸合铁(Ⅲ)酸钾 $K_3[Fe(C_2O_4)_3]\cdot 3H_2O$ 为翠绿色单斜晶体，溶于水［溶解度：4.7 g/100 g(0 ℃)，117.7 g/100 g(100 ℃)］，难溶于乙醇。110 ℃下失去结晶水，230 ℃分解。该配合物对光敏感，遇光照射发生分解：

$$2K_3[Fe(C_2O_4)_3]=2FeC_2O_4 + 3K_2C_2O_4 + 2CO_2\uparrow$$

三草酸合铁(Ⅲ)酸钾是制备负载型活性铁催化剂的主要原料，也是一些有机反应的良好催化剂，在工业上具有一定的应用价值。其合成工艺路线有多种。例如，可用三氯化铁或硫酸铁与草酸钾直接合成三草酸合铁(Ⅲ)酸钾，也可以铁(Ⅱ)盐为原料制得三草酸合铁(Ⅲ)酸钾。

本实验以硫酸亚铁铵为原料，采用后一种方法制得本产品。其反应方程式如下：

$$(NH_4)_2SO_4\cdot FeSO_4\cdot 6H_2O + H_2C_2O_4 \rightarrow FeC_2O_4\cdot 2H_2O\downarrow(黄色)+ (NH_4)_2SO_4+ H_2SO_4+ 4H_2O$$

$$6FeC_2O_4\cdot 2H_2O + 3H_2O_2 + 6K_2C_2O_4 \rightarrow 4K_3[Fe(C_2O_4)_3]\cdot 3H_2O + 2Fe(OH)_3\downarrow$$

生成的 $Fe(OH)_3$ 可加入适量草酸使其转化为三草酸合铁(Ⅲ)酸钾：

$$2Fe(OH)_3 + 3H_2C_2O_4 + 3K_2C_2O_4 \rightarrow 2K_3[Fe(C_2O_4)_3]\cdot 3H_2O$$

加入乙醇，放置即可析出产物的结晶。

2. 产物的定性分析

采用化学分析法和红外吸收光谱法。K^+ 与 $Na_3[Co(NO_2)_6]$ 在中性或稀醋酸介质中，生成亮黄色的 $K_2Na[Co(NO_2)_6]$ 沉淀：

$$2K^+ + Na^+ + [Co(NO_2)_6]^{3-}=K_2Na[Co(NO_2)_6](s)$$

Fe^{3+} 与 KSCN 反应生成血红色的 $[Fe(NCS)n]^{3-n}$，$C_2O_4^{2-}$ 与 Ca^{2+} 生成白色沉淀 CaC_2O_4，可以判断 Fe^{3+}、$C_2O_4^{2-}$ 处于配合物的内界还是外界。

$C_2O_4^{2-}$ 和结晶水可通过红外光谱分析确定其存在。草酸根形成配位化合物时，红外吸收的振动频率和谱带归属如表8-10所示。

表8-10　红外吸收的振动频率和谱带归属关系

波数/(cm^{-1})	谱带归属
1712,1677,1649	羰基 C=O 的伸缩振动吸收带
1390,1270,1255,855	C—O 伸缩振动及—O—C=O 弯曲振动
797,785	O—C=O 弯曲振动及 M—O 键的伸缩振动
528	C—C的伸缩振动吸收带
498	环变形 O—C=O 弯曲振动
366	M—O 伸缩振动吸收带

结晶水的吸收带在 3 550～3 200 cm^{-1}，一般在 3 450 cm^{-1}附近。通过红外谱图的对照，不难得出定性的分析结果。

3. 产物的定量分析

用$KMnO_4$法测定产品中的 Fe^{3+}含量和$C_2O_4^{2-}$的含量，并确定 Fe^{3+}和$C_2O_4^{2-}$的配位比。在酸性介质中，用$KMnO_4$标准溶液滴定试液中的$C_2O_4^{2-}$，根据$KMnO_4$标准溶液的消耗量可直接计算出$C_2O_4^{2-}$的质量分数，其反应式为：

$$5 C_2O_4^{2-} + 2MnO_4^- + 16H^+ = 10CO_2\uparrow + 2Mn^{2+} + 8H_2O$$

在上述测定草酸根后剩余的溶液中，用锌粉将 Fe^{3+}还原为 Fe^{2+}，再利用$KMnO_4$标准溶液滴定Fe^{2+}，其反应式为：

$$Zn + 2Fe^{3+} = 2Fe^{2+} + Zn^{2+}$$

$$5Fe^{2+} + MnO_4^- + 8H^+ = 5Fe^{3+} + Mn^{2+} + 4H_2O$$

根据$KMnO_4$标准溶液的消耗量，可计算出 Fe^{3+}的质量分数。

根据

$$n(Fe^{3+}):n(C_2O_4^{2-})=w(Fe^{3+})/55.8:w(C_2O_4^{2-})/88$$

可确定 Fe^{3+}与$C_2O_4^{2-}$的配位比。

4. 产物的表征

通过对配合物磁化率的测定，可推算出配合物中心离子的未成对电子数从而推断出中心离子外层电子的结构、配键类型。

四、实验用品

1. 仪器

电子天平，电子分析天平，烧杯(100 mL，250 mL)，量筒(10 mL，100 mL)，试管，玻璃棒，长颈漏斗，布氏漏斗，吸滤瓶，真空泵，表面皿，称量瓶，干燥器，烘箱，锥形瓶(250 mL)，酸式滴定管(50 mL)，磁天平，红外光谱仪，玛瑙研钵。

2. 试剂

固体试剂：$H_2C_2O_4 \cdot 2H_2O$，$(NH_4)_2SO_4 \cdot FeSO_4 \cdot 6H_2O$，KBr，锌粉；液体试剂：$H_2SO_4$（2 mol·$L^{-1}$），$H_2O_2$(3%，新)，$K_2C_2O_4$(饱和)，KSCN(0.1 mol·$L^{-1}$)，$CaCl_2$(0.5 mol·$L^{-1}$)，$FeCl_3$(0.1 mol·$L^{-1}$)，$Na_3[Co(NO_2)_6]$，$KMnO_4$标准溶液(0.02 mol·$L^{-1}$，自行标定)，乙醇（95%），丙酮。

五、实验步骤

1. 三草酸合铁(Ⅲ)酸钾的制备

（1）制取$FeC_2O_4 \cdot 2H_2O$

称取6.0 g $(NH_4)_2SO_4 \cdot FeSO_4 \cdot 6H_2O$放入250 mL烧杯中，加入1.5 mL 2 mol·L^{-1} H_2SO_4和20 mL去离子水，加热使其溶解。另称取3.0 g $H_2C_2O_4 \cdot 2H_2O$放入100 mL烧杯中，加30 mL去离子水微热，溶解后取出22 mL倒入上述250 mL烧杯中，加热搅拌至沸，并维持微沸5 min。静置，得到黄色$FeC_2O_4 \cdot 2H_2O$沉淀。用倾析法倒出清液，用热去离子水洗涤沉淀3次，以除去可溶性杂质。

（2）制备$K_3[Fe(C_2O_4)_3] \cdot 3H_2O$

在上述洗涤过的沉淀中，加入15 mL饱和$K_2C_2O_4$溶液，水浴加热至40 ℃，滴加25 mL 3%的H_2O_2溶液，不断搅拌溶液并维持温度在40 ℃左右。滴加完后，加热溶液至沸以除去过量的H_2O_2。取适量步骤（1）中配制的$H_2C_2O_4$溶液趁热加入使沉淀溶解至呈现翠绿色为止。冷却后，加入15 mL 95%的乙醇水溶液，在暗处放置，结晶。减压过滤，抽干后用少量乙醇洗涤产品，继续抽干，称量，计算产率，并将晶体放在干燥器内避光保存。

2. 产物的定性分析

（1）K^+的鉴定

在试管中加入少量产物，用去离子水溶解，再加入1 mL $Na_3[Co(NO_2)_6]$溶液，充分摇动试管（可用玻璃棒摩擦试管内壁后放置片刻），观察现象。

（2）Fe^{3+}的鉴定

在试管中加入少量产物，用去离子水溶解，另取一支试管加入少量的$FeCl_3$溶液。各加入2滴0.1 mol·L^{-1} KSCN，观察现象。在装有产物溶液的试管中加入3滴2 mol·L^{-1} H_2SO_4，再观察溶液颜色有何变化，解释实验现象。

（3）$C_2O_4^{2-}$的鉴定

在试管中加入少量产物，用去离子水溶解，另取一支试管加入少量的$K_2C_2O_4$溶液。各加入2滴0.5 mol·L^{-1} $CaCl_2$溶液，观察实验现象有何不同。

（4）用红外光谱鉴定$C_2O_4^{2-}$与结晶水

取少量KBr晶体及小于KBr用量百分之一的样品，在玛瑙研钵中研细，压片，在红外光谱仪上测定红外吸收光谱，将谱图的各主要谱带与标准红外光谱图对照，确定是否含有$C_2O_4^{2-}$及结晶水。

根据上述实验结果，判断该产物是复盐还是配合物？配合物的中心离子、配位体、内界、外界各是什么？

3. 产物组成的定量分析

（1）结晶水质量分数的测定

洗净两个称量瓶并编号，在110 ℃电烘箱中干燥1 h，置于干燥器中冷却，至室温时在电子分析天平上称量。然后再放到110 ℃电烘箱中干燥0.5 h，即重复上述干燥→冷却→称量操作，直至质量恒定（两次称量相差不超过0.3 mg）为止。

在电子分析天平上准确称取两份产品各0.5～0.6 g（精确到0.0001 g），分别放入上述已恒重的两个称量瓶中。在110 ℃电烘箱中干燥1 h，然后置于干燥器中冷却，至室温后，称量。重复上述干燥（0.5 h）→冷却→称量操作，直至恒重。根据称量结果计算产品结晶水的质量分数。

（2）草酸根质量分数的测量

在电子分析天平上准确称取两份产物（约0.15～0.20 g）分别放入两个锥形瓶中，均加入15 mL 2 mol·L^{-1} H_2SO_4和15 mL去离子水，微热溶解，加热至75～85 ℃（即液面冒水蒸气），趁热用0.02 mol·L^{-1} $KMnO_4$标准溶液滴定，先慢后快，滴定至粉红色为终点（保留溶液待下一步分析使用）。根据消耗$KMnO_4$溶液的体积，计算产物中$C_2O_4^{2-}$的质量分数。

（3）铁质量分数的测量

在上述保留的溶液中加入一小匙锌粉，加热近沸，直到黄色消失，将Fe^{3+}还原为Fe^{2+}即可。趁热过滤除去多余的锌粉，滤液收集到另一锥形瓶中，用稀H_2SO_4少量多次洗涤漏斗等并将洗涤液一并收集在锥形瓶中。继续用0.02 mol·L^{-1} $KMnO_4$标准溶液进行滴定，至溶液呈粉红色。根据消耗$KMnO_4$溶液的体积计算Fe^{3+}的质量分数。

根据（1）、（2）、（3）的实验结果，计算K^+的质量分数，结合实验步骤2的结果，推断出配合物的化学式。

4. 配合物磁化率的测定

（1）样品管的准备

洗涤磁天平的样品管（必要时用洗液浸泡）并用去离子水冲洗，再用乙醇、丙酮各冲洗一次，用吹风机吹干（也可烘干）。

（2）样品管的测定

在磁天平的挂钩上挂好样品管，并使其处于两磁极的中间，调节样品管的高度，使样品管底部对准电磁铁两极中心的连线（即磁场强度最强处）。在不加磁场的条件下称量样品管的质量。通冷却水，打开电源预热。用调节器旋钮慢慢调大输入电磁铁线圈的电流至5.0 A，在此磁场强度下测量样品管的质量。测量后，用调节器旋钮慢慢调小输入电磁铁的电流直至零为止。记录测量温度。

（3）标准物质的测定

从磁天平上取下空样品管，装入已研细的标准物$(NH_4)_2SO_4 \cdot FeSO_4 \cdot 6H_2O$至刻度处，在不加磁场和加磁场的情况下测量"标准物+样品管"的质量。取下样品管，倒出标准物，按步骤（1）的要求洗净并干燥样品管。

（4）样品的测定

取产品（约2 g）在玛瑙研钵中研细，按照"标准物质的测定"的步骤及实验条件，在不加磁场和加磁场的情况下测量"样品+样品管"的质量。测量后关闭电源及冷却水。

> **注意**：测量误差的主要原因是装样品不均匀，因此需将样品一点一点地装入样品管，边装边在垫有橡皮板的台面上轻轻撞击样品管，并且还要注意每个样品填装的均匀程度、紧密状况应该一致。

六、数据记录与处理

将测定的实验数据填入表8-11中。根据实验数据和标准物质的比磁化 $\chi_m = 9500 \times 10^{-6}/(T+1)$，计算样品的摩尔磁化率 χ_M，近似得到样品的摩尔顺磁化率，计算出有效磁矩 μ_{eff}，求出样品 $K_3[Fe(C_2O_4)_3] \cdot 3H_2O$ 中心离子 Fe^{3+} 的未成对电子数 n。判断其外层电子结构，属于内轨型还是外轨型配合物。或判断此配合物中心离子的 d 电子构型，形成高自旋还是低自旋配合物，草酸根是属于强场配体还是弱场配体。

表8-11　磁化率的质量测定数据

测量物品	无磁场时的质量/g	加磁场后的质量/g	加磁场后 $\triangle m$/g
空样品管 m_0			
标准物质+空样品管			
样品+空样品管			

【注意事项】

1. 一定使 $FeC_2O_4 \cdot 2H_2O$ 氧化完全，否则即使加非常多的 $H_2C_2O_4$ 溶液，也不能使溶液变透明。此时应采取趁热过滤，或往沉淀上再加 H_2O_2 等补救措施。

2. 控制好反应后 $K_3[Fe(C_2O_4)_3]$ 溶液的总体积，以有利于结晶。

3. 加入的还原剂 Zn 粉须过量。为了保证 Zn 能把 Fe^{3+} 完全还原为 Fe^{2+}，反应体系需加热。Zn 粉除与 Fe^{3+} 反应外，也与溶液中 H^+ 反应，因此溶液必须保持足够的酸度，以免 Fe^{3+}、Fe^{2+} 等水解而析出。

4. 滴定前过量的 Zn 粉应过滤除去。过滤时要做到使 Fe^{2+} 定量地转移到滤液中，因此过滤后要对漏斗中的 Zn 粉进行洗涤。洗涤液与滤液合并用来滴定。另外，洗涤不能

用水而要用稀 H_2SO_4。

【思考题】

1. 氧化 $FeC_2O_4 \cdot 2H_2O$ 时，氧化温度控制在 40 ℃，不能太高，为什么？

2. $KMnO_4$ 滴定 $C_2O_4^{2-}$ 时，要加热，又不能使温度太高（75～85 ℃），为什么？

实验42 硫酸二氨合锌的制备和红外光谱测定

一、实验目的

1. 理解在有机溶剂中制备硫酸二氨合锌的原理。

2. 测定 $Zn(NH_3)_2SO_4 \cdot H_2O$ 的红外光谱，学习通过红外光谱来确定物质结构的方法。

二、预习要点

1. 油浴加热

2. 回流操作

3. 红外光谱仪使用方法。

三、实验原理

超微粒子是介于微观世界和宏观物质之间的中间体系。粒子的粒径为 1～100 nm，超微粒子已在精细陶瓷、涂料、催化剂材料、发光材料等方面得到广泛应用。本实验以硫酸锌和尿素为原料，在乙二醇溶液中制备 $Zn(NH_3)_2SO_4 \cdot H_2O$。

在 120℃ 时，尿素在乙二醇溶液中缓慢分解，产生氨，氨与硫酸锌发生下面反应：

$$ZnSO_4 + 2NH_3 + H_2O \rightarrow [Zn(NH_3)_2]SO_4 \cdot H_2O$$

$[Zn(NH_3)_2]SO_4 \cdot H_2O$ 经水解得到 ZnO 超微粒子，粒径在 50 nm 左右。测定 $[Zn(NH_3)_2]SO_4 \cdot H_2O$ 的红外光谱，在 1 400～600 cm^{-1} 出峰，位置是 1 396 cm^{-1}、1 245 cm^{-1}、1 118 cm^{-1}、617 cm^{-1}，如图 8-2 所示。

游离的 SO_4^{2-} 结构上属于四面体对称，在红外振动中只有两个基频 ν_3 和 ν_4 是活性的，而 ν_1 是红外禁阻的。作为单齿配体，SO_4^{2-} 的对称性降低，属于 C_{3v} 对称。此时 ν_3 和 ν_4 都分裂成两个谱带。在二齿配位时，SO_4^{2-} 属于 C_{2v} 对称，ν_3 和 ν_4 各分裂成三条谱带，ν_3 的谱带分裂出现在 1 300～1 000 cm^{-1} 范围内。图 8-2 中的 1 396 cm^{-1} 是配体氨基的振动光谱，是由配体氨基对称形变产生的。而 671 cm^{-1} 是属于 ν_1 的基频谱带，留下的 1 245 cm^{-1} 和 1 118 cm^{-1} 属于 ν_3 基频谱带。因此，在 $Zn(NH_3)_2SO_4 \cdot H_2O$ 中 SO_4^{2-} 为单齿配位，另外在 3 400～3 000 cm^{-1} 之间和 1 640 cm^{-1} 有峰出现，说明存在水峰。据此可以推测出 $Zn(NH_3)_2SO_4 \cdot H_2O$ 的结构。

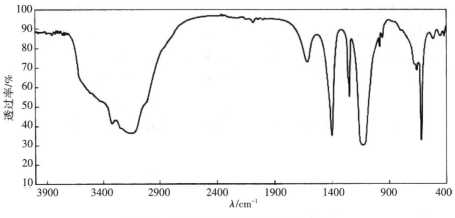

图 8-2　$Zn(NH_3)_2SO_4 \cdot H_2O$ 的红外光谱图

四、实验用品

1. 仪器

电子天平，圆底烧瓶（250 mL），温度计，布氏漏斗，抽滤瓶，冷凝管，油浴锅，温度控制器

2. 试剂

固体试剂：硫酸锌，尿素；液体试剂：乙二醇，无水乙醇

五、实验内容

1. $Zn(NH_3)_2SO_4 \cdot H_2O$ 的制备

如图 8-3 所示，在圆底烧瓶内加入 1.5 g $ZnSO_4$、1.5 g 尿素和 5.0 mL 乙二醇，油浴加热，控制温度在 120 ℃以下回流。加热时溶液澄清，继续反应半小时有固体析出，再反应半小时，冷却。过滤，用无水乙醇洗涤沉淀数次，在 100 ℃下烘干得到 $Zn(NH_3)_2SO_4 \cdot H_2O$ 产品。称重，计算产率。

温度计　　　　冷凝管

图 8-3　回馏装置

2. 测定 $Zn(NH_3)_2SO_4 \cdot H_2O$ 的红外光谱

用 KBr 压片法测定产品的红外光谱，确认在 1 400~600 cm^{-1} 范围内的几个主要峰的位置，并和图 8-2 对照。

【注意事项】

1. 本实验制备和干燥温度要控制在 120 ℃以下。

2. 测红外光谱时样品要干燥，并且研细。

3. 做红外取放样品时要轻开轻关样品室。

【思考题】

1. $Zn(NH_3)_2SO_4 \cdot H_2O$ 水解可得 ZnO，这是制备超微粒子的一种方法。查找有关资料，归纳出制备超微粒子的其他方法。

2. $Zn(NH_3)_2SO_4 \cdot H_2O$ 的组成能用化学方法测定，分别简单叙述 Zn^{2+}、SO_4^{2-} 及 NH_3 的测定过程。

3. 本实验的温度需控制在 120 ℃以下，为什么温度不能过高？

第9章 综合与设计实验

实验43 碘盐的制备与检测

一、实验目的

1. 学习碘盐的制备方法。
2. 学习碘盐检测的原理和方法。

二、预习要点

1. 工作曲线法测定物质含量的方法。
2. 分光光度计的使用。

三、实验原理

碘是人体必需的微量元素，其主要功能是参与合成甲状腺素。人体缺碘时，血液中的甲状腺素水平下降，会引起多种疾病，统称为碘缺乏病（Iodine-deficiency disorders，IDD），表现为甲状腺肿大、发育滞后，甚至出现痴呆、聋哑、体态畸形等多种病态。成人每日的最低需碘量为 75 μg。预防 IDD 最有效、经济、实用、安全的方法就是食用加碘盐。

碘盐的制备是在精制后的食盐中加入碘酸钾或碘化钾。其中碘酸钾的含碘量为 59.3%，碘化钾的含碘量为 76.4%。但由于碘酸钾具有化学性质稳定，在常温下不易挥发，不吸水，不流失，易保存，加入食盐中不影响产品外观质量和味道，在远距离的运输和较长时间储存中碘损失较少等优点，因此，我国目前的碘盐中加入的是碘酸钾。

碘酸钾为无臭、无色或白色结晶粉末，可溶于水，不溶于醇和氨水，加热至 560 ℃ 开始分解。纯碘酸钾晶体是有毒的，但在治疗剂量范围（<60 mg·kg^{-1}）对人体无毒害且有益。2011 年，卫生部发布的食品安全国家标准《食用盐碘含量》中，列出了三个盐碘浓度，分别是盐碘含量均值 20 mg·kg^{-1}、25 mg·kg^{-1}、30 mg·kg^{-1}。

本实验制备碘盐的方法就是在经重结晶精制过的食盐中加入含碘量 200 mg·L^{-1} 的标准碘酸钾溶液。

由于碘酸钾在酸性条件下具有氧化性，以KI作还原剂，发生如下反应：

$$IO_3^- + 5I^- + 6H^+ \rightarrow 3I_2 + 3H_2O$$

生成的I_2遇淀粉呈蓝色，由此可借助分光光度法对碘盐中的含碘量进行检测。

四、实验用品

1. 仪器

分光光度计，台秤，烧杯（100 mL，150 mL），蒸发皿，坩埚，酒精灯，三脚架，布氏漏斗，抽滤瓶，容量瓶（100 mL，50 mL），吸量管，量筒（50 mL，10 mL），试管

2. 试剂

固体试剂：KIO_3（固体，100 ℃时烘至恒重），粗食盐，市售碘盐；液体试剂：H_2SO_4（0.1 mol·L^{-1}），HCl（6 mol·L^{-1}），$KClO_3$（0.1 mol·L^{-1}），KI（0.05%），淀粉（0.5%），无水乙醇

含碘200 mg·L^{-1}的标准碘酸钾溶液：称取0.0338 g已烘至恒重的KIO_3固体溶于蒸馏水中定容至100 mL。

3. 材料

滤纸

五、实验内容

1. 碘盐制备

称取5.0 g的精盐，放入一洁净的坩埚中，逐滴加入1.0 mL含碘200 mg·L^{-1}的标准碘酸钾溶液。在搅拌下加入3 mL无水乙醇，点燃，待乙醇燃尽冷却后，得到加碘食盐。计算自制碘盐的含碘量。

2. 市售加碘食盐中碘的鉴定

取少量市售碘盐于试管中，加蒸馏水溶解，得市售盐的水溶液。

取盐溶液少量，加6 mol·L^{-1} HCl溶液数滴和0.5%淀粉溶液2滴，如果溶液呈蓝色，说明该食盐中含KIO_3和KI。若无色，再逐滴加入0.05%KI溶液，边滴加边振荡试管，若溶液呈蓝色，说明该食盐中只含KIO_3。

若溶液无色，另取少量盐溶液，加6 mol·L^{-1} HC1溶液数滴和0.5%淀粉溶液2滴，逐滴加入0.1 mol·L^{-1} $KClO_3$溶液，边滴加边振荡试管，若溶液呈蓝色，说明该食盐中只含KI。若溶液无色，说明该食盐中不含碘。

3. 食盐中碘含量的定量测定

（1）含碘量40 mg·L^{-1}标准碘溶液的配制

准确吸取10.00 mL含碘量200 mg·L^{-1}的标准碘溶液于50 mL容量瓶中，加蒸馏水稀释至刻度。

（2）标准曲线的绘制

准确吸取0.00 mL、0.50 mL、1.00 mL、1.50 mL、2.00 mL、2.50 mL含碘量40 mg·L^{-1}标准碘溶液分别于六只50 mL容量瓶中，然后各加0.1 mol·L^{-1} H$_2$SO$_4$溶液3 mL、0.05% KI溶液1 mL和0.5%淀粉溶液1 mL，显色后静置2 min，用蒸馏水稀释至刻度，摇匀。用分光光度计在595 nm处测吸光度，绘制标准曲线。

（3）含碘量测定

取自制碘盐、市售碘盐各1.00 g，用20 mL蒸馏水溶解后，转入50 mL容量瓶中，再分别加入0.1 mol·L^{-1} H$_2$SO$_4$溶液3 mL、0.05%KI溶液1 mL和0.5%淀粉溶液1 mL，显色后静置2 min，用蒸馏水稀释至刻度，摇匀。用分光光度计在595 nm处测吸光度，对照标准曲线计算各类碘盐的含碘量。

【注意事项】

1. 标准曲线绘制时最好用电脑软件拟合。

2. 分光光度计预热30 min后使用。

3. 将比色皿放入到分光光度计暗箱时，手指只能捏住毛玻璃的两面，不要触碰光面一侧，同时注意将光面一侧放置在光路上。

【思考题】

1. 精盐加碘后，可否直接在酒精灯上蒸干？应如何控制温度？

2. 炒菜时应如何正确加入碘盐？

实验44　陇南茶叶中微量元素的鉴定与分析

一、实验目的

1. 了解陇南茶叶的营养成分与微量元素。

2. 学习植物样品的"干法灰化"消解。

3. 掌握茶叶中某些化学元素的分离与鉴定方法。

4. 激发对地方特色农产品和茶文化的探究兴趣，提高学习化学的积极性。

二、预习要点

1. 查阅文献，了解陇南茶叶的营养成分与微量元素的含量、分布和主要功能。

2. 植物样品的干法灰化。

3. 金属阳离子的分离与鉴定。

三、实验原理

陇南绿茶产地位于陇南市东南部文县、武都区、康县三县区交界的三角地带，素有

"陇上江南"之美称，属亚热带向暖温带过渡地区，属我国江北茶区的北缘产地，也是甘肃省唯一的产茶区。境内亚热、暖温、高寒气候相互交错，海拔600～1 200 m左右，年平均气温15.6～16.8 ℃，≧10 ℃的积温4 000～4 500 ℃·d，昼夜温差较大，年平均相对湿度75%～85%。无霜期220天以上，年降雨量800～1 100 mm。土壤疏松肥厚，pH=4.6～6.5，有机质含量2.7%～3.5%。光、热、水资源丰富，产区纬度高、海拔高、环境清洁度高，其绝佳的气候及得天独厚的环境条件，造就了陇南茶叶香气天成的品质，所产绿茶芽头重实、茶多酚含量高、香醇耐泡。内含成分和品质可与长江下游中小叶种绿茶相媲美。产品有龙井、毛尖、翠竹、珍眉、铁观音等。

"陇南绿茶"是农产品地理标志产品。陇南茶叶富含人体所需的多种营养成分，微量元素含量丰富。据检测报告，陇南绿茶水浸出物含量高达44%～49%；茶多酚含量21%～24%；儿茶素含量大于7%；表没食子儿茶素没食子酸酯（Epigallocatechin gallate，EGCG）含量最高，可达5.00%～7.94%。陇南绿茶咖啡碱占2.9%～4.2%，氨基酸总量占2.5%~3.1%，粗纤维含量小于8%，茶多糖含量1.34%～1.75%。矿质元素含量丰富，其中锌33.9～71.1 mg·kg^{-1}，硒0.01～0.21 mg·kg^{-1}，铜12.1～23.51 mg·kg^{-1}，铁129.7～170.9 mg·kg^{-1}，锰159.7～655.7 mg·kg^{-1}，镁1.3～2.5 g·kg^{-1}，钾2.3～7.8 g·kg^{-1}，钙2.0～3.9 g·kg^{-1}。微量元素对人体健康十分重要，如Cu、Fe元素分别是多酚氧化酶和细胞色素氧化酶的辅基，Mn、Zn具有激活酶、促进激素分泌和解毒等作用。

本实验对陇南茶叶所含的Fe、Mn、Cu、Zn、Al、Ca、Mg、K等人体必需的微量元素进行定性测定。

茶叶需先进行"干法灰化"消解。"干法灰化"即将一定量的样品置于坩埚中加热，使有机物脱水、炭化、分解、氧化，再于高温电炉中灼烧灰化，将残留矿物质成分经酸溶解，使被测元素呈可溶态。该法适用于食品和植物样品等有机物含量多的样品测定，不适用于土壤和矿质样品的测定。大多数金属元素含量分析适用"干法灰化"，但在高温条件下，汞、铅、镉、锡、硒等易挥发损失，不适用。

利用铝试剂鉴定Al^{3+}时混合液中Cu^{2+}、Ca^{2+}、Bi^{3+}、Cr^{3+}、Fe^{3+}离子有干扰。利用Al^{3+}离子的两性，加入过量的碱，使Al^{3+}转化为离子留在溶液中，Bi^{3+}、Fe^{3+}则生成沉淀，经分离去除。

钙镁混合液中，Ca^{2+}离子和Mg^{2+}的鉴定互不干扰，可直接鉴定，不必分离。

Mn^{2+}在稀HNO$_3$或稀H$_2$SO$_4$介质中能被NaBiO$_3$氧化为紫红色的MnO$_4^-$，可鉴定Mn^{2+}。

利用黄血盐K$_4$[Fe(CN)$_6$]鉴定Cu^{2+}时Fe^{3+}有干扰，可加F$^-$掩蔽Fe^{3+}，或加NH$_3$·H$_2$O及NH$_4$Cl使Fe^{3+}生成沉淀分离。

铁、铝、钙、镁、铜、锌各自的特征反应式如下：

$$Fe^{3+} + nSCN^-（饱和）=[Fe(SCN)n]^{3-n}（血红色）$$

$$Al^{3+} + 铝试剂 + OH^- \rightarrow 红色絮状沉淀$$

$$Mg^{2+} + 镁试剂 + OH^- \rightarrow 天蓝色沉淀$$

$$Ca^{2+} + C_2O_4^{2-} \xrightarrow{HAc} CaC_2O_4 \downarrow (白色沉淀)$$

$$5BiO_3^- + 2Mn^{2+} + 4H^+ = 5BiO^+ + 2H_2O + 2MnO_4^-(紫红色)$$

$$2Cu^{2+} + [Fe(CN)_6]^{4-} = Cu_2[Fe(CN)_6] \downarrow (红棕色)$$

$$\frac{1}{2}Zn^{2+} + \underset{N=N-C_6H_5}{\overset{NH-NH-C_6H_5}{C=S}} + OH^- = \underset{N=N-C_6H_5}{\overset{NH-N-C_6H_5}{C=S}} \rightarrow 1/2\, Zn + H_2O$$

$$PO_4^{3-} + 3NH_4^+ + 12MoO_4^{2-} + 24H^+ = (NH_4^+)_3PO_4 \cdot 12MoO_3 \cdot 6H_2O + 6H_2O$$

根据上述特征反应的实验现象，可分别鉴定出 Fe，Al，Ca，Mg，Zn、Mn、Cu 和 P 等多种元素。

四、实验用品

1.仪器

台秤，离心机，水浴锅，电炉，坩埚，漏斗，点滴板，烧杯，研钵，剪刀，坩埚钳，玻璃棒，护目镜

2.试剂

HCl（6 mol·L^{-1}），HAc（2 mol·L^{-1}，6 mol·L^{-1}），NaOH（2 mol·L^{-1}，6 mol·L^{-1}），$(NH_4)_2C_2O_4$（0.5 mol·L^{-1}），$K_4[Fe(CN)_6]$（1 mol·L^{-1}），HNO_3（浓度，2 mol·L^{-1}），NH_4F（0.2 mol·L^{-1}），$(NH_4)_2CO_3$（1 mol·L^{-1}），$NaBiO_3$（0.2 mol·L^{-1}），KSCN（0.5 mol·L^{-1}），$NH_3 \cdot H_2O$（浓，6 mol·L^{-1}），钼酸铵（10%），铝试剂，镁试剂，EDTA

3.材料

陇南绿茶，滤纸

五、实验内容

1.茶叶的干法灰化

在瓷坩埚内取 5 g 已干燥、研碎的茶叶，用电炉或酒精喷灯于通风橱内加热灰化，然后将灰烬转移至研钵中研细，取出少量灰烬用作 PO_4^{3-} 的鉴定，其余转移至烧杯中，加入 10 mL 2 mol·L^{-1} 盐酸加热搅拌，过滤，洗涤沉淀，滤液保留备用。

2.设计实验方案，分离并鉴定浸出液中的 Ca^{2+}、Mg^{2+}、Al^{3+}、Fe^{3+}、Zn^{2+}、Mn^{2+} 和 Cu^{2+}。

3.茶叶中磷元素的鉴定

取一药匙茶叶灰于 100 mL 烧杯中，用 2 mL 浓 HNO_3 溶解，再加入 30 mL 蒸馏水，过滤后得透明溶液，鉴定 PO_4^{3-} 的存在。

【注意事项】

1.灰化时茶叶不能太多，且要研碎，不能有明火，佩戴护目镜，保持通风。

2.可采用纸色谱法进行分离鉴定。

3.使用电炉、浓酸、浓碱时注意安全。

4. 规范使用各种仪器，确保仪器安全。

【思考题】

1. 设计方案，测定茶叶中的 Ca^{2+}、Mg^{2+} 含量。

2. 设计方案，鉴定茶叶中的碘及测定含量。

实验45 生物质活性炭的制备及吸附性检测

一、实验目的

1. 学会马弗炉的使用方法。

2. 了解利用生物质制备活性炭的方法。

二、预习要点

1. 活性炭的制法及其用途。

2. 马弗炉的使用方法。

三、实验原理

活性炭是用木材、煤、果壳、竹、秸秆等含碳物质，在高温缺氧条件下活化制成的多孔材料。活性炭外观呈黑色或黑灰色，活性炭的比表面积在 $500 \sim 1\,000\ m^2 \cdot g^{-1}$，活性炭具有吸附容量大、再生成本低、耐酸碱性和耐热性优良等特点，是一种被广泛应用于空气净化、工业吸附、化工分离及膜分离等领域的环保型吸附剂。活性炭表面的含氧官能团有羟基、内酯型羟基、酚羟基和羧基等，在含氧基团中，酸性官能团易吸附具有极性的物质，碱性官能团则易吸附极性弱或非极性的物质。活性炭按物理结构可以分为粉末活性炭、颗粒活性炭、纤维活性炭。

活性炭的制备受多因素影响和制约，其原料种类和活化工艺方法与工艺参数的不同均会对活性炭的性能产生显著影响。基本工艺方法是通过物理和化学方法对原料进行破碎、过筛、活化、漂洗、烘干和筛选等一系列工序，其中活化过程是活性炭制备过程中的关键工艺。

常用的活性炭制备方法有：

（1）氯化锌法：将氯化锌溶液加到原料中，充分混合浸渍，隔绝空气，加热到 $600 \sim 700\ ℃$ 进行活化。

（2）水蒸气法：将预炭化的原料（木炭、煤等）放入活化炉中，隔绝空气，在水蒸气存在下，加热至 $800 \sim 1\,200\ ℃$ 进行活化。

（3）磷酸法：将原料用磷酸溶液浸渍，然后隔绝空气（或限氧条件），加热到 $500 \sim 700\ ℃$ 进行活化。

四、实验用品

1.仪器

电子分析天平，马弗炉，烘箱，粉碎机，循环水真空泵，水浴锅，坩埚（带盖子），坩埚钳，筛子（40目，200目），布氏漏斗，抽滤瓶，玻璃棒，剪刀，锥形瓶（100 mL），烧杯，试管

2.试剂

H_3PO_4（60%），盐酸（0.1%），亚甲基蓝（0.1%，$0.1×10^{-3}$%）

3.材料

核桃壳，滤纸，隔热手套，pH试纸，红(或蓝)墨水，塑料膜，橡皮筋

五、实验内容

1.活性炭的制备

（1）预处理：核桃壳用蒸馏水洗涤，在65℃下烘干，粉碎后过40目筛，密封备用。

（2）浸渍活化：称取20 g核桃壳粉于锥形瓶中，加入50 mL的60%H_3PO_4溶液，搅拌均匀，用塑料膜密封，于60℃下浸渍活化24 h（提前一天准备）。

（3）炭化：将浸渍好的物料移至坩埚（取下盖子），置于马弗炉中，升温至300℃，并保温80 min。

（4）高温活化：打开炉门加上坩埚盖子，升温至600℃，保持80 min，完成活化。停止加热，待炉温降至300℃以下，打开炉门取出坩埚，冷却到室温后打开盖子，取出活性炭。

（5）洗涤：取出活性炭用0.1%盐酸溶液进行清洗，以除去活化过程中产生的焦油。过滤，用蒸馏水反复淋洗至滤液近中性。

（6）干燥：将洗涤后的活性炭置于烘箱（或余热的马弗炉）中，于65℃下干燥12 h，破碎，过200目筛，密封贮存在干燥器中，以备进行产品性能分析。

2.活性炭吸附性的检测

（1）往盛有2 mL蒸馏水的离心试管中，加入1滴红（或蓝）墨水，再加入黄豆大小活性炭，振荡试管，离心，观察上清液的颜色变化。

（2）在100 mL的锥形瓶中加入30 mL 0.1%的亚甲基蓝溶液，再加入0.2 g活性炭，振荡30 min，抽滤，将滤液与稀释1000倍的0.1%的亚甲基蓝溶液比较，颜色更浅者为合格。

【注意事项】

1.马弗炉一般温度降到200℃以下时才可以打开炉门以加速冷却，取放物品要戴隔热手套，以防烫伤。

2.在没有氮气保护的条件下，马弗炉中高温下炭化、活化生物质时，坩埚要盖上盖子，以适当隔绝空气。

3. 回收磷酸废液。

4. 可以用木屑、秸秆、果壳等其他生物质作为原料。

【思考题】

1. 制备活性炭常用的方法有哪些?

2. 活化时为什么要隔绝氧气?

3. 活化时温度过高对活性炭的吸附性能有影响吗?

实验46　过碳酸钠的合成及活性氧的分析

一、实验目的

1. 了解过碳酸钠物理化学性质及用途。

2. 掌握活性氧含量测定的原理和方法。

3. 掌握过碳酸钠的合成条件、注意事项及有关仪器的规范操作。

二、预习要点

1. 过碳酸钠物理化学性质及用途。

2. 过碳酸钠工业生产主要制备方法。

3. 活性氧含量测定的原理和方法。

三、实验原理

1. 反应原理

碳酸钠和双氧水在一定条件下反应生成过碳酸钠,过碳酸钠的理论活性氧含量为 15.3%,反应为放热反应,其反应式如下:

$$2Na_2CO_3 + 3H_2O_2 \rightarrow 2Na_2CO_3 \cdot 3H_2O_2$$

2. 分解原理

由于过碳酸钠不稳定,重金属离子或其他杂质污染,高温、高湿等因素都易使其分解,从而降低过碳酸钠活性氧含量。其分解反应式为:

$$2Na_2CO_3 \cdot 3H_2O_2 \rightarrow 2Na_2CO_3 \cdot H_2O + H_2O + 3/2O_2 \uparrow$$

$$2Na_2CO_3 \cdot 3H_2O_2 \rightarrow 2Na_2CO_3 + 3H_2O + 3/2O_2 \uparrow$$

过碳酸钠分解后,活性氧分解成 H_2O 和 O_2,使得过碳酸钠活性氧的含量降低,因此,通过测定在不同条件下活性氧的含量及变化,即可研究过碳酸钠的稳定性。

四、实验用品

1. 仪器

电动搅拌器，恒温水浴锅，滴定装置，三颈烧瓶，玻璃棒，抽滤装置，烧杯（100 mL，1 L），锥形瓶（250 mL），表面皿，护目镜

2. 试剂

固体试剂：无水 Na_2CO_3，$MgSO_4$，Na_2SiO_3，$KMnO_4$，$Na_2C_2O_4$；液体试剂：H_2O_2（30%），乙醇（95%），浓 H_2SO_4

3. 材料

称量纸，pH试纸，橡胶手套，口罩

五、实验内容

1. 过碳酸钠产品的制备

（1）原料配比

原料配比即碳酸钠与过氧化氢的摩尔比。这是影响产品收率和活性氧含量的一个重要因素。过氧化氢比例太高，不利于提高产品的质量，且会由于过氧化氢分解而提高成本；过氧化氢比例太低，则会造成过碳酸钠产品的收率太低，产品不合格。实验证明，碳酸钠与过氧化氢的摩尔比以1：1.44左右为宜。

（2）实验步骤

称取6.0 g无水碳酸钠于烧杯中，用去离子水配成饱和的碳酸钠溶液，加入装有搅拌器、温度计的三颈烧瓶中，依次加入稳定剂硫酸镁0.12 g、硅酸钠0.21 g，使其混合均匀并溶解，然后加入适量的95%的乙醇混合，搅拌。用冰水浴冷却三颈烧瓶，保持反应温度0℃左右，在上述混合液中再加入11.6 mL 30%过氧化氢溶液，充分搅拌，反应1 h后抽滤，并用95%的乙醇洗涤2～3次，将抽滤所得产品进行干燥，即得过碳酸钠产品。

2. 活性氧含量的分析测定

（1）溶液配制

标准溶液的配制：称取3.16 g $KMnO_4$于1000 mL烧杯中，用去离子水稀释至刻度待标定。

1 $mol \cdot L^{-1}$ H_2SO_4溶液的配制：量取10 mL 18 $mol \cdot L^{-1}$浓硫酸于盛有约50 mL去离子水的250 mL烧杯中，用去离子水稀释至180 mL备用。

（2）$KMnO_4$标准溶液浓度标定

准确称取三份0.14～0.15 g（称准至0.0001 g）的干燥$Na_2C_2O_4$，分别置于250 mL锥形瓶中，加入10 mL水溶解，再加入30 mL 1 $mol \cdot L^{-1}$ H_2SO_4溶液并加热至75～85 ℃，立即用待标定的$KMnO_4$溶液滴定，滴定时先慢后快，直至呈粉红色并在30 s内不褪色为终

点，记录所消耗$KMnO_4$溶液的体积。反应如下：

$$2MnO_4^- + 5C_2O_4^{2-} + 16H^+ = 2Mn^{2+} + 10CO_2\uparrow + 8H_2O$$

（3）活性氧含量的测定

称量约0.15～0.25 g的试样两份（称准至0.0001 g），分别置于盛有100 mL1 mol·L⁻¹ H_2SO_4溶液的250 mL锥形瓶中，用高锰酸钾标准溶液滴定至溶液呈粉红色并在30 s内不消失即为终点，记录所消耗的$KMnO_4$的体积，最后分析和计算活性氧含量。

计算活性氧含量的公式：

$$活性氧含量 = 4c \cdot V/m \times 100\%$$

式中：c为$KMnO_4$溶液的浓度（mol·L⁻¹）；V为$KMnO_4$溶液的用量（mL）；m为过碳酸钠的质量（g）。

【注意事项】

1. 反应温度对产品质量的影响最大，一定要控制反应温度在0℃，以免活性氧分解。

2. 制备产品过碳酸钠活性氧含量比理论含量低较多，说明实验所得产品的质量较差。

3. 如果所得产品为块状而不是蓬松状，也说明制得的产品质量较差，实验过程中条件和操作控制不到位。

【思考题】

1. 过碳酸钠的工业生产方法主要有哪几种？各有什么优缺点。

2. 实验过碳酸钠的产率出现较低的原因主要有哪些?

实验47 由易拉罐制备明矾及其纯度测定

一、实验目的

1. 了解明矾的组成和制备方法。
2. 掌握 Al 和 Al(OH)₃ 的相关性质。
3. 学习物质的溶解、过滤、蒸发浓缩、结晶等基本操作。

二、预习要点

1. 铝单质及其化合物的性质。
2. 普通过滤和减压过滤的基本操作。

三、实验原理

$K_2SO_4 \cdot Al_2(SO_4)_3 \cdot 24H_2O$ 或 $KAl(SO_4)_2 \cdot 12H_2O$ 俗称明矾，又称白矾，是一种无色透明的晶体，属于复盐，有涩味，溶于水，不溶于乙醇。

明矾溶于水后产生 Al^{3+}，Al^{3+}水解生成 $Al(OH)_3$ 胶体：

$$2Al^{3+} + 3H_2O = 2Al(OH)_3\downarrow + 3H^+$$

$Al(OH)_3$ 是带有正电荷的胶体粒子，与水中带负电荷的泥沙胶粒相遇，发生电中性结合，形成絮状沉淀，因此，明矾可用作净水剂。明矾中的 $Al(Ⅲ)$ 对人体有害，长期饮用明矾净化的水，会导致人的学习、记忆和运动能力下降，影响儿童智力发育。目前，已经不再用明矾作为净水剂使用。但明矾在制备铝盐、油漆、染布用的澄清剂、胶片的硬化剂、媒染剂、造纸、防水剂等方面有重要用途。

金属铝具有两性，溶于 NaOH 溶液，生成可溶性的 $NaAlO_2$：

$$2Al + 2NaOH + 2H_2O = 2NaAlO_2 + 3H_2\uparrow$$

用稀 H_2SO_4 调节 pH 值至 8～9，使溶液析出 $Al(OH)_3$ 沉淀：

$$2NaAlO_2 + H_2SO_4 + 2H_2O = 2Al(OH)_3\downarrow + Na_2SO_4$$

过滤后，在得到的 $Al(OH)_3$ 沉淀中加入 H_2SO_4，得到 $Al_2(SO_4)_3$ 溶液：

$$2Al(OH)_3\downarrow + 3H_2SO_4 = Al_2(SO_4)_3 + 6H_2O$$

再加入等物质的量的 K_2SO_4 固体，蒸发浓缩至饱和。由 K_2SO_4、$Al_2(SO_4)_3$ 和 $KAl(SO_4)_2\cdot12H_2O$ 在水中的溶解度数据（见表9-1）可知，在一定温度范围内，复盐 $KAl(SO_4)_2\cdot12H_2O$ 的溶解度比组成它的每一组分的溶解度都小。因此，很容易从浓的 K_2SO_4 和 $Al_2(SO_4)_3$ 混合溶液中制得复盐 $KAl(SO_4)_2\cdot12H_2O$ 晶体：

$$Al_2(SO_4)_3 + K_2SO_4 + 24H_2O = 2KAl(SO_4)_2\cdot12H_2O$$

表9-1　不同温度下3种盐的溶解度数据

单位：g/（100 g H_2O）

温度 T/K	273	283	293	303	313	333	353	363
$Al_2(SO_4)_3$	31.2	33.5	36.4	40.4	45.8	59.2	73.0	80.8
K_2SO_4	7.4	9.3	11.1	13.0	14.8	18.2	21.4	22.9
$KAl(SO_4)_2\cdot12H_2O$	3.00	3.99	5.90	8.39	11.7	24.8	71.0	109

四、实验用品

1. 仪器

烧杯，锥形瓶，量筒，表面皿，三角漏斗，玻璃棒，布氏漏斗，抽滤瓶，蒸发皿，剪刀，电子天平，烘箱

2. 试剂

NaOH固体，K_2SO_4固体

3. 材料

废弃易拉罐（实验前充分剪碎），pH试纸，砂纸，滤纸

五、实验内容

1. 制备 NaAlO$_2$溶液

（1）用砂纸将废易拉罐表面颜料与塑胶内膜小心打磨清除后，洗净，充分剪碎。

（2）往150 mL锥形瓶中加入2 mol·L^{-1} NaOH 溶液80 mL，置于热水浴中加热，分数次加入2.0 g剪碎的易拉罐铝屑（**反应剧烈，有H$_2$产生，应在通风橱内进行**），适当补充水分。当铝屑消失不再有气泡产生时，趁热抽滤，保留滤液。

2. 制备 KAl(SO$_4$)$_2$·12H$_2$O

（1）滤液转至250 mL烧杯，加热至沸腾，不断搅拌下往滤液中小心地逐滴滴加3 mol·L^{-1} H$_2$SO$_4$溶液，调节溶液的pH至8～9，不再有白色沉淀产生，继续煮沸数分钟。然后静置冷却到室温，抽滤，用蒸馏水洗涤沉淀2～3次，保留Al(OH)$_3$沉淀。

（2）将得到的Al(OH)$_3$沉淀转移至250 mL烧杯中，在加热搅拌下滴加6 mol·L^{-1} H$_2$SO$_4$至沉淀完全溶解，使pH大约为1左右。

（3）往制得的Al$_2$(SO$_4$)$_3$溶液中，加入7.0 g研细的K$_2$SO$_4$固体粉末，加热至完全溶解，将溶液转移至蒸发皿中蒸发浓缩，当液面有晶膜出现时停止加热，在室温下静置冷却，抽滤，晶体干燥后称量，计算产率。

3. 明矾中结晶水含量的测定

请自行设计实验，测定制得的明矾样品中结晶水的含量。

【思考题】

1. 本实验中能否直接用H$_2$SO$_4$溶解铝屑来制取Al$_2$(SO$_4$)$_3$溶液？可以采取什么措施？

2. 调节pH= 8～9得到Al(OH)$_3$沉淀后，为什么还要继续煮沸数分钟？

实验48　无机化学实验废液的初步处理
——以含铬废液的处理为例

一、实验目的

1. 了解含铬废液的处理方法。
2. 巩固分光光度计的使用。

二、预习要点

1. 含铬废液的处理方法。
2. 可见分光光度计的操作。

三、实验原理

铬污染主要来源于电镀、制革及印染等工业废水的排放。其中Cr(Ⅵ)的毒性较大，对人体的危害严重，能引起皮肤溃疡、贫血、肾炎及神经炎。而 Cr(Ⅲ)的毒性远比 Cr(Ⅵ)小，所以可用硫酸亚铁石灰法来处理含铬废液，使 Cr(Ⅵ)转化为 Cr(Ⅲ)难溶物除去。

Cr(Ⅵ)与二苯碳酰二肼作用生成紫红色配合物，可进行比色测定，确定溶液中 Cr(Ⅵ)的含量。Fe(Ⅲ)浓度超过 1 mg/L 时，能与显色剂二苯碳酰二肼生成黄色化合物而产生干扰，可以加入 H_3PO_4 以排除干扰。

四、实验用品

1. 仪器

移液管，滴定管，容量瓶，可见分光光度计，比色皿

2. 试剂

固体试剂：$FeSO_4 \cdot 7H_2O$，CaO 或 NaOH；液体试剂：H_2SO_4（1∶1），H_3PO_4（1∶1），二苯碳酰二肼，H_2O_2（30%），Cr(Ⅵ)标准贮备溶液（0.100 mg·mL^{-1}）

五、实验内容

1. 含铬废液的处理

将 H_2SO_4 溶液逐滴加到预先准备好的含 Cr(Ⅵ)废液中，使含 Cr(Ⅵ)废液呈酸性，然后加入一定量的 $FeSO_4 \cdot 7H_2O$（s）。$FeSO_4 \cdot 7H_2O$（s）的加入量可视废液中 Cr(Ⅵ)的含量而定，可以在正式实验前取少量进行预试验。充分搅拌上述混合液，使溶液中 Cr(Ⅵ)完全转化为 Cr(Ⅲ)。

往上述混合液中加入 CaO 或 NaOH，将溶液的 pH 调至 9 左右，此时生成 Cr(OH)$_3$ 和 Fe(OH)$_3$ 沉淀，可过滤除去。

将除去 Cr(OH)$_3$ 沉淀的滤液，在碱性条件下加入 H_2O_2，使溶液中残留的 Cr(Ⅲ)转化为 Cr(Ⅵ)，然后除去过量的 H_2O_2。

2. 测定溶液中残留的铬含量

（1）配制 Cr(Ⅵ)标准溶液

用移液管量取 10.00 mL Cr(Ⅵ)标准贮备溶液（标准贮备溶液配制方法为：准确称取重铬酸钾 0.2829 g 于小烧杯中，溶解后转入 1000 mL 容量瓶中，用水稀释至刻度，即 1 mL 含 Cr(Ⅵ)0.100 mg），放入 1000 mL 容量瓶中，用蒸馏水稀释至刻度，摇匀备用。

（2）绘制 V-A 标准曲线

用移液管分别移取 1.00 mL、2.00 mL、4.00 mL、6.00 mL、8.00 mL、10.00 mL 上面配制的 Cr(Ⅵ)标准溶液，分别放入 6 个 25.00 mL 的容量瓶中，分别加入 5 滴 1∶1 H_2SO_4 和 5 滴 1∶1 H_3PO_4，摇匀后用移液管各加入 1.50 mL 二苯碳酰二肼溶液，用蒸馏水稀释至刻度，混合均匀。在 540 nm 波长下，用可见分光光度计测定各溶液的吸光度。

（3）测定样品液中Cr(Ⅵ)浓度

用移液管移取20.00 mL制备的样品液放入一个25.00 mL容量瓶中，依次加入5滴1∶1 H_2SO_4和5滴1∶1 H_3PO_4，摇匀后用移液管加入1.50 mL二苯碳酰二肼溶液，用蒸馏水稀释至刻度，混合均匀。在540 nm波长下，用可见分光光度计测定溶液的吸光度。

六、数据记录及处理

表9-2　实验数据记录

序号	1	2	3	4	5	6	含铬废液
标准液体积/mL	1.00	2.00	4.00	6.00	8.00	10.00	20.00
吸光度 A							

（1）绘制A-V标准曲线。

（2）从曲线中查出含铬废液中Cr(Ⅵ)的含量(μg)。

（3）求算废液中Cr(Ⅵ)的含量，以$\mu g/mL$表示。

【思考题】

1.在实验过程中，加入CaO或NaOH固体后，首先生成的是哪种沉淀？

2.请查阅相关资料，列举含铬废水的其他处理方法。

实验49　废干电池的综合利用

一、实验目的

1.了解干电池的构造及原理。

2.了解固体废弃物中无机物的回收利用方法。

3.练习提取MnO_2并制备$KMnO_4$，用废锌皮制备硫酸锌。

4.了解控制pH值分离沉淀的方法。

5.进一步练习蒸发浓缩、冷却结晶、固液分离等基本操作。

6.增强节约资源、保护环境社会责任感。

二、预习要点

1.干电池的内部结构和原理。

2.无机物制备的基本操作。

2.固体热熔融法制备$KMnO_4$的原理。

三、实验原理

我国是世界上干电池生产和消费大国，电池的年产量达到140~150亿只以上，年消耗量有70亿只、约有105万t。废弃电池如不回收利用，处置不当可能造成严重的环境污染和资源浪费。处理100t废旧电池能获得25t锌、5t锰、17t钢皮。

生活中所用干电池主要是锌锰干电池，其负极是作为电池外壳的锌筒，正极是被MnO_2（为增强导电能力填充有炭粉）包围的石墨电极，电解质是氯化锌及氯化铵的糊状物。所发生的电池反应为：

$$Zn + 2NH_4^+ + 2MnO_2 = Zn^{2+} + 2MnO(OH) + 2NH_3$$

在使用过程中，锌皮消耗最多，二氧化锰只起氧化作用，氯化锌作为电解质未被消耗，炭粉是填料，因而回收废干电池可获得很多有用的化学物质，如锌皮、碳棒、铜帽、钢碟、MnO_2、炭粉、氯化锌及氯化铵等。

将废干电池中的黑色物质分离出来，漂洗除掉可溶性杂质，干燥后灼烧，除去其中的碳粉和有机物，可得较纯的MnO_2。滤液中有氯化锌、氯化铵，利用溶解度的不同可分离出氯化铵。

用稀硫酸溶解锌皮：

$$Zn + H_2SO_4 = ZnSO_4 + H_2 \uparrow$$

锌皮中含有的少量杂质铁也同时溶解生成硫酸亚铁：

$$Fe + H_2SO_4 = FeSO_4 + H_2 \uparrow$$

用双氧水将亚铁离子氧化成三价铁离子，然后用NaOH调节溶液的pH=8左右，使Zn^{2+}、Fe^{3+}生成氢氧化物沉淀：

$$2FeSO_4 + H_2O_2 + H_2SO_4 = Fe_2(SO_4)_3 + 2H_2O$$

$$ZnSO_4 + 2NaOH = Zn(OH)_2 \downarrow + Na_2SO_4$$

$$Fe_2(SO_4)_3 + 6NaOH = 2Fe(OH)_3 \downarrow + 3Na_2SO_4$$

用稀硫酸调节溶液pH=4左右，此时$Zn(OH)_2$溶解而$Fe(OH)_3$不溶解，过滤，将滤液酸化、蒸发浓缩、结晶，即可得到$ZnSO_4 \cdot 7H_2O$晶体。

四、实验内容

1.通过查阅资料，了解目前我国干电池的生产、使用和回收情况。

2.通过查阅书籍和文献资料，自拟实验方案。设计出的实验方案要有科学性，既要有理论依据，又要在原有资料基础上有一定创新。同时，还应考虑防止进一步的污染和节约原材料等因素；设计的方案还要有实用性、可操作性。

3.干电池回收利用的基本流程

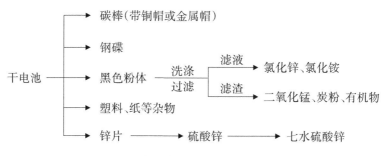

图9-1 废干电池回收利用的实验流程

记录干电池的质量、品牌、型号、生产厂家；将分解破拆的各种有用成分洗净、干燥、称重，计算回收率。

4. 提取 NH_4Cl

①设计实验方案，提取并提纯 NH_4Cl。对产品定性检验，证实其为铵盐；

②证实其为氯化物；判断有无杂质存在；

③测定产品中 NH_4Cl 的含量。

5. 提取 MnO_2

①设计实验方案，提取并精制 MnO_2；

②设计实验方案，验证 MnO_2。

6. 制备 $ZnSO_4 \cdot 7H_2O$

①设计实验方案，制备 $ZnSO_4 \cdot 7H_2O$；

②设计实验方案，定性检验 $ZnSO_4 \cdot 7H_2O$ 的纯度，测定七水硫酸锌的纯度。

7. 实验完毕后提交完整的实验报告，并对实验方案的设计、实验结果等进行分析和讨论，提出改进措施。

【注意事项】

1. 回收的锌皮表面可能粘有氯化锌、氯化铵及二氧化锰等杂质，可先用水刷洗除去。锌皮上还可能粘有石蜡、沥青等有机物，难以洗净，可在锌皮溶于酸后过滤除去。废旧锌皮中还含有少量杂质铁，因此还要考虑除铁的问题。可利用 Fe^{3+} 在 pH=4 左右水解生成 $Fe(OH)_3$ 沉淀，过滤除去。硫酸锌的溶解度随温度变化较大，可蒸发浓缩后，冷却结晶，得到产物。

2. 要求制备的 MnO_2 和 NH_4Cl 有足够的纯度，能对产品纯度进行简单定性检验。

3. 二氧化锰的纯度分析：

准确称取 0.2 g MnO_2，加入稀硫酸酸化，加入过量的 $H_2C_2O_4$，待二氧化锰与 $C_2O_4^{2-}$ 作用完毕后，用高锰酸钾标准溶液滴定过量的 $C_2O_4^{2-}$，即可算出二氧化锰含量。

4. 七水硫酸锌的纯度分析：

取 0.2 g $ZnSO_4 \cdot 7H_2O$ 用 100 mL 蒸馏水溶解，用氨水调 pH=10，以铬黑 T 为指示剂，用 EDTA 标准溶液滴定锌含量。

【思考题】

1. 为什么不能向 K_2MnO_4 溶液中通入过多的 CO_2？

2. $KMnO_4$ 溶液呈现紫色，如何近似测试溶液的 pH？

3. 如何从废干电池中获得较纯的 MnO_2？

4. 本实验若不经过 $Zn(OH)_2$ 的生成及溶解除铁，而采用控制加 NaOH 的量进行分步沉淀一次性制备硫酸锌，该工艺是否可行，为什么？

第10章　趣味化学实验*

　　*本章选取了10个趣味性化学实验，包括亚硝酸钠与食盐的简易鉴别、水中花园、蓝瓶子、神仙壶、喷雾作画、燃烧成字、点火成蛇、火山喷发、化学振荡反应、氢氧燃料电池。读者可通过手机扫描二维码观看实验操作视频,学习相关实验内容。

趣味化学实验

附　录

附录1　市售常见酸碱试剂的浓度

试剂	密度/(g·cm⁻³)	物质的量浓度/(mol·L⁻¹)	质量分数浓度/%
冰醋酸	1.05	17.4	99.7
浓氨水	0.9	14.8	28
苯胺	1.022	11	36.5
浓盐酸	1.19	11.9	38
浓氢氟酸	1.14	23	40
浓硝酸	1.42	15.8	68
浓磷酸	1.69	14.6	85
浓硫酸	1.84	17.8	98
浓高氯酸	1.67	11.6	70
三乙醇胺	1.124	7.5	
浓氢氧化钠	1.44	14.4	～41
饱和氢氧化钠	1.539	20.07	

附录2　弱电解质的解离常数(298 K)

名称	化学式	解离常数, $K^{\ominus}$	p$K^{\ominus}$
醋酸	HAc	1.76×10^{-5}	4.75
碳酸	H_2CO_3	$K_1=4.30\times10^{-7}$	6.37
		$K_2=5.61\times10^{-11}$	10.25
草酸	$H_2C_2O_4$	$K_1=5.90\times10^{-2}$	1.23
		$K_2=6.40\times10^{-5}$	4.19
亚硝酸	HNO_2	4.6×10^{-4}(285.5 K)	3.37
磷酸	H_3PO_4	$K_1=7.52\times10^{-3}$	2.12
		$K_2=6.23\times10^{-8}$	7.21
		$K_3=2.2\times10^{-13}$(291 K)	12.67
亚硫酸	H_2SO_3	$K_1=1.54\times10^{-2}$(291 K)	1.81
		$K_2=1.02\times10^{-7}$	6.91
硫酸	H_2SO_4	$K_2=1.20\times10^{-2}$	1.92
硫化氢	H_2S	$K_1=9.1\times10^{-8}$(291 K)	7.04
		$K_2=1.1\times10^{-12}$	11.96
氢氰酸	HCN	4.93×10^{-10}	9.31
铬酸	H_2CrO_4	$K_1=1.8\times10^{-1}$	0.74
		$K_2=3.20\times10^{-7}$	6.49
*硼酸	H_3BO_3	5.8×10^{-10}	9.24
氢氟酸	HF	3.53×10^{-4}	3.45
过氧化氢	H_2O_2	2.4×10^{-12}	11.62
次氯酸	HClO	2.95×10^{-5}(291 K)	4.53
次溴酸	HBrO	2.06×10^{-9}	8.69
次碘酸	HIO	2.3×10^{-11}	10.64
碘酸	HIO_3	1.69×10^{-1}	0.77
砷酸	H_3AsO_4	$K_1=5.62\times10^{-3}$(291 K)	2.25
		$K_2=1.70\times10^{-7}$	6.77
		$K_3=3.95\times10^{-12}$	11.4
亚砷酸	$HAsO_2$	6×10^{-10}	9.22
铵离子	NH_4^+	5.56×10^{-10}	9.25
氨水	$NH_3\cdot H_2O$	1.79×10^{-5}	4.75
联胺	N_2H_4	8.91×10^{-7}	6.05

续表

名称	化学式	解离常数, $K^{\ominus}$	$pK^{\ominus}$
羟氨	NH_2OH	9.12×10^{-9}	8.04
氢氧化铅	$Pb(OH)_2$	9.6×10^{-4}	3.02
氢氧化锂	$LiOH$	6.31×10^{-1}	0.2
氢氧化铍	$Be(OH)_2$	1.78×10^{-6}	5.75
	$BeOH^+$	2.51×10^{-9}	8.6
氢氧化铝	$Al(OH)_3$	5.01×10^{-9}	8.3
	$Al(OH)_2^+$	1.99×10^{-10}	9.7
氢氧化锌	$Zn(OH)_2$	7.94×10^{-7}	6.1
氢氧化镉	$Cd(OH)_2$	5.01×10^{-11}	10.3
*乙二胺	$H_2NC_2H_4NH_2$	$K_1 = 8.5 \times 10^{-5}$	407
		$K_2 = 7.1 \times 10^{-8}$	7.15
*六亚甲基四胺	$(CH_2)_6N_4$	1.35×10^{-9}	8.87
*尿素	$CO(NH_2)_2$	1.3×10^{-14}	13.89
*质子化六亚甲基四胺	$(CH_2)_6N_4H^+$	7.1×10^{-6}	5.15
甲酸	$HCOOH$	1.77×10^{-4} (293 K)	3.75
氯乙酸	$ClCH_2COOH$	1.40×10^{-3}	2.85
氨基乙酸	NH_2CH_2COOH	1.67×10^{-10}	9.78
*邻苯二甲酸	$C_6H_4(COOH)_2$	$K_1 = 1.12 \times 10^{-3}$	2.95
		$K_2 = 3.91 \times 10^{-6}$	5.41
柠檬酸	$(HOOCCH_2)_2C(OH)COOH$	$K_1 = 7.1 \times 10^{-4}$	3.14
		$K_2 = 1.68 \times 10^{-5}$ (293 K)	4.77
		$K_3 = 4.1 \times 10^{-7}$	6.39
a-酒石酸	$[CH(OH)COOH]_2$	$K_1 = 1.04 \times 10^{-3}$	2.98
		$K_2 = 4.55 \times 10^{-5}$	4.34
*8-羟基喹啉	C_9H_6NOH	$K_1 = 8 \times 10^{-6}$	5.1
		$K_2 = 1 \times 10^{-9}$	9
苯酚	C_6H_5OH	1.28×10^{-10} (293 K)	9.89
*对氨基苯磺酸	$H_2NC_6H_4SO_3H$	$K_1 = 2.6 \times 10^{-1}$	0.58
		$K_2 = 7.6 \times 10^{-4}$	3.12
*乙二胺四乙酸 (EDTA)	$(CH_2COOH)_2NH^+CH_2CH_2NH^+$ $(CH_2COOH)_2$	$K_5 = 5.4 \times 10^{-7}$	6.27
		$K_6 = 1.12 \times 10^{-11}$	10.95

注：1. 摘自 Haynes WM. CRC Handbook of Chemistry and Physics. 96th ed，2015~2016。

2. *近似浓度 0.003~0.01 mol·L^{-1}。

附录3　水在不同温度下的饱和蒸气压

温度 t/°C	饱和蒸气压/(×10³ Pa)	温度 t/°C	饱和蒸气压/(×10³ Pa)	温度 t/°C	饱和蒸气压/(×10³ Pa)
0	0.61129	24	2.985	48	11.171
1	0.65716	25	3.169	49	11.745
2	0.70605	26	3.3629	50	12.344
3	0.75813	27	3.567	51	12.97
4	0.81359	28	3.7818	52	13.623
5	0.8726	29	4.0078	53	14.303
6	0.93537	30	4.2455	54	15.012
7	1.0021	31	4.4953	55	15.752
8	1.073	32	4.7578	56	16.522
9	1.1482	33	5.0335	57	17.324
10	1.2281	34	5.3229	58	18.159
11	1.3129	35	5.6267	59	19.028
12	1.4027	36	5.9453	60	19.932
13	1.4979	37	6.2795	61	20.873
14	1.5988	38	6.6298	62	21.851
15	1.7056	39	6.9969	63	22.868
16	1.8185	40	7.3814	64	23.925
17	1.938	41	7.784	65	25.022
18	2.0644	42	8.2054	66	26.163
19	2.1978	43	8.6463	67	27.347
20	2.3388	44	9.1075	68	28.576
21	2.4877	45	9.5898	69	29.852
22	2.6447	46	10.094	70	31.176
23	2.8104	47	10.62	71	32.549

续表

温度 t/°C	饱和蒸气压/(×10³ Pa)	温度 t/°C	饱和蒸气压/(×10³ Pa)	温度 t/°C	饱和蒸气压/(×10³ Pa)
72	33.972	82	51.342	92	75.614
73	35.448	83	53.428	93	78.494
74	36.978	84	55.585	94	81.465
75	38.563	85	57.815	95	84.529
76	40.205	86	60.119	96	87.688
77	41.905	87	62.499	97	90.945
78	43.665	88	64.958	98	94.301
79	45.487	89	67.496	99	97.759
80	47.373	90	70.117	100	101.32
81	49.324	91	72.823		

注：摘自 Speight JG. Lange′s Handbook of Chemistry.16th ed，2004。

附录4　难溶电解质的溶度积常数

分子式 (Molecular formula)	K_{sp}	pK_{sp}	分子式 (Molecular formula)	K_{sp}	pK_{sp}
Ag_3AsO_4	1.0×10^{-22}	22	Hg_2I_2	4.5×10^{-29}	28.35
$AgBr$	5.0×10^{-13}	12.3	HgI_2	2.82×10^{-29}	28.55
$AgBrO_3$	5.50×10^{-5}	4.26	$Hg_2(IO_3)_2$	2.0×10^{-14}	13.71
$AgCl$	1.8×10^{-10}	9.75	$Hg_2(OH)_2$	2.0×10^{-24}	23.7
$AgCN$	1.2×10^{-16}	15.92	$HgSe$	1.0×10^{-59}	59
Ag_2CO_3	8.1×10^{-12}	11.09	$HgS(红)$	4.0×10^{-53}	52.4
$Ag_2C_2O_4$	3.5×10^{-11}	10.46	$HgS(黑)$	1.6×10^{-52}	51.8
$Ag_2Cr_2O_4$	1.2×10^{-12}	11.92	Hg_2WO_4	1.1×10^{-17}	16.96
$Ag_2Cr_2O_7$	2.0×10^{-7}	6.7	$Ho(OH)_3$	5.0×10^{-23}	22.3
AgI	8.3×10^{-17}	16.08	Hg_2CrO_4	2.0×10^{-9}	8.7
$AgIO_3$	3.1×10^{-8}	7.51	$In(OH)_3$	1.3×10^{-37}	36.9
$AgOH$	2.0×10^{-8}	7.71	$InPO_4$	2.3×10^{-22}	21.63
Ag_2MoO_4	2.8×10^{-12}	11.55	In_2S_3	5.7×10^{-74}	73.24
Ag_3PO_4	1.4×10^{-16}	15.84	$La_2(CO_3)_3$	3.98×10^{-34}	33.4
Ag_2S	6.3×10^{-50}	49.2	$LaPO_4$	3.98×10^{-23}	22.43
$AgSCN$	1.0×10^{-12}	12	$Lu(OH)_3$	1.9×10^{-24}	23.72
Ag_2SO_3	1.5×10^{-14}	13.82	$Mg_3(AsO_4)_2$	2.1×10^{-20}	19.68
Ag_2SO_4	1.4×10^{-5}	4.84	$MgCO_3$	3.5×10^{-8}	7.46
Ag_2Se	2.0×10^{-64}	63.7	$MgCO_3\cdot_3H_2O$	2.14×10^{-5}	4.67
Ag_2SeO_3	1.0×10^{-15}	15	$Mg(OH)_2$	1.8×10^{-11}	10.74
Ag_2SeO_4	5.7×10^{-8}	7.25	$Mg_3(PO_4)\cdot_28H_2O$	6.31×10^{-26}	25.2
$AgVO_3$	5.0×10^{-7}	6.3	$Mn_3(AsO_4)_2$	$1.9\times10-29$	28.72
Ag_2WO_4	5.5×10^{-12}	11.26	$MnCO_3$	1.8×10^{-11}	10.74
$Al(OH)_3$①	4.57×10^{-33}	32.34	$Mn(IO_3)_2$	4.37×10^{-7}	6.36
$AlPO_4$	6.3×10^{-19}	18.24	$Mn(OH)_4$	1.9×10^{-13}	12.72
Al_2S_3	2.0×10^{-7}	6.7	$MnS(粉红)$	2.5×10^{-10}	9.6
$Au(OH)_3$	5.5×10^{-46}	45.26	$MnS(绿)$	2.5×10^{-13}	12.6

续表

分子式 (Molecular formula)	K_{sp}	pK_{sp}	分子式 (Molecular formula)	K_{sp}	pK_{sp}
$AuCl_3$	3.2×10^{-25}	24.5	$Ni_3(AsO_4)_2$	3.1×10^{-26}	25.51
AuI_3	1.0×10^{-46}	46	$NiCO_3$	6.6×10^{-9}	8.18
$Ba_3(AsO_4)_2$	8.0×10^{-51}	50.1	NiC_2O_4	4.0×10^{-10}	9.4
$BaCO_3$	5.1×10^{-9}	8.29	$Ni(OH)_2(新)$	2.0×10^{-15}	14.7
BaC_2O_4	1.6×10^{-7}	6.79	$Ni_3(PO_4)_2$	5.0×10^{-31}	30.3
$BaCrO_4$	1.2×10^{-10}	9.93	$\alpha-NiS$	3.2×10^{-19}	18.5
$Ba_3(PO_4)_2$	3.4×10^{-23}	22.44	$\beta-NiS$	1.0×10^{-24}	24
$BaSO_4$	1.1×10^{-10}	9.96	$\gamma-NiS$	2.0×10^{-26}	25.7
BaS_2O_3	1.6×10^{-5}	4.79	$Pb_3(AsO_4)_2$	4.0×10^{-36}	35.39
$BaSeO_3$	2.7×10^{-7}	6.57	$PbBr_2$	4.0×10^{-5}	4.41
$BaSeO_4$	3.5×10^{-8}	7.46	$PbCl_2$	1.6×10^{-5}	4.79
$Be(OH)_2$②	1.6×10^{-22}	21.8	$PbCO_3$	7.4×10^{-14}	13.13
$BiAsO_4$	4.4×10^{-10}	9.36	$PbCrO_4$	2.8×10^{-13}	12.55
$Bi_2(C_2O_4)_3$	3.98×10^{-36}	35.4	PbF_2	2.7×10^{-8}	7.57
$Bi(OH)_3$	4.0×10^{-31}	30.4	$PbMoO_4$	1.0×10^{-13}	13
$BiPO_4$	1.26×10^{-23}	22.9	$Pb(OH)_2$	1.2×10^{-15}	14.93
$CaCO_3$	2.8×10^{-9}	8.54	$Pb(OH)_4$	3.2×10^{-66}	65.49
$CaC_2O_4\cdot H_2O$	4.0×10^{-9}	8.4	$Pb_3(PO_4)_2$	8.0×10^{-43}	42.1
CaF_2	2.7×10^{-11}	10.57	PbS	1.0×10^{-28}	28
$CaMoO_4$	4.17×10^{-8}	7.38	$PbSO_4$	1.6×10^{-8}	7.79
$Ca(OH)_2$	5.5×10^{-6}	5.26	$PbSe$	7.94×10^{-43}	42.1
$Ca_3(PO_4)_2$	2.0×10^{-29}	28.7	$PbSeO_4$	1.4×10^{-7}	6.84
$CaSO_4$	3.16×10^{-7}	5.04	$Pd(OH)_2$	1.0×10^{-31}	31
$CaSiO_3$	2.5×10^{-8}	7.6	$Pd(OH)_4$	6.3×10^{-71}	70.2
$CaWO_4$	8.7×10^{-9}	8.06	PdS	2.03×10^{-58}	57.69
$CdCO_3$	5.2×10^{-12}	11.28	$Pm(OH)_3$	1.0×10^{-21}	21
$CdC_2O_4\cdot 3H_2O$	9.1×10^{-8}	7.04	$Pr(OH)_3$	6.8×10^{-22}	21.17
$Cd_3(PO_4)_2$	2.5×10^{-33}	32.6	$Pt(OH)_2$	1.0×10^{-35}	35
CdS	8.0×10^{-27}	26.1	$Pu(OH)_3$	2.0×10^{-20}	19.7

分子式 (Molecular formula)	K_{sp}	pK_{sp}	分子式 (Molecular formula)	K_{sp}	pK_{sp}
CdSe	6.31×10^{-36}	35.2	$Pu(OH)_4$	1.0×10^{-55}	55
$CdSeO_3$	1.3×10^{-9}	8.89	$RaSO_4$	4.2×10^{-11}	10.37
CeF_3	8.0×10^{-16}	15.1	$Rh(OH)_3$	1.0×10^{-23}	23
$CePO_4$	1.0×10^{-23}	23	$Ru(OH)_3$	1.0×10^{-36}	36
$Co_3(AsO_4)_2$	7.6×10^{-29}	28.12	Sb_2S_3	1.5×10^{-93}	92.8
$CoCO_3$	1.4×10^{-13}	12.84	ScF_3	4.2×10^{-18}	17.37
CoC_2O_4	6.3×10^{-8}	7.2	$Sc(OH)_3$	8.0×10^{-31}	30.1
$Co(OH)_2$(蓝)	6.31×10^{-15}	14.2	$Sm(OH)_3$	8.2×10^{-23}	22.08
$Co(OH)_2$ (粉红,新沉淀)	1.58×10^{-15}	14.8	$Sn(OH)_2$	1.4×10^{-28}	27.85
$Co(OH)_2$ (粉红,陈化)	2.00×10^{-16}	15.7	$Sn(OH)_4$	1.0×10^{-56}	56
$CoHPO_4$	2.0×10^{-7}	6.7	SnO_2	3.98×10^{-65}	64.4
$Co_3(PO_4)_3$	2.0×10^{-35}	34.7	SnS	1.0×10^{-25}	25
$CrAsO_4$	7.7×10^{-21}	20.11	$SnSe$	3.98×10^{-39}	38.4
$Cr(OH)_3$	6.3×10^{-31}	30.2	$Sr_3(AsO_4)_2$	8.1×10^{-19}	18.09
$CrPO_4 \cdot 4H_2O$(绿)	2.4×10^{-23}	22.62	$SrCO_3$	1.1×10^{-10}	9.96
$CrPO_4 \cdot 4H_2O$(紫)	1.0×10^{-17}	17	$SrC_2O_4 \cdot H_2O$	1.6×10^{-7}	6.8
$CuBr$	5.3×10^{-9}	8.28	SrF_2	2.5×10^{-9}	8.61
$CuCl$	1.2×10^{-6}	5.92	$Sr_3(PO_4)_2$	4.0×10^{-28}	27.39
$CuCN$	3.2×10^{-20}	19.49	$SrSO_4$	3.2×10^{-7}	6.49
$CuCO_3$	2.34×10^{-10}	9.63	$SrWO_4$	1.7×10^{-10}	9.77
CuI	1.1×10^{-12}	11.96	$Tb(OH)_3$	2.0×10^{-22}	21.7
$Cu(OH)_2$	4.8×10^{-20}	19.32	$Te(OH)_4$	3.0×10^{-54}	53.52
$Cu_3(PO_4)_2$	1.3×10^{-37}	36.9	$Th(C_2O_4)_2$	1.0×10^{-22}	22
Cu_2S	2.5×10^{-48}	47.6	$Th(IO_3)_4$	2.5×10^{-15}	14.6
Cu_2Se	1.58×10^{-61}	60.8	$Th(OH)_4$	4.0×10^{-45}	44.4
CuS	6.3×10^{-36}	35.2	$Ti(OH)_3$	1.0×10^{-40}	40
$CuSe$	7.94×10^{-49}	48.1	$TlBr$	3.4×10^{-6}	5.47
$Dy(OH)_3$	1.4×10^{-22}	21.85	$TlCl$	1.7×10^{-4}	3.76

续表

分子式 （Molecular formula）	K_{sp}	pK_{sp}	分子式 （Molecular formula）	K_{sp}	pK_{sp}
$Er(OH)_3$	$4.1×10^{-24}$	23.39	Tl_2CrO_4	$9.77×10^{-13}$	12.01
$Eu(OH)_3$	$8.9×10^{-24}$	23.05	TlI	$6.5×10^{-8}$	7.19
$FeAsO_4$	$5.7×10^{-21}$	20.24	TlN_3	$2.2×10^{-4}$	3.66
$FeCO_3$	$3.2×10^{-11}$	10.5	Tl_2S	$5.0×10^{-21}$	20.3
$Fe(OH)_2$	$8.0×10^{-16}$	15.1	$TlSeO_3$	$2.0×10^{-39}$	38.7
$Fe(OH)_3$	$4.0×10^{-38}$	37.4	$UO_2(OH)_2$	$1.1×10^{-22}$	21.95
$FePO_4$	$1.3×10^{-22}$	21.89	$VO(OH)_2$	$5.9×10^{-23}$	22.13
FeS	$6.3×10^{-18}$	17.2	$Y(OH)_3$	$8.0×10^{-23}$	22.1
$Ga(OH)_3$	$7.0×10^{-36}$	35.15	$Yb(OH)_3$	$3.0×10^{-24}$	23.52
$GaPO_4$	$1.0×10^{-21}$	21	$Zn_3(AsO_4)_2$	$1.3×10^{-28}$	27.89
$Gd(OH)_3$	$1.8×10^{-23}$	22.74	$ZnCO_3$	$1.4×10^{-11}$	10.84
$Hf(OH)_4$	$4.0×10^{-26}$	25.4	$Zn(OH)_2$③	$2.09×10^{-16}$	15.68
Hg_2Br_2	$5.6×10^{-23}$	22.24	$Zn_3(PO_4)_2$	$9.0×10^{-33}$	32.04
Hg_2Cl_2	$1.3×10^{-18}$	17.88	$α-ZnS$	$1.6×10^{-24}$	23.8
HgC_2O_4	$1.0×10^{-7}$	7	$β-ZnS$	$2.5×10^{-22}$	21.6
Hg_2CO_3	$8.9×10^{-17}$	16.05	$ZrO(OH)_2$	$6.3×10^{-49}$	48.2
$Hg_2(CN)_2$	$5.0×10^{-40}$	39.3			

注：①～③：形态均为无定形。

1）数据摘自 Dean J. A., Lange's Handbook of Chemistry, 14th ed, 8.2, New York: M *AcGrawHil*.1992。

2）数据摘自《化学便览》基础编（Ⅱ）（改订二版），日本化学会编，丸善株式会社，昭和50年。

附录5 常见配离子的稳定常数

配离子	$K_f^{\ominus}$	$\lg K_f^{\ominus}$	配离子	$K_f^{\ominus}$	$\lg K_f^{\ominus}$
$[NaY]^-$	5.0×10	1.69	$[HgI_4]^{2-}$	7.20×10^{29}	29.80
$[AgY]^{3-}$	2.0×10^7	7.30	$[HgCl_4]^{2-}$	1.6×10^{15}	15.20
$[CuY]^-$	6.8×10^{18}	18.79	$[AgNH_3]^+$	2.0×10^3	3.30
$[MgY]^{2-}$	4.9×10^8	8.69	$[Ag(NH_3)_2]^+$	1.7×10^7	7.24
$[CaY]^{2-}$	3.7×10^{10}	10.56	$[Cd(NH_3)_4]^{2+}$	3.6×10^6	6.55
$[SrY]^{2-}$	4.2×10^8	8.62	$[Cd(NH_3)_6]^{2+}$	1.4×10^6	6.15
$[BaY]^{2-}$	6.0×10^7	7.77	$[Co(NH_3)_6]^{2+}$	2.40×10^4	4.38
$[ZnY]^{2-}$	3.1×10^{16}	16.49	$[Co(NH_3)_6]^{3+}$	1.4×10^{35}	35.15
$[CdY]^{2-}$	3.8×10^{16}	16.57	$[Cu(NH_3)_2]^+$	7.4×10^{10}	10.87
$[HgY]^{2-}$	6.3×10^{21}	21.79	$[Cu(NH_3)_4]^{2+}$	4.8×10^{12}	12.68
$[PbY]^{2-}$	1.0×10^{18}	18.00	$[Ni(NH_3)_6]^{2+}$	1.10×10^8	8.04
$[MnY]^{2-}$	1.0×10^{14}	14.00	$[Zn(NH_3)_4]^{2+}$	5.0×10^8	8.69
$[FeY]^{2-}$	2.1×10^{14}	14.32	$[Ag(NCS)_2]^-$	4.0×10^8	8.60
$[CoY]^{2-}$	1.6×10^{16}	16.20	$[Co(NCS)_4]^2$	3.80×10^2	2.58
$[NiY]^{2-}$	4.1×10^{18}	18.61	$[Fe(NCS)_3]$	2.0×10^3	3.30
$[FeY]^-$	1.2×10^{25}	25.07	$[Zn(CNS)_4]^{2-}$	2.0×10^1	1.30
$[CoY]^-$	1.0×10^{36}	36.00	$[Cd(SCN)_4]^{2-}$	1.0×10^3	3.00
$[GaY]^-$	1.8×10^{20}	20.25	$[Hg(SCN)_4]^{2-}$	7.7×10^{21}	21.88
$[InY]^-$	8.9×10^{24}	24.94	$[Ag(CN)_2]^-$	1.0×10^{21}	21.00
$[TlY]^-$	3.2×10^{22}	22.51	$[Cu(CN)_2]^-$	2.0×10^{38}	38.30
$[TlHY]$	1.5×10^{23}	23.17	$[Au(CN)_2]^-$	2.0×10^{38}	38.30
$[Ag(en)_2]+$	7.0×10^7	7.84	$[Cd(CN)_3]^-$	1.1×10^4	4.04
$[Cu(en)_2]^{2+}$	3.910^{18}	18.59	$[Ag(CN)_3]^{2-}$	5.0×10^0	0.69
$[Ni(en)_3]^2$	4.0×10^{19}	19.60	$[Zn(CN)_4]^{2-}$	1.0×10^{16}	16.00
$[Al(C_2O_4)_3]^{3-}$	2.0×10^{16}	16.30	$[Cd(CN)_4]^{2-}$	1.3×10^{18}	18.11
$[Fe(C_2O_4)_3]^{3-}$	1.6×10^{20}	20.20	$[Ni(CN)_4]^{2-}$	2.00×0^{31}	31.30
$[AlF_6]^-$	6.9×10^{19}	19.84	$[Co(CN)_6]^{3-}$	1.0×10^{64}	64.00
$[CdCl_4]^{2-}$	3.1×10^2	2.49	$[Fe(CN)_6]^{3-}$	1.0×10^{42}	42.00
$[CdI_4]^{2-}$	3.0×10^6	6.43	$Fe(CN)_6^{4-}$	1.0×10^{35}	35.00
$[CdI_3]^-$	1.2×10^1	1.07	$[CuOH]^+$	1.0×10^5	5.00
$[FeF_6]^-$	1.0×10^{16}	16.00	$[Ag(S_2O_3)_2]^{3-}$	1.6×10^{13}	13.20

注：摘自 Speight JG. Lange's Handbook of Chemistry.16th ed. 2004。

附录6 氧化还原电对的标准电极电势表(298 K)

酸性水溶液中的标准电极电势表 (酸表)

电对	电极反应(氧化态 + ne^- = 还原态)	标准电极电势 $E^{\ominus}$/V
Li(I)–(0)	$Li^+ + e^- = Li$	−3.040 1
K(I)–(0)	$K^+ + e^- = K$	−2.931
Rb(I)–(0)	$Rb^+ + e^- = Rb$	−2.927
Cs(I)–(0)	$Cs^+ + e^- = Cs$	−2.925
Ba(II)–(0)	$Ba^{2+} + 2e^- = Ba$	−2.912
Sr(II)–(0)	$Sr^{2+} + 2e^- = Sr$	−2.89
Ca(II)–(0)	$Ca^{2+} + 2e^- = Ca$	−2.868
Na(I)–(0)	$Na^+ + e^- = Na$	−2.71
La(III)–(0)	$La^{3+} + 3e^- = La$	−2.379
Mg(II)–(0)	$Mg^{2+} + 2e^- = Mg$	−2.372
Ce(III)–(0)	$Ce^{3+} + 3e^- = Ce$	−2.336
H(0)–(−I)	$H_2(g) + 2e^- = 2H^-$	−2.23
Al(III)–(0)	$AlF_6^{3-} + 3e^- = Al + 6F^-$	−2.069
Th(IV)–(0)	$Th^{4+} + 4e^- = Th$	−1.899
Be(II)–(0)	$Be^{2+} + 2e^- = Be$	−1.847
Al(III)–(0)	$Al^{3+} + 3e^- = Al$	−1.662
Ti(II)–(0)	$Ti^{2+} + 2e^- = Ti$	−1.63
Zr(IV)–(0)	$ZrO_2 + 4H^+ + 4e^- = Zr + 2H_2O$	−1.553
Si(IV)–(0)	$[SiF_6]^{2-} + 4e^- = Si + 6F^-$	−1.24
Mn(II)–(0)	$Mn^{2+} + 2e^- = Mn$	−1.185
Cr(II)–(0)	$Cr^{2+} + 2e^- = Cr$	−0.913
Ti(III)–(II)	$Ti^{3+} + e^- = Ti^{2+}$	−0.9
B(III)–(0)	$H_3BO_3 + 3H^+ + 3e^- = B + 3H_2O$	−0.869 8
*Ti(IV)–(0)	$TiO_2 + 4H^+ + 4e^- = Ti + 2H_2O$	−0.86
Si(IV)–(0)	$SiO_2 + 4H^+ + 4e^- = Si + 2H_2O$	−0.857
Zn(II)–(0)	$Zn^{2+} + 2e^- = Zn$	−0.761 8
Cr(III)–(0)	$Cr^{3+} + 3e^- = Cr$	−0.744
As(0)–(−III)	$As + 3H^+ + 3e^- = AsH_3$	−0.608
Ga(III)–(0)	$Ga^{3+} + 3e^- = Ga$	−0.549

续表

电对	电极反应(氧化态 + ne^- = 还原态)	标准电极电势 $E^{\ominus}$/V
P(I)–(0)	$H_3PO_2+H^++e^-=P+2H_2O$	−0.508
P(III)–(I)	$H_3PO_3+2H^++2e^-=H_3PO_2+H_2O$	−0.499
*C(IV)–(III)	$2CO_2+2H^++2e^-=H_2C_2O_4$	−0.49
Fe(II)–(0)	$Fe^{2+}+2e^-=Fe$	−0.447
Cr(III)–(II)	$Cr^{3+}+e^-=Cr^{2+}$	−0.407
Cd(II)–(0)	$Cd^{2+}+2e^-=Cd$	−0.403
Se(0)–(−II)	$Se+2H^++2e^-=H_2Se(aq)$	−0.399
Pb(II)–(0)	$PbI_2+2e^-=Pb+2I^-$	−0.365
Pb(II)–(0)	$PbSO_4+2e^-=Pb+SO_4^{2-}$	−0.358 8
In(III)–(0)	$In^{3+}+3e^-=In$	−0.338 2
Tl(I)–(0)	$Tl^++e^-=Tl$	−0.336
Co(II)–(0)	$Co^{2+}+2e^-=Co$	−0.28
P(V)–(III)	$H_3PO_4+2H^++2e^-=H_3PO_3+H_2O$	−0.276
Pb(II)–(0)	$PbCl_2+2e^-=Pb+2Cl^-$	−0.267 5
Ni(II)–(0)	$Ni^{2+}+2e^-=Ni$	−0.257
V(III)–(II)	$V^{3+}+e^-=V^{2+}$	−0.255
Ge(IV)–(0)	$H_2GeO_3+4H^++4e^-=Ge+3H_2O$	−0.182
Ag(I)–(0)	$AgI+e^-=Ag+I^-$	−0.152 24
Sn(II)–(0)	$Sn^{2+}+2e^-=Sn$	−0.137 5
Pb(II)–(0)	$Pb^{2+}+2e^-=Pb$	−0.126 2
*C(IV)–(II)	$CO_2(g)+2H^++2e^-=CO+H_2O$	−0.12
P(0)–(−III)	$P(白磷)+3H^++3e^-=PH_3(g)$	−0.063
Hg(I)–(0)	$Hg_2I_2+2e^-=2Hg+2I^-$	−0.040 5
Fe(III)–(0)	$Fe^{3+}+3e^-=Fe$	−0.037
H(I)–(0)	$2H^++2e^-=H_2$	0.000 0
Ag(I)–(0)	$AgBr+e^-=Ag+Br^-$	0.071 33
*Ti(IV)–(III)	$TiO^{2+}+2H^++e^-=Ti^{3+}+H_2O$	0.1
S(0)–(−II)	$S+2H^++2e^-=H_2S(aq)$	0.142
Sn(IV)–(II)	$Sn^{4+}+2e^-=Sn^{2+}$	0.151
Sb(III)–(0)	$Sb_2O_3+6H^++6e^-=2Sb+3H_2O$	0.152
Cu(II)–(I)	$Cu^{2+}+e^-=Cu^+$	0.153
Bi(III)–(0)	$BiOCl+2H^++3e^-=Bi+Cl^-+H_2O$	0.1583

续表

电对	电极反应(氧化态 + ne^- = 还原态)	标准电极电势$E^\ominus$/V
S(VI)–(IV)	$SO_4^{2-}+4H^++2e^-=H_2SO_3+H_2O$	0.172
Sb(III)–(0)	$SbO^++2H^++3e^-=Sb+H_2O$	0.212
Ag(I)–(0)	$AgCl+e^-=Ag+Cl^-$	0.222 33
As(III)–(0)	$HAsO_2+3H^++3e^-=As+2H_2O$	0.248
Hg(I)–(0)	$Hg_2Cl_2+2e^-=2Hg+2Cl^-$(饱和 KCl)	0.268 08
Bi(III)–(0)	$BiO^++2H^++3e^-=Bi+H_2O$	0.32
C(IV)–(III)	$2HCNO+2H^++2e^-=(CN)_2+2H_2O$	0.33
V(IV)–(III)	$VO^{2+}+2H^++e^-=V^{3+}+H_2O$	0.337
Cu(II)–(0)	$Cu^{2+}+2e^-=Cu$	0.341 9
S(IV)–(II)	$2H_2SO_3+2H^++4e^-=S_2O_3^{2-}+3H_2O$	0.40
Ag(I)–(0)	$Ag_2CrO_4+2e^-=2Ag+CrO_4^{2-}$	0.447
S(IV)–(0)	$H_2SO_3+4H^++4e^-=S+3H_2O$	0.449
Cu(I)–(0)	$Cu^++e^-=Cu$	0.521
I(0)–(−I)	$I_2+2e^-=2I^-$	0.535 5
I(0)–(−I)	$I_3^-+2e^-=3I^-$	0.536
As(V)–(III)	$H_3AsO_4+2H^++2e^-=HAsO_2+2H_2O$	0.560
Sb(V)–(III)	$Sb_2O_5+6H^++4e^-=2SbO^++3H_2O$	0.581
Te(IV)–(0)	$TeO_2+4H^++4e^-=Te+2H_2O$	0.593
**Hg(II)–(I)	$2HgCl_2+2e^-=Hg_2Cl_2+2Cl^-$	0.63
Pt(IV)–(II)	$[PtCl_6]^{2-}+2e^-=[PtCl_4]^{2-}+2Cl^-$	0.68
O(0)–(−I)	$O_2+2H^++2e^-=H_2O_2$	0.695
Pt(II)–(0)	$[PtCl_4]^{2-}+2e^-=Pt+4Cl^-$	0.755
*Se(IV)–(0)	$H_2SeO_3+4H^++4e^-=Se+3H_2O$	0.74
Fe(III)–(II)	$Fe^{3+}+e^-=Fe^{2+}$	0.771
Hg(I)–(0)	$Hg_2^{2+}+2e^-=2Hg$	0.797 3
Ag(I)–(0)	$Ag^++e^-=Ag$	0.799 6
Os(VIII)–(0)	$OsO_4+8H^++8e^-=Os+4H_2O$	0.8
N(V)–(IV)	$2NO_3^-+4H^++2e^-=N_2O_4+2H_2O$	0.803
Hg(II)–(0)	$Hg^{2+}+2e^-=Hg$	0.851
Si(IV)–(0)	SiO_2(石英)$+4H^++4e^-=Si+2H_2O$	0.857
Cu(II)–(I)	$Cu^{2+}+I^-+e^-=CuI$	0.86
N(III)–(I)	$2HNO_2+4H^++4e^-=H_2N_2O_2+2H_2O$	0.86

续表

电对	电极反应(氧化态 + ne^- = 还原态)	标准电极电势 $E^{\ominus}$/V
Hg(II)−(I)	$Hg^{2+}+2e=Hg$	0.92
N(V)−(III)	$NO_3^-+3H^++2e^-=HNO_2+H_2O$	0.934
Pd(II)−(0)	$Pd^{2+}+2e^-=Pd$	0.951
N(V)−(II)	$NO_3^-+4H^++3e^-=NO+2H_2O$	0.957
N(III)−(II)	$HNO_2+H^++e^-=NO+H_2O$	0.983
I(I)−(−I)	$HIO+H^++2e^-=I^-+H_2O$	0.987
Au(III)−(0)	$[AuCl_4]^-+3e^-=Au+4Cl^-$	1.002
Te(VI)−(IV)	$H_6TeO_6+2H^++2e^-=TeO_2+4H_2O$	1.02
N(IV)−(II)	$N_2O_4+4H^++4e^-=2NO+2H_2O$	1.035
N(IV)−(III)	$N_2O_4+2H^++2e^-=2HNO_2$	1.065
I(V)−(−I)	$IO_3^-+6H^++6e^-=I^-+3H_2O$	1.085
Br(0)−(−I)	$Br_2(aq)+2e^-=2Br^-$	1.087 3
Se(VI)−(IV)	$SeO_4^{2-}+4H^++2e^-=H_2SeO_3+H_2O$	1.151
Cl(V)−(IV)	$ClO_3^-+2H^++e^-=ClO_2+H_2O$	1.152
Pt(II)−(0)	$Pt^{2+}+2e^-=Pt$	1.18
Cl(VII)−(V)	$ClO_4^-+2H^++2e^-=ClO_3^-+H_2O$	1.189
I(V)−(0)	$2IO_3^-+12H^++10e^-=I_2+6H_2O$	1.195
Cl(V)−(III)	$ClO_3^-+3H^++2e^-=HClO_2+H_2O$	1.214
Mn(IV)−(II)	$MnO_2+4H^++2e^-=Mn^{2+}+2H_2O$	1.224
O(0)−(−II)	$O_2+4H^++4e^-=2H_2O$	1.229
Tl(III)−(I)	$Tl^{3+}+2e^-=Tl^+$	1.252
Cl(IV)−(III)	$ClO_2+H^++e^-=HClO_2$	1.277
N(III)−(I)	$2HNO_2+4H^++4e^-=N_2O+3H_2O$	1.297
**Cr(VI)−(III)	$Cr_2O_7^{2-}+14H^++6e^-=2Cr^{3+}+7H_2O$	1.33
Br(I)−(−I)	$HBrO+H^++2e^-=Br^-+H_2O$	1.331
Cr(VI)−(III)	$HCrO_4^-+7H^++3e^-=Cr^{3+}+4H_2O$	1.35
Cl(0)−(−I)	$Cl_2(g)+2e^-=2Cl^-$	1.358 27
Cl(VII)−(−I)	$ClO_4^-+8H^++8e^-=Cl^-+4H_2O$	1.389
Cl(VII)−(0)	$2ClO_4^-+16H^++14e^-=Cl_2+8H_2O$	1.39
Au(III)−(I)	$Au^{3+}+2e^-=Au^+$	1.401
Br(V)−(−I)	$BrO_3^-+6H^++6e^-=Br^-+3H_2O$	1.423

续表

电对	电极反应(氧化态 + ne^- = 还原态)	标准电极电势 $E^{\ominus}$/V
I(I)-(0)	$2HIO+2H^++2e^-=I_2+2H_2O$	1.439
Cl(V)-(-I)	$ClO_3^-+6H^++6e^-=Cl^-+3H_2O$	1.451
Pb(IV)-(II)	$PbO_2+4H^++2e^-=Pb^{2+}+2H_2O$	1.455
Cl(V)-(0)	$2ClO_3^-+12H^++10e^-=Cl_2+6H_2O$	1.47
Cl(I)-(-I)	$HClO+H^++2e^-=Cl^-+H_2O$	1.482
Br(V)-(0)	$2BrO_3^-+12H^++10e^-=Br_2+6H_2O$	1.482
Au(III)-(0)	$Au^{3+}+3e^-=Au$	1.498
Mn(VII)-(II)	$MnO_4^-+8H^++5e^-=Mn^{2+}+4H_2O$	1.507
Mn(III)-(II)	$Mn^{3+}+e^-=Mn^{2+}$	1.541 5
Cl(III)-(-I)	$HClO_2+3H^++4e^-=Cl^-+2H_2O$	1.57
Br(I)-(0)	$2HBrO+2H^++2e^-=Br_2(aq)+2H_2O$	1.574
N(II)-(I)	$2NO+2H^++2e^-=N_2O+H_2O$	1.591
I(VII)-(V)	$H_5IO_6+H^++2e^-=IO_3^-+3H_2O$	1.601
Cl(I)-(0)	$2HClO+2H^++2e^-=Cl_2+2H_2O$	1.611
Cl(III)-(I)	$HClO_2+2H^++2e^-=HClO+H_2O$	1.645
Ni(IV)-(II)	$NiO_2+4H^++2e^-=Ni^{2+}+2H_2O$	1.678
Mn(VII)-(IV)	$MnO_4^-+4H^++3e^-=MnO_2+2H_2O$	1.679
Pb(IV)-(II)	$PbO_2+SO_4^{2-}+4H^++2e^-=PbSO_4+2H_2O$	1.691 3
Au(I)-(0)	$Au^++e^-=Au$	1.692
Ce(IV)-(III)	$Ce^{4+}+e^-=Ce^{3+}$	1.72
N(I)-(0)	$N_2O+2H^++2e^-=N_2+H_2O$	1.766
O(-I)-(-II)	$H_2O_2+2H^++2e^-=2H_2O$	1.776
Co(III)-(II)	$Co^{3+}+e^-=Co^{2+}(2\ mol\cdot L^{-1}H_2SO_4)$	1.83
Ag(II)-(I)	$Ag^{2+}+e^-=Ag^+$	1.98
S(VII)-(VI)	$S_2O_8^{2-}+2e^-=2SO_4^{2-}$	2.01
O(0)-(-II)	$O_3+2H^++2e^-=O_2+H_2O$	2.076
O(II)-(-II)	$OF_2+2H^++4e^-=H_2O+2F^-$	2.153
Fe(VI)-(III)	$FeO_4^{2-}+8H^++3e^-=Fe^{3+}+4H_2O$	2.20
F(0)-(-I)	$F_2+2e^-=2F^-$	2.866
F(0)-(-I)	$F_2+2H^++2e^-=2HF$	3.053

摘自 David R.Lide. Handbook of Chemistry and Physics. 8-25～8-30, 78th. Edition. 1997~1998。

*摘自 J.A Dean Ed.Lange's Handbook of Chemistry, 13th. edition, 1985。

**摘自其他书籍。

碱性水溶液中的标准电极电势表（碱表）

电对	电极反应(氧化态 + ne^- = 还原态)	标准电极电势 E /V
Ca(II)-(0)	$Ca(OH)_2+2e^-=Ca+2OH^-$	−3.02
Ba(II)-(0)	$Ba(OH)_2+2e^-=Ba+2OH^-$	−2.99
La(III)-(0)	$La(OH)_3+3e^-=La+3OH^-$	−2.9
Mg(II)-(0)	$Mg(OH)_2+2e^-=Mg+2OH^-$	−2.69
Be(II)-(0)	$Be_2O_3^{2-}+3H_2O+4e^-=2Be+6OH^-$	−2.63
Al(III)-(0)	$H_2AlO_3^-+H_2O+3e^-=Al+4OH^-$	−2.33
P(I)-(0)	$H_2PO_2^-+e^-=P+2OH^-$	−1.82
B(III)-(0)	$H_2BO_3^-+H_2O+3e^-=B+4OH^-$	−1.79
P(III)-(0)	$HPO_3^{2-}+2H_2O+3e^-=P+5OH^-$	−1.71
Si(IV)-(0)	$SiO_3^{2-}+3H_2O+4e^-=Si+6OH^-$	−1.697
P(III)-(I)	$HPO_3^{2-}+2H_2O+2e^-=H_2PO_2^-+3OH^-$	−1.65
Mn(II)-(0)	$Mn(OH)_2+2e^-=Mn+2OH^-$	−1.56
Cr(III)-(0)	$Cr(OH)_3+3e^-=Cr+3OH^-$	−1.48
*Zn(II)-(0)	$[Zn(CN)_4]^{2-}+2e^-=Zn+4CN^-$	−1.26
Zn(II)-(0)	$ZnO+H_2O+2e^-=Zn+2OH^-$	−1.249
Ga(III)-(0)	$H_2GaO_3^-+H_2O+3e^-=Ga+4OH^-$	−1.219
Zn(II)-(0)	$ZnO_2^{2-}+2H_2O+2e^-=Zn+4OH^-$	−1.215
Cr(III)-(0)	$CrO_2^-+2H_2O+3e^-=Cr+4OH^-$	−1.2
P(V)-(III)	$PO_4^{3-}+2H_2O+2e^-=HPO_3^{2-}+3OH^-$	−1.05
*Zn(II)-(0)	$[Zn(NH_3)_4]^{2+}+2e^-=Zn+4NH_3$	−1.04
Sn(IV)-(II)	$[Sn(OH)_6]^{2-}+2e^-=HSnO_2^-+H_2O+3OH^-$	−0.93
S(VI)-(IV)	$SO_4^{2-}+H_2O+2e^-=SO_3^{2-}+2OH^-$	−0.93
Sn(II)-(0)	$HSnO_2^-+H_2O+2e^-=Sn+3OH^-$	−0.909
P(0)-(−III)	$P+3H_2O+3e^-=PH_3(g)+3OH^-$	−0.87
N(V)-(IV)	$2NO_3^-+2H_2O+2e^-=N_2O_4+4OH^-$	−0.85
H(I)-(0)	$2H_2O+2e^-=H_2+2OH^-$	−0.827 7
Cd(II)-(0)	$Cd(OH)_2+2e^-=Cd(Hg)+2OH^-$	−0.809
Co(II)-(0)	$Co(OH)_2+2e^-=Co+2OH^-$	−0.73
Ni(II)-(0)	$Ni(OH)_2+2e^-=Ni+2OH^-$	−0.72
As(V)-(III)	$AsO_4^{3-}+2H_2O+2e^-=AsO_2^-+4OH^-$	−0.71

续表

电对	电极反应(氧化态 + ne^- = 还原态)	标准电极电势 E /V
Ag(I)-(0)	$Ag_2S+2e^-=2Ag+S^{2-}$	−0.691
As(III)-(0)	$AsO_2^-+2H_2O+3e^-=As+4OH^-$	−0.68
Sb(III)-(0)	$SbO_2^-+2H_2O+3e^-=Sb+4OH^-$	−0.66
*Sb(V)-(III)	$SbO_3^-+H_2O+2e^-=SbO_2^-+2OH^-$	−0.59
*S(IV)-(II)	$2SO_3^{2-}+3H_2O+4e^-=S_2O_3^{2-}+6OH^-$	−0.58
Fe(III)-(II)	$Fe(OH)_3+e^-=Fe(OH)_2+OH^-$	−0.56
S(0)-(−II)	$S+2e^-=S^{2-}$	−0.476 27
Bi(III)-(0)	$Bi_2O_3+3H_2O+6e^-=2Bi+6OH^-$	−0.6
N(III)-(II)	$NO_2^-+H_2O+e^-=NO+2OH^-$	−0.46
*Co(II)-(0)	$[Co(NH_3)_6]^{2+}+2e^-=Co+6NH_3$	−0.422
Se(IV)-(0)	$SeO_3^{2-}+3H_2O+4e^-=Se+6OH^-$	−0.366
Cu(I)-(0)	$Cu_2O+H_2O+2e^-=2Cu+2OH^-$	−0.36
*Ag(I)-(0)	$[Ag(CN)_2]^-+e^-=Ag+2CN^-$	−0.31
Cu(II)-(0)	$Cu(OH)_2+2e^-=Cu+2OH^-$	−0.222
Cr(VI)-(III)	$CrO_4^{2-}+4H_2O+3e^-=Cr(OH)_3+5OH^-$	−0.13
*Cu(I)-(0)	$[Cu(NH_3)_2]^++e^-=Cu+2NH_3$	−0.12
O(0)-(−I)	$O_2+H_2O+2e^-=HO_2^-+OH^-$	−0.076
Ag(I)-(0)	$AgCN+e^-=Ag+CN^-$	−0.017
N(V)-(III)	$NO_3^-+H_2O+2e^-=NO_2^-+2OH^-$	0.01
Se(VI)-(IV)	$SeO_4^{2-}+H_2O+2e^-=SeO_3^{2-}+2OH^-$	0.05
S(2.5)-(II)	$S_4O_6^{2-}+2e^-=2S_2O_3^{2-}$	0.08
Hg(II)-(0)	$HgO+H_2O+2e^-=Hg+2OH^-$	0.0977
Co(III)-(II)	$[Co(NH_3)_6]^{3+}+e^-=[Co(NH_3)_6]^{2+}$	0.108
Co(III)-(II)	$Co(OH)_3+e^-=Co(OH)_2+OH^-$	0.17
Pb(IV)-(II)	$PbO_2+H_2O+2e^-=PbO+2OH^-$	0.247
I(V)-(−I)	$IO_3^-+3H_2O+6e^-=I^-+6OH^-$	0.26
Cl(V)-(III)	$ClO_3^-+H_2O+2e^-=ClO_2^-+2OH^-$	0.33
Ag(I)-(0)	$Ag_2O+H_2O+2e^-=2Ag+2OH^-$	0.342
Fe(III)-(II)	$[Fe(CN)_6]^{3-}+e^-=[Fe(CN)_6]^{4-}$	0.358
Cl(VII)-(V)	$ClO_4^-+H_2O+2e^-=ClO_3^-+2OH^-$	0.36

续表

电对	电极反应(氧化态 + ne^- = 还原态)	标准电极电势 E /V
*Ag(I)-(0)	$[Ag(NH_3)_2]^+ + e^- = Ag + 2NH_3$	0.373
O(0)-(-II)	$O_2 + 2H_2O + 4e^- = 4OH^-$	0.401
I(I)-(-I)	$IO^- + H_2O + 2e^- = I^- + 2OH^-$	0.485
*Ni(IV)-(II)	$NiO_2 + 2H_2O + 2e^- = Ni(OH)_2 + 2OH^-$	0.49
Mn(VII)-(VI)	$MnO_4^- + e^- = MnO_4^{2-}$	0.558
Mn(VII)-(IV)	$MnO_4^- + 2H_2O + 3e^- = MnO_2 + 4OH^-$	0.595
Mn(VI)-(IV)	$MnO_4^{2-} + 2H_2O + 2e^- = MnO_2 + 4OH^-$	0.6
Ag(II)-(I)	$2AgO + H_2O + 2e^- = Ag_2O + 2OH^-$	0.607
Br(V)-(-I)	$BrO_3^- + 3H_2O + 6e^- = Br^- + 6OH^-$	0.61
Cl(V)-(-I)	$ClO_3^- + 3H_2O + 6e^- = Cl^- + 6OH^-$	0.62
Cl(III)-(I)	$ClO_2^- + H_2O + 2e^- = ClO^- + 2OH^-$	0.66
I(VII)-(V)	$H_3IO_6^- + 2e^- = IO_3^- + 3OH^-$	0.7
Cl(III)-(-I)	$ClO_2^- + 2H_2O + 4e^- = Cl^- + 4OH^-$	0.76
Br(I)-(-I)	$BrO^- + H_2O + 2e^- = Br^- + 2OH^-$	0.761
Cl(I)-(-I)	$ClO^- + H_2O + 2e^- = Cl^- + 2OH^-$	0.841
*Cl(IV)-(III)	$ClO_2(g) + e^- = ClO_2^-$	0.95
O(0)-(-II)	$O_3 + H_2O + 2e^- = O_2 + 2OH^-$	1.24

摘自 David R.Lide. Handbook of Chemistry and Physics. 8- 25～8 - 30，78th. Edition. 1997～1998。

*摘自 J.A Dean Ed.Lange's Handbook of Chemistry，13th. edition，1985。

**摘自其他书籍。

附录7　实验室中一些试剂的配制方法

试剂名称	浓度	配制方法
硫化钠 Na$_2$S	1 mol·L^{-1}	称240 g Na$_2$S·9H$_2$O、40 g NaOH溶于适量水中,稀释至1 L
硫化铵(NH$_4$)$_2$S	3 mol·L^{-1}	通H$_2$S于200 mL浓NH$_3$·H$_2$O中直至饱和,再加200 mL浓NH$_3$·H$_2$O,最后加水稀释至1 L
氯化亚锡 SnCl$_2$	0.25 mol·L^{-1}	称取56.4 g SnCl$_2$·2H$_2$O溶于100 mL浓HCl,加水稀释至1 L,加入几颗纯锡粒
氯化铁 FeCl$_3$	0.5 mol·L^{-1}	称取135.2 g FeCl$_3$·6H$_2$O溶于100 mL 6mol·L^{-1} HCl中,加水稀释至1 L
三氯化铬 CrCl$_3$	0.1 mol·L^{-1}	称取26.7 g CrCl$_3$·6H$_2$O溶于30 mL 6 mol·L^{-1}HCl中,稀释至1 L
硝酸亚汞 Hg$_2$(NO$_3$)$_2$	0.1 mol·L^{-1}	称取56 g Hg$_2$(NO$_3$)$_2$·2H$_2$O溶于250 mL 6 mol·L^{-1}HNO$_3$中,加水稀释至1 L,并加入少许金属汞
硝酸铅 Pb(NO$_3$)$_2$	0.25 mol·L^{-1}	称取83 g Pb(NO$_3$)$_2$溶于少量水中,加入15 mL 6 mol·L^{-1} HNO$_3$,加水稀释到1 L
硝酸铋 Bi(NO$_3$)$_3$	0.1 mol·L^{-1}	称取48.5 g Bi(NO$_3$)$_3$·5H$_2$O溶于250 mL 1 mol·L^{-1}HNO$_3$中,加水稀释至1 L
Cl$_2$水	Cl$_2$饱和溶液	将Cl$_2$水通入水中至饱和为止(用时临时配制)
Br$_2$水	Br$_2$的饱和溶液	在带有良好磨口塞的玻璃瓶内,将市售的Br$_2$约50 g(16 mL)注入1 L水中,在2 h内经常剧烈振荡,每次振荡之后微开塞子,使积聚的Br$_2$蒸气放出。在储存瓶底总有过量的溴。将Br$_2$倒入试剂瓶时,剩余的Br$_2$应留于贮存瓶中而不倒入试剂瓶。倾倒Br$_2$和Br$_2$水时,应在通风橱中进行,将凡士林涂在手上或戴橡皮手套操作,以防Br$_2$蒸气灼伤。
I$_2$水	~0.005 mol·L^{-1}	将1.3 g I$_2$和5 g KI溶解在尽可能少量的水中,待I$_2$完全溶解后(充分搅动),再加水稀释至1 L
亚硝酰铁氰化钠	3%	称取3 g Na$_2$[Fe(CN)$_5$NO]·2H$_2$O溶于100 mL水中
淀粉溶液	0.5%	称取1 g易溶淀粉和5 mg HgCl$_2$(作防腐剂)置于烧杯中,加水少许调成薄浆,然后倾入200 mL沸水中
奈斯勒试剂	—	称取115 g HgI$_2$和80 g KI溶于足量水中,稀释至500 mL,然后加入500 mL 6 mol·L^{-1}NaOH溶液,静置后取其清液保存于棕色试剂瓶中
对氨基苯磺酸	0.34%	0.5 g对氨基苯磺酸溶于150 mL 2 mol·L^{-1}HOAc溶液中

续表

试剂名称	浓度	配制方法
α-萘胺	0.12%	0.3 g α-萘胺加 20 mL 水, 加热煮沸, 在所得溶液中加入 150 mL 2 mol·L⁻¹ HOAc
钼酸铵		5 g 钼酸铵溶于 100 mL 水中, 加入 35 mL HNO₃ (密度 1.2 g·mL⁻¹)
硫代乙酰胺	5%	5 g 硫代乙酰胺溶于 100 mL 水中
钙指示剂	0.2%	0.2 g 钙指示剂溶于 100 mL 水中
镁试剂	0.007%	0.001 g 对硝基偶氮间苯二酚溶于 100 mL 2 mol·L⁻¹ NaOH 中
铝试剂	0.1%	1 g 铝试剂溶于 1 L 水中
二苯硫腙	0.01%	10 mg 二苯硫腙溶于 100 mL CCl₄ 中
丁二酮肟	1%	1 g 丁二酮肟溶于 100 mL 95% 乙醇中
醋酸铀酰锌	1%	(1) 10 g UO₂(OAc)₂·2H₂O 和 6 mL 6 mol·L⁻¹ HOAc 溶于 50 mL 水中; (2) 30 g Zn(OAc)₂·2H₂O 和 3 mL 6 mol·L⁻¹ HOAc 溶于 50 mL 水中。将 (1)、(2) 两种溶液混合, 24 h 后取清液使用。贮于棕色瓶中
二苯碳酰二肼	0.04%	0.04 g 二苯碳酰二肼溶于 20 mL 95% 乙醇中, 边搅拌, 边加入 80 mL (1:9) H₂SO₄ (存于冰箱中可用一个月)
六亚硝酸合钴	1%	Na₃[Co(NO₂)₆] 和 NaOAc 各 20 g, 溶于 20 mL 冰醋酸和 80 mL 水的混合溶液中, 储于棕色试剂瓶中备用 (久置溶液颜色由棕变红即失效)
NH₃·H₂O-NH₄Cl 缓冲溶液	pH=10.0	称取 20 g NH₄Cl (s) 溶于适量水中, 加入 100 mL 浓 NH₃·H₂O, 混合后稀释至 1 L
邻苯二甲酸氢钾-氢氧化钠缓冲溶液	pH=4.00	量取 0.2000 mol·L⁻¹ 邻苯二甲酸氢钾溶液 250.00 mL、0.100 mol·L⁻¹ 氢氧化钠溶液 4.00 mL, 混合后稀释至 1 L

附录8　常见离子鉴定反应

离子	试剂	鉴定反应	介质	主要干扰离子
NH_4^+	NaOH	$NH_4^+ + NaOH \rightarrow NH_3\uparrow + H_2O$	强碱性	一般无干扰。用气室法较好
	奈斯勒试剂	$NH_4^+ + 2[HgI_4]^{2-} + 4OH^- \rightarrow$ $NH_2Hg_2OI\downarrow(棕色) + 7I^- + 3H_2O$	碱性	Fe^{3+}、Cr^{3+}、Co^{2+}、Ni^{2+}、Ag^+、Hg^{2+}等离子能与奈斯勒试剂生成有色沉淀,妨碍鉴定
Na^+	醋酸铀酰锌	$Na^+ + Zn^{2+} + 3UO_2^{2+} + 9OAc^- +$ $9H_2O \rightarrow$ $NaZn(UO_2)_3(OAc)_9 \cdot 9H_2O\downarrow$ (淡黄绿色)	中性或乙酸溶液中	大量K^+存在有干扰(生成$KOAc\cdot UO_2\cdot(OAc)_2$针状晶体),$Ag^+$、$Hg^{2+}$、$Sb^{3+}$存在亦有干扰
	焰色反应	挥发性钠盐在煤气灯的无色火焰(氧化焰)中灼烧时,火焰呈黄色		
K^+	$Na_3[Co(NO_2)_6]$	$2K^+ + Na^+ + [Co(NO_2)_6]^{3-} \rightarrow$ $K_2Na[Co(NO_2)_6]\downarrow(亮黄色)$	中性或弱酸性	Rb^+、Cs^+、NH_4^+能与试剂形成相似的化合物,妨碍鉴定
	焰色反应	挥发性钾盐在煤气灯的无色火焰(氧化焰)中灼烧时,火焰呈紫色		Na^+存在时,所显示的紫色被黄色遮盖,可透过蓝色钴玻璃去观察
Mg^{2+}	镁试剂	镁试剂被氢氧化镁吸附后呈天蓝色沉淀	强碱性	在强碱性介质中能形成有色沉淀的离子如Ag^+、Hg^{2+}、Ni^{2+}、Co^{2+}、Cr^{3+}、Cu^{2+}、Mn^{2+}、Fe^{3+}等对反应均有干扰,应预先分离
Ba^{2+}	K_2CrO_4	$Ba^{2+} + CrO_4^{2-} \rightarrow BaCrO_4\downarrow(黄色)$	中性或弱酸性	Sr^{2+}、Pb^{2+}、Ag^+、Ni^{2+}、Hg^{2+}等离子与CrO_4^{2-}能生成有色沉淀,影响Ba^{2+}的检出
	焰色反应	挥发性钡盐使火焰呈黄绿色		
Ca^{2+}	$(NH_4)_2C_2O_4$ 饱和溶液	$Ca^{2+} + C_2O_4^{2-} \rightarrow CaC_2O_4\downarrow(白色)$	中性或弱酸性	Ag^+、Pb^{2+}、Cd^{2+}、Hg^{2+}、Hg^{2+}等离子均能与$C_2O_4^{2-}$作用生成沉淀,对反应有干扰,可在氨性试液中加入锌粉,将它们还原而除去
	焰色反应	挥发性钙盐使火焰呈砖红色		
Al^{3+}	铝试剂	形成红色絮状沉淀	pH=4~5的HAc-NH₄Ac缓冲溶液	Fe^{3+}、Cr^{3+}、Co^{2+}、Mn^{2+}等离子也能生成与铝类似的红色沉淀而有干扰
Sb^{3+}	Sn片	$2Sb^{3+} + 3Sn \rightarrow 2Sb\downarrow(黑色) + 3Sn^{2+}$	酸性	Ag^+、AsO_2^-、Bi^{3+}等离子也能与Sn发生氧化还原反应,析出黑色金属,妨碍Sb^{3+}鉴定

续表

离子	试剂	鉴定反应	介质	主要干扰离子
Bi^{3+}	$Na_2[Sn(OH)_4]$	$2Bi^{3+}+3[Sn(OH)_4]^{2-}+6OH^-\rightarrow$ $2Bi\downarrow$(黑色)$+3[Sn(OH)_6]^{2-}$ 注意:试剂必须临时配制	强碱性	Pb^{2+}存在时,也会慢慢地被$[Sn(OH)_4]^{2-}$还原而析出黑色金属Pb,干扰Bi^{3+}的鉴定
Sn^{2+}	$HgCl_2$	$Sn^{2+}+2HgCl_2+4Cl^-\rightarrow$ $Hg_2Cl_2\downarrow$(白色)$+[SnCl_6]^{2-}$	酸性	
		$Sn^{2+}+Hg_2Cl_2+4Cl^-\rightarrow$ $2Hg\downarrow$(黑色)$+[SnCl_6]^{2-}$		
Pb^{2+}	K_2CrO_4	$Pb^{2+}+CrO_4^{2-}\rightarrow PbCrO_4\downarrow$(黄色)	中性或弱酸性	Ba^{2+}、Sr^{2+}、Ag^+、Ni^{2+}、Zn^{2+}等离子与CrO_4^{2-}作用生成有色沉淀,影响Pb^{2+}的检出
Cr^{3+}或 CrO_4^{2-}	用H_2O_2氧化后加可溶性的Pb^{2+}或Ag^+、Ba^{2+}盐	$Cr^{3+}+4OH^-\rightarrow[Cr(OH)_4]^-$ $2[Cr(OH)_4]^-+3H_2O_2+2OH^-\rightarrow$ $2CrO_4^{2-}+8H_2O$	碱性	凡与CrO_4^{2-}生成有色沉淀的金属离子均有干扰
		$CrO_4^{2-}+Pb^{2+}\rightarrow PbCrO_4\downarrow$(黄色) $CrO_4^{2-}+Ag^+\rightarrow Ag_2CrO_4\downarrow$(砖红色) $CrO_4^{2-}+Ba^{2+}\rightarrow BaCrO_4\downarrow$(黄色)	用醋酸酸化成弱酸	
	$NaOH$条件下用H_2O_2氧化后再酸化并用戊醇(或乙醚)萃取	$2[Cr(OH)_4]^-+3H_2O_2+2OH^-\rightarrow$ $2CrO_4^{2-}+8H_2O$	碱性	
		$2CrO_4^{2-}+2H^+\rightarrow Cr_2O_7^{2-}+H_2O$ $Cr_2O_7^{2-}+4H_2O_2+2H^+\rightarrow$ $2CrO_5$(蓝)$+5H_2O$	酸性	
		反应要求在较低温度下进行		
Mn^{2+}	$NaBiO_3$	$2Mn^{2+}+5NaBiO_3+14H^+\rightarrow$ $2MnO_4^-$(紫红色)$+5Na^++5Bi^{3+}+$ $7H_2O$	HNO_3	
Fe^{2+}	$K_3[Fe(CN)_6]$	$Fe^{2+}+K^++[Fe(CN)_6]^{3-}\rightarrow$ $KFe[Fe(CN)_6]\downarrow$(深蓝色)	酸性	
Fe^{3+}	NH_4SCN	$Fe^{3+}+SCN^-\rightarrow Fe(NCS)^{2+}$(血红色)	酸性	氟化物、磷酸、草酸、酒石酸、柠檬酸,含有α或β-OH基的有机物能与Fe^{3+}生成稳定的配合物,妨碍Fe^{3+}的检出;大量Cu^{2+}存在使SCN^-生成黑绿色$Cu(SCN)_2$的沉淀,干扰Fe^{3+}的检出
	$K_4[Fe(CN)_6]$	$Fe^{3+}+K^++[Fe(CN)_6]^{4-}\rightarrow$ $KFe[Fe(CN)_6]\downarrow$(深蓝色)	酸性	

续表

离子	试剂	鉴定反应	介质	主要干扰离子
Co^{2+}	NH_4SCN	$Co^{2+}+4SCN^-\rightarrow$ $[Co(NCS)_4]^{2-}$（天蓝色）	酸性	Fe^{3+}干扰Co^{2+}的检出
Ni^{2+}	丁二酮肟	Ni^{2+}能与丁二酮肟生成玫瑰红的螯合物沉淀	pH=5~10	Co^{2+}、Fe^{2+}、Bi^{3+}分别与本试剂反应生成棕色、红色可溶物和黄色沉淀，Fe^{3+}、Mn^{2+}与氨水生成有色沉淀，均干扰Ni^{2+}的检出
Cu^{2+}	$K_4[Fe(CN)_6]$	$2Cu^{2+}+[Fe(CN)_6]^{4-}\rightarrow$ $Cu_2[Fe(CN)_6]\downarrow$（红褐色）	中性或酸性	Co^{2+}、Fe^{2+}、Bi^{3+}等离子能与本试剂反应生成深红色沉淀，均有干扰
Ag^+	HCl、氨水、HNO_3	$Ag^++Cl^-\rightarrow AgCl\downarrow$（白色） 沉淀溶于过量的氨水，用$HNO_3$酸化后沉淀又重新析出。 $AgCl+NH_3\cdot H_2O\rightarrow$ $[Ag(NH_3)_2]^++Cl^-+2H_2O$ $[Ag(NH_3)_2]^++Cl^-+2H^+\rightarrow$ $2NH_4^++AgCl\downarrow$（白色）	酸性	Pb^{2+}、Hg_2^{2+}与Cl^-生成白色沉淀，干扰Ag^+的鉴定。但白色沉淀难溶于氨水，可与AgCl分离
	K_2CrO_4	$CrO_4^{2-}+Ag^+\rightarrow Ag_2CrO_4\downarrow$（砖红色）	中性或弱酸性	Pb^{2+}、Hg_2^{2+}干扰Ag^+的鉴定
Zn^{2+}	$(NH_4)_2S$	$Zn^{2+}+S^{2-}\rightarrow ZnS\downarrow$（白色）	$c(H^+)<$ $0.3\ mol\cdot L^{-1}$	凡能与S^{2-}生成有色硫化物的金属均有干扰
	二苯硫腙	加入二苯硫腙振荡后水层呈粉红色	碱性	在中性或弱酸性条件下，许多重金属离子都能与二苯硫腙生成有色的配合物，因而应注意鉴定的介质条件
Cd^{2+}	H_2S或Na_2S	$Cd^{2+}+H_2S\rightarrow CdS\downarrow$（黄色）$+2H^+$	碱性	凡能与S^{2-}生成有色硫化物沉淀的金属离子均有干扰
Hg^{2+}	$SnCl_2$	见Sn^{2+}的鉴定	酸性	
	KI，$NH_3\cdot H_2O$	先加入过量的KI，再加入$NH_3\cdot H_2O$或NH_4^+盐溶液并加入浓碱溶液，则生成红棕色沉淀（奈斯勒试剂反应）： $Hg^{2+}+2I^-\rightarrow HgI_2\downarrow$ $HgI_2+2I^-\rightarrow[HgI_4]^{2-}$ $NH_4^++2[HgI_4]^{2-}+4OH^-\rightarrow$ $NH_2Hg_2OI\downarrow$（棕色）$+7I^-+3H_2O$	碱性	Fe^{3+}、Cr^{3+}、Co^{2+}、Ni^{2+}、Ag^+、Hg_2^{2+}等离子能与奈斯勒试剂生成有色沉淀，妨碍鉴定
Cl^-	$AgNO_3$	$Ag^++Cl^-\rightarrow AgCl\downarrow$ AgCl溶于过量氨水，用HNO_3酸化后沉淀重新析出	酸性	先用HNO_3酸化，排除（CO_3^{2-}、SO_3^{2-}）的干扰，再用$AgNO_3$溶液
Br^-	氯水，CCl_4或苯	$2Br^-+Cl_2\rightarrow Br_2+2Cl^-$ 析出的Br_2溶于CCl_4或苯溶剂中呈橙黄色或橙红色	中性或酸性	

续表

离子	试剂	鉴定反应	介质	主要干扰离子
I^-	氯水，CCl_4、苯	$2I^- + Cl_2 \rightarrow I_2 + 2Cl^-$ 析出的碘溶于溶剂中呈紫红色	中性或酸性	
SO_4^{2-}	$BaCl_2$	$Ba^{2+} + SO_4^{2-} \rightarrow BaSO_4 \downarrow$（白色）	酸性	CO_3^{2-}、SO_3^{2-}、PO_4^{3-}对SO_4^{2-}的鉴定有干扰
SO_3^{2-}	稀HCl	$SO_3^{2-} + 2H^+ \rightarrow SO_2 \uparrow + H_2O$ SO_2可使MnO_4^-还原而褪色；SO_2可将I_2还原为I^-，使淀粉溶液褪色；SO_2可使品红溶液褪色。因此可用蘸有MnO_4^-溶液或淀粉溶液或品红溶液的试纸检验。	酸性	$S_2O_3^{2-}$、S^{2-}、SO_4^{2-}对SO_3^{2-}的鉴定有干扰
	$Na_2[Fe(CN)_5NO]$ $ZnSO_4$ $K_4[Fe(CN)_6]$	生成红色沉淀	中性	S^{2-}与$Na_2[Fe(CN)_5NO]$生成紫红色配合物，干扰SO_3^{2-}的鉴定
$S_2O_3^{2-}$	稀HCl	$S_2O_3^{2-} + 2H^+ \rightarrow SO_2 \uparrow + S \downarrow + H_2O$ 反应中有硫析出使溶液变浑浊	酸性	S^{2-}、SO_3^{2-}同时存在时，干扰$S_2O_3^{2-}$的鉴定
	$AgNO_3$	$2Ag^+ + S_2O_3^{2-} \rightarrow Ag_2S_2O_3 \downarrow$ $Ag_2S_2O_3$沉淀不稳定，生成后立即发生水解反应，并且伴随明显的颜色变化，由白→黄→棕，最后变成黑色的Ag_2S沉淀	中性	S^{2-}存在干扰，可使用$PbCO_3$除去
S^{2-}	HCl	$S^{2-} + 2H^+ \rightarrow H_2S \uparrow + H_2O$ H_2S气体使湿润的$PbAc_2$试纸变黑	酸性	$S_2O_3^{2-}$
NO_2^-	对氨基苯磺酸、α-萘胺	NO_2^-+对氨基苯磺酸+α-萘胺→粉红色	弱酸性（醋酸）	
NO_3^-	$FeSO_4$、浓H_2SO_4	$NO_3^- + 3Fe^{2+} + 4H^+ \rightarrow$ $3Fe^{3+} + NO + 2H_2O$ $Fe^{2+} + NO \rightarrow [Fe(NO)]^{2+}$（棕色） 在混合液与浓$H_2SO_4$分层处形成棕色环（棕色环反应）	酸性	NO_2^-
PO_4^{3-}	$(NH_4)_2MoO_4$	$PO_4^{3-} + 3NH_4^+ + 12MoO_4^{2-} + 24H^+ \rightarrow$ $(NH_4)_3PO_4 \cdot 12MoO_3 \cdot 6H_2O \downarrow$（黄色）$+ 6H_2O$	HNO_3	AsO_4^{3-}、SiO_3^{2-}
CO_3^{2-}	HCl、$Ba(OH)_2$饱和溶液	$CO_3^{2-} + 2H^+ \rightarrow CO_2 \uparrow + H_2O$ CO_2气体使饱和的$Ba(OH)_2$溶液变浑浊 $CO_2 + Ba^{2+} + 2OH^- \rightarrow$ $BaCO_3 \downarrow$（白色）$+ H_2O$	酸性	SO_3^{2-}、$S_2O_3^{2-}$等

附录9 常见离子和化合物颜色

1. 无色离子

（1）阳离子：Na^+、K^+、NH_4^+、Mg^{2+}、Ca^{2+}、Sr^{2+}、Ba^{2+}、Al^{3+}、Sn^{2+}、Sn^{4+}、Pb^{2+}、Bi^{3+}、Ag^+、Zn^+、Cd^{2+}、Hg_2^{2+}、Hg^{2+}等。

（2）阴离子：$B(OH)_4^-$、$B_4O_7^{2-}$、$C_2O_4^{2-}$、Ac^-、CO_3^{2-}、SiO_3^{2-}、NO_3^-、NO_2^-、PO_4^{3-}、AsO_4^{3-}、$[SbCl_6]^{3-}$、$[SbCl_6]^-$、SO_3^{2-}、SO_4^{2-}、S^{2-}、$S_2O_3^{2-}$、F^-、Cl^-、ClO_3^-、Br^-、BrO_3^-、I^-、SCN^-、$[CuCl_2]^-$、TiO^{2+}、VO_3^-、VO_4^{3-}、MoO_4^{2-}、WO_4^{2-}等。

2. 有色离子

离子	颜色	离子	颜色
$[Cu(H_2O)_4]^{2+}$	浅蓝色	$[Cr(NH_3)_4(H_2O)_2]^{3+}$	橙红色
$[CuCl_4]^{2-}$	黄色	$[Fe(CN)_6]^{3-}$	浅橘黄色
$Cu[(NH_3)_4]^{2+}$	深蓝色	$[Fe(NCS)_n]^{3-n}$	血红色
$[Co(H_2O)_6]^{2+}$	粉红色	$[Fe(CN)_6]^{4-}$	黄色
$[Co(NH_3)_5(H_2O)]^{3+}$	粉红色	$[Fe(H_2O)_6]^{2+}$	浅绿色
$[Co(CN)_6]^{3-}$	紫色	$[Fe(H_2O)_6]^{3+}$	淡紫色①
$[CoCl(NH_3)_5]^{2+}$	红紫色	$[Mn(H_2O)_6]^{2+}$	肉色
$[Co(SCN)_4]^{2-}$	蓝色	MnO_4^{2-}	绿色
$[Co(NH_3)_6]^{2+}$	黄色	$[Mn(NH_3)_6]^{2+}$	蓝色
$[Co(NH_3)_6]^{3+}$	橙黄色	MnO_4^-	紫红色
$[Cr(H_2O)_4Cl_2]^+$	暗绿色	$[Ni(H_2O)_6]^{2+}$	亮绿色
$[Cr(NH_3)_2(H_2O)_4]^{3+}$	紫红色	$[Ti(H_2O)_6]^{3+}$	紫色
$[Cr(NH_3)_3(H_2O)_3]^{3+}$	浅红色	$[Ti(H_2O)_4]^{2+}$	绿色
CrO_2^-	绿色	$[TiO(H_2O_2)]^{2+}$	橘黄色
$Cr_2O_7^{2-}$	橙色	$[V(H_2O)_6]^{2+}$	紫色
$[Cr(NH_3)_5H_2O]^{2+}$	橙黄色	$[V(H_2O)_6]^{3+}$	绿色
$[Cr(NH_3)_6]^{3+}$	黄色	VO^{2+}	蓝色
CrO_4^{2-}	黄色	VO_2^+	浅黄色

续表

离子	颜色	离子	颜色
$[Cr(H_2O)_6]^{2+}$	蓝色	$[VO_2(O_2)_2]^{3-}$	黄色
$[Cr(H_2O)_6]^{3+}$	紫色	$[V(O_2)]^{3+}$	深红色
$[Cr(H_2O)_5Cl]^{2+}$	浅绿色	I_3^-	浅棕黄色

①溶液常呈黄棕色是因为水解生成$[Fe(H_2O)_5OH]^{2-}$、$[Fe(H_2O)_4(OH)_2]^{2-}$等离子。而未水解的$FeCl_3$溶液呈黄棕色是因为生成$[FeCl_4]^-$的缘故。

3. 化合物

化合物	颜色	化合物	颜色	化合物	颜色
CuO	黑色	AgI	黄色	$Zn(OH)_2$	白色
Cu_2O	暗红色	PbI_2	黄色	$Fe(OH)_2$	白色或苍绿色
Ag_2O	暗棕色	SbI_3	红黄色	$Fe(OH)_3$	红棕色
ZnO	白色	$Ba(IO_3)_2$	白色	$Cu(OH)_2$	浅蓝色
CdO	棕红色	HgS	红色或黑色	$Bi(OH)_3$	白色
Hg_2O	黑褐色	Cu_2S	黑色	$Cr(OH)_3$	灰绿色
Fe_2O_3	砖红色	Fe_2S_3	黑色	$AgCl$	白色
Fe_3O_4	黑色	Bi_2S_3	黑褐色	Hg_2Cl_2	白色
NiO	暗绿色	ZnS	白色	$PbCl_2$	白色
$AgBr$	淡黄色	CdS	黄色	$CuCl$	白色
$CuCl_2$	棕色	Ni_2O_3	黑色	$MnSiO_3$	肉色
$CuCl_2 \cdot 2H_2O$	蓝色	Hg_2I_2	黄绿色	$Ag_2C_2O_4$	白色
$BaSO_4$	白色	CuI	白色	$Ni(CN)_2$	浅绿色
$[Fe(NO)]SO_4$	深棕色	$AgIO_3$	白色	$AgSCN$	白色
$Cr_2(SO_4)_3 \cdot 6H_2O$	绿色	$AgBrO_3$	白色	Ag_3AsO_4	红褐色
$KCr(SO_4)_2 \cdot 12H_2O$	紫色	PbS	黑色	$SrSO_3$	白色
Ag_2CO_3	白色	FeS	棕黑色	$Cu_2[Fe(CN)_6]$	红褐色
$CdCO_3$	白色	CoS	黑色	$Co_2[Fe(CN)_6]$	绿色

续表

化合物	颜色	化合物	颜色	化合物	颜色
$Hg_2(OH)_2CO_3$	红褐色	SnS	褐色	$K_3[Co(NO_2)_6]$	黄色
$Cu_2(OH)_2CO_3$	暗绿色	Sb_2S_3	橙色	$K_2[PtCl_6]$	黄色
$Ba_3(PO_4)_2$	白色	As_2S_3	黄色	$Na_2[Fe(CN)_5NO]\cdot2H_2O$	红色
Ag_3PO_4	黄色	$Pb(OH)_2$	白色	$CaCO_3$	白色
$BaSiO_3$	白色	$Mn(OH)_2$	白色	Cr_2O_3	绿色
$CuSiO_3$	蓝色	$Cd(OH)_2$	白色	CrO_3	红色
$Fe_2(SiO_3)_3$	棕红色	$Cu(OH)$	黄色	MnO_2	棕褐色
CaC_2O_4	白色	$Sb(OH)_3$	白色	MoO_2	铅灰色
$AgCN$	白色	$Co(OH)_3$	褐棕色	WO_2	棕红色
$CuCN$	白色	$Hg(NH_2)Cl$	白色	FeO	黑色
NH_4MgAsO_4	白色	$CoCl_2$	蓝色	CoO	灰绿色
$BaSO_3$	白色	$CoCl_2\cdot H_2O$	蓝紫色	Co_2O_3	黑色
$Fe_4^{III}[Fe^{II}(CN)_6]_3\cdot2H_2O$	蓝色	$CoCl_2\cdot2H_2O$	紫红色	$CuBr_2$	黑紫色
$Zn_3[Fe(CN)_6]_2$	黄褐色	$CoCl_2\cdot6H_2O$	粉红色	BiI_3	绿黑色
$Zn_2[Fe(CN)_6]$	白色	$FeCl_3\cdot6H_2O$	黄棕色	HgI_2	红色
$(NH_4)_2Na[Co(NO_2)_6]$	黄色	$CoSO_4\cdot7H_2O$	红色	TiI_4	暗棕色
$Na[Sb(OH)_6]$	白色	$Cu_2(OH)_2SO_4$	浅蓝色	$KClO_4$	白色
$NiSiO_3$	翠绿色	$SrSO_4$	白色	Ag_2S	灰黑色
HgO	红色或黄色	$SrCO_3$	白色	CuS	黑色
TiO_2	白色	$Zn_2(OH)_2CO_3$	白色	SnS_2	金黄色
VO	亮灰色	$Co_2(OH)_2CO_3$	红色	NiS	黑色
V_2O_3	黑色	$Ca_3(PO_4)_2$	白色	Sb_2S_5	橙红色
VO_2	深蓝色	NH_4MgPO_4	白色	MnS	肉色
V_2O_5	红棕色	Ag_2CrO_4	砖红色	$Mg(OH)_2$	白色
PbO	黄色	$BaCrO_4$	黄色	$Sn(OH)_2$	白色
Pb_3O_4	红色	$ZnSiO_3$	白色	$Sn(OH)_4$	白色

续表

化合物	颜色	化合物	颜色	化合物	颜色
$Al(OH)_3$	白色	$CuSO_4 \cdot 5H_2O$	蓝色	$FeC_2O_4 \cdot 2H_2O$	黄色
$Ni(OH)_2$	浅绿色	$BaCO_3$	白色	$Cu(CN)_2$	浅棕黄色
$Ni(OH)_3$	黑色	$MnCO_3$	白色	$Cu(SCN)_2$	黑绿色
$Co(OH)_2$	粉红色	$Bi(OH)CO_3$	白色	$Ag_2S_2O_3$	白色
$TiCl_3 \cdot 6H_2O$	紫色或绿色	$Ni_2(OH)_2CO_3$	浅绿色	$Ag_3[Fe(CN)_6]$	橙色
$TiCl_2$	黑色	$CaHPO_3$	白色	$Ag_4[Fe(CN)_6]$	白色
Ag_2SO_4	白色	$FePO_4$	浅黄色	$K_2Na[Co(NO_2)_6]$	黄色
Hg_2SO_4	白色	$PbCrO_4$	黄色	$KHC_4H_4O_6$	白色
$PbSO_4$	白色	$FeCrO_4 \cdot 2H_2O$	黄色	$NaAc \cdot Zn(Ac)_2 \cdot 3[UO_2(Ac)_2] \cdot 9H_2O$	黄色
$CaSO_4 \cdot 2H_2O$	白色	$CoSiO_3$	紫色	$(NH_4)_2MoS_4$	血红色

注：摘自 Speight JG. Lange's Handbook of Chemistry.16th ed. 2004。

参考文献

[1]赵新华.无机化学实验[M].4版.北京:高等教育出版社,2014.

[2]范勇,屈学俭,徐家宁.基础化学实验-无机化学实验分册[M].2版.北京:高等教育出版社,2015.

[3]郎建平,卞国庆,贾定先.无机化学实验[M].3版.南京:南京大学出版社,2018.

[4]朱湛,傅引霞.无机化学实验[M].北京:北京理工大学出版社,2007.

[5]李生英,白林,徐飞.无机化学实验[M].北京:化学工业出版社,2008.

[6]牟文生.无机化学实验[M].3版.北京:高等教育出版社,2014.

[7]吴建中.无机化学实验[M].北京:科学出版社,2018.

[8]石建新,巢晖.无机化学实验[M].4版.北京:高等教育出版社,2019.

[9]宋玉民,栾尼娜,杨武,等.室温固相反应在离子定性检测中的应用[J].化学试剂,1(05):377-379.

[10]宋玉民,蔺蝉玉,武承义.对水溶液中单线态氧的生成实验的一点改进[J].化学教育,2001(10):44.

[11]燕翔,裴平,张少飞,等.镁的相对原子质量测定实验改进[J].化学教育(中英文),2020,41(12):48-51.

[12]燕翔,袁培丽,王都留,等.利用脱脂棉制作原电池盐桥[J].化学教育(中英文),2019,40(11):69.

[13]张利明.无机化学实验[M].北京:人民卫生出版社,2003.

[14]吴慧霞,刘洁,杨仕平.无机化学实验[M].2版.北京:科学教育出版社,2021.

[15]王都留.化学基础实验[M].兰州:兰州大学出版社,2014.

[16]李铭岫.无机化学实验[M].北京:北京理工大学出版社,2002.

[17]燕翔,王都留,张少飞,等.利用粉笔开展绿色化学实验的探究[J].实验室研究与探索,2016,35(11):224-226,268.

[18]燕翔.改进硼化合物焰色反应的实验研究[J].化学教育,2010,31(12):69-72.

［19］李永娟,梁慧光,付国瑞,等.甘肃陇南六种茶叶生化成分及微量元素分析［J］.包品机械,2019,37(05):68-72.

［20］薛阳.甘肃陇南龙井茶和西湖龙井茶活性成分的比较研究［J］.甘肃科技,2020,36-39.

［21］北京师范大学,华中师范大学,南京师范大学.无机化学［M］.5版.北京:高等教育出版社,2020.